U0277985

新时代中国生态
文明建设研究

RESEARCH ON THE CONSTRUCTION OF
ECOLOGICAL CIVILIZATION OF CHINA IN THE NEW ERA

孙银东 毛 升
著

社会科学文献出版社
SOCIAL SCIENCES ACADEMIC PRESS (CHINA)

序　言

马克思主义深刻揭示了人类社会发展规律，是立党立国的根本指导思想，是全国各族人民团结奋斗的共同思想理论基础。习近平总书记指出："经济建设是党的中心工作，意识形态工作是党的一项极端重要的工作。"[①]坚定不移地把握意识形态工作主动权，坚持马克思主义在高校教学和研究中的指导地位，是高校坚持正确办学方向的必然要求，也是充分发挥高校理论武装、理论研究重要作用，奠定哲学社会科学健康发展基础，坚持和完善中国特色社会主义的必然选择。

2014 年 4 月，宁夏大学全面启动了"马克思主义理论研究与学科建设工程"（以下简称"工程"），以"工程"建设支撑思想政治理论课教育教学改革和马克思主义理论学科建设。"工程"建设以立德树人为根本任务，以培养社会主义事业合格建设者和可靠接班人为出发点，以全面提高思想政治理论课教育教学质量为落脚点，以全面提升马克思主义理论学科建设水平为突破口，进而带动哲学社会科学学科协调发展。力求通过"工程"建设，实现理论武装能力显著提升、课程建设水平持续提高、人才培养质量稳步提高、科学研究能力明显增强、人才队伍建设结构不断优化，进而实现使宁夏大学马克思主义理论学科成为宁夏哲学社会科学领域的特色优势学科，成为宁夏地区马克思主义理论的人才培养基地、理论武装基地、理论研究中心的建设目标。

"工程"建设的主要任务是以中国特色社会主义理论体系为研究重点，以经济社会发展的重大现实问题为主攻方向，努力把马克思主义中国化的最新理论成果贯穿于中国特色哲学社会科学的学科体系、学术体系、话语

[①] 《习近平谈治国理政》，外文出版社，2014，第 153 页。

1

体系建设中，落实在思想政治理论课教育教学过程中全面提升马克思主义理论学科建设水平。

为保证"工程"建设顺利实施，在学校党委的直接领导下，不断加强顶层设计，明确"工程"建设的目标和任务，设立"工程"建设专项基金，通过深化思想政治理论课教学改革、把握马克思主义理论学科方向，加强学科队伍建设、加强理论研究、培养优秀理论人才、构建学科发展平台、服务地方经济社会发展、拓展学术交流等方面的扎实工作，举全校之力强力推动"工程"建设。"工程"的实施，极大调动了马克思主义理论相关学科教师的积极性和主动性，增强了教师的使命感和责任感，坚定了中国特色社会主义的道路自信、理论自信、制度自信、文化自信。教师们自觉运用马克思主义的基本原理和思想方法，关注、分析、研究马克思主义经典著作历久弥新的思想价值，马克思主义理论体系、教材体系、教学体系及其相互联系，马克思主义与当代中国发展中的重大理论和现实问题，中国特色社会主义理论与实践中的重大问题，思想政治理论课教育教学中的重点难点问题，干部群众理论武装、核心价值观认同与培育等问题，产出了一批理论研究成果。为了充分展示研究成果，服务于经济社会发展和干部群众的思想理论建设，我们陆续编辑出版了宁夏大学"马克思主义理论研究与学科建设工程"系列丛书。丛书力求准确把握马克思主义理论的科学内涵和特点，抓住学科发展中带有基础性、导向性和战略性的重要问题，特别是聚焦经济社会发展中的重大理论问题和实践问题、大学生和社会普遍关注的重大理论问题和思想问题，或解疑释惑，或深层思考，或资政育人，凸显了鲜明的问题意识和价值导向，从不同侧面反映了马克思主义中国化研究的理论成果，反映了高校理论工作者的责任担当和聪明才智。

高校肩负着人才培养、科学研究、服务社会、文化传承的重要使命，高校的理论工作者责无旁贷地肩负着用科学的理论武装人、教育人的历史责任，能否担当起这样的历史责任和重要使命，关键在于能否树立坚定的马克思主义信仰，能否自觉地运用马克思主义的科学理论和方法认识世界、分析问题，能否教育、引导广大师生进一步坚定"四个自信"，能否对马克思主义中国化的创新发展做出积极贡献。为此，我们将不断推动"工程"

建设，以时不我待的责任感，只争朝夕的精神状态，全面推进马克思主义理论学科建设，在培养中国特色社会主义事业合格建设者和可靠接班人的进程中再立新功。

李　斌

目　录

第一章　从对自然的征服到人与
自然的和谐相处

一　《寂静的春天》

如今在美国，越来越多的地方已没有鸟儿飞来报春；清晨早起，原来到处可以听到鸟儿的美妙歌声，而现在却只有异常的寂静。鸟儿的歌声突然沉寂了，鸟儿给予我们这个世界的色彩、美丽和乐趣也在消失。[①]

现今在一些地方，无视大自然的平衡成了一种流行的做法；自然平衡在比较早期的、比较简单的世界上是一种占优势的状态，现在这一平衡状态已被彻底地打乱了，也许我们已不再意识到这种状态的存在了。一些人觉得自然平衡问题只不过是人们的随意臆测，但是如果把这种想法作为行动的指南将是十分危险的。今天的自然平衡不同于冰河时期的平衡，但是这种平衡还存在着：这是一个将各种生命联系起来的复杂、精密、高度统一的系统，再也不能对它漠然不顾了，它所面临的状况好像一个正坐在悬崖边沿而又盲目蔑视重力定律的人一样危险。自然平衡并不是一个静止固定的状态；它是一种活动的、永远变化的、不断调整的状态。人也是这个平衡中的一部分。有时这一平衡对人有利；有时它会变得对人不利。当这一平衡受人本身的活动影响过于频繁时，它总是变得对人不利。[②]

---

① 〔美〕蕾切尔·卡逊：《寂静的春天》，吕瑞兰、李长生译，吉林人民出版社，1997，第87页。

② 〔美〕蕾切尔·卡逊：《寂静的春天》，吕瑞兰、李长生译，吉林人民出版社，1997，第215页。

1964 年 4 月 14 日，一个值得我们用心去尊重并铭刻于心的女性离开了这个美丽而又伤痕累累的世界，她是如此眷恋这个她深爱的地球。生前，她又是如此无怨无悔地忍受住了常人难以想象的恐吓和诋毁，并心甘情愿地为她所深爱的地球奔走呐喊。她就是拥有"环境保护运动之母"美誉的，生态环境保护史上里程碑一样的人物，美国著名的生态文学家蕾切尔·卡逊（也译作蕾切尔·卡森）（Rachel Carson，1907—1964）。卡逊把"环境保护"理念带给人类，使环保的理念在不同的种族、不同的国度、不同的信仰、不同的意识形态中得到普遍关注和认同。她的代表作《寂静的春天》更成为生态文学和生态伦理学的一部经典著作，被世界公认为生态环境保护运动的开山之作。

1907 年 5 月 27 日，蕾切尔·卡逊降生在美国宾夕法尼亚州的一个农民家庭，卡逊因为从小受家庭尤其是母亲的影响，对美丽而神秘的大自然，对未驯化的野生动物有着浓厚的兴趣，热心于保护鸟类等各种生物。自然界对于卡逊来讲就是她的灵魂、她的生命，更是她一切乐趣所在。1925 年，卡逊中学毕业后进入宾夕法尼亚女子学院，主修的课程是英国文学，三年后她将主修课程从文学改为生物学，经过刻苦努力的学习，卡逊最终获得了约翰·霍布金斯大学动物学硕士学位。1936 年，卡逊正式被聘为美国渔业局及野生生物调查所的一名工作人员，专门撰写广播稿。她经常和一些专家进行有关鱼类生物学的讨论，并为当地一家报社兼职撰写有关海洋及生物方面的专题文章，这使她有更多机会接触大量的野生动物和海洋生物，为她的优秀作品的诞生提供资源。1941 年，卡逊出版了她的第一本书——《在海风的吹拂下》，但并未引起人们的注意。1951 年，卡逊出版了《我们周围的海洋》，该书在当时引起了巨大的轰动，连续加印后仍然销售一空，并且获得美国伯洛兹自然科学图书奖、华盛顿科学写作奖以及美国国家科学技术图书奖，卡逊一举成名。1955 年，卡逊从政府机构辞职后又出版了《海的边缘》，关于海洋的这三部传记作品使卡逊成为著名的科普作家。1958 年的一封来自马萨诸塞州名叫哈金丝的朋友寄来的信促成了卡逊的醒世之作——《寂静的春天》的诞生，这本书使她成为真正意义上的生态文学家。

20 世纪上半叶正是美国工业文明发展的强盛时期。自 40 年代起，为了控制肆意生长的杂草和害虫，提高粮食产量，人们开始大量生产和使用

DDT 等剧毒杀虫剂。当时，各级政府部门采用飞机喷洒作业的方式，大规模地将杀虫剂喷向农田和果林。这些剧毒杀虫剂在短期内的确起到了杀虫的效果，使美国农业经济取得了突飞猛进的发展，但是这些剧毒物大量进入空气、水、土壤等各种环境介质并蓄积在各种生物体中，对环境和生物体产生了严重的危害。1958 年 1 月，哈金丝在给卡逊的信中描述，自从她居住的私人禽鸟保护区被飞机反复喷洒杀虫剂之后，鸟类就大量死亡，池塘也遭受严重污染，她生活的小镇变得毫无生气，这封信引起了身为生物学专家的卡逊的极大关注。虽然已年过半百，身患严重的疾病，且讲出真相有可能会带来残酷的后果，但卡逊没有犹豫，在 60 年代初期开始着手撰写《寂静的春天》。在著书期间，卡逊克服病痛，以惊人的毅力每日坚持查阅和搜集大量的资料，与众多生物学家、化学家、物理学家以及大学教授通过书信进行商讨，并亲自去当地考查，记录生态环境的变化。1962 年，《寂静的春天》终于诞生了，《纽约人》杂志分三次连载了《寂静的春天》缩写本，9 月出版全书，到 12 月已经售出十万册。

《寂静的春天》的正式问世在美国引起了极大的震荡，赞誉伴随着非议包围了卡逊。她的直白得罪了许多与化工行业利益攸关的人，他们对卡逊和《寂静的春天》进行了有组织的攻击，他们贬损卡逊是"狂热的极端分子""大自然的女祭司"，斥责《寂静的春天》比"杀虫剂毒性更大"。面对这些诋毁和中伤，卡逊没有屈服，坚持向民众宣传化学合成剂对生态环境及人类造成的危害。正是她的坚持促成了美国和世界各国政府的环境立法与决策，催生了各种民间环保组织和环境管理机构，成就了环境保护崭新时代的到来。《寂静的春天》是一部具有划时代意义的经典著作，曾经在纽约大学新闻学院评选出的 20 世纪 100 篇最佳新闻作品中位列第二，1992年，《寂静的春天》被誉为全美近 50 年来最有影响力的著作。美国前副总统戈尔在《寂静的春天》的序言中写道："如果没有这本书，环境运动也许会被延误很长时间，或者现在还没有开始。"[①]

《寂静的春天》一书共十七章，以一则寓言开始，向我们描绘了位于农田中央的一个普通而又美丽的美国小镇的突变——"然而，好景不长，一种莫名的灾难向这片土地袭来，一切都随之改变了：由于某种邪恶的魅惑

---

① 王乐：《30 部必读的科普经典：推介-导读》，北京工业大学出版社，2006，第 110 页。

的潜入，神秘的瘟疫在家禽中蔓延，牛羊等牲畜也纷纷得病死去……一切都笼罩在死亡的阴影之下……只剩下诡异的寂静"①。这些突变正是飞机地毯式喷洒杀虫剂和除草剂所造成的，人们毫不知情地忍耐着这样的突变。接着，卡逊依据严谨的毒理学知识，基于流行病学及生态学调查研究，以充分的事实和数据论证了杀虫剂、除草剂等严重危害着海洋、土壤、动植物甚至是人类的健康和生存，是鸟类和野生动植物处于濒危状态的罪魁祸首。卡逊告诫人们，坚持人类中心主义思想，一味地依靠技术对大自然采取粗鲁而又不顾后果的举动，必然会造成鸟儿歌声的消失、植被的毁灭以及农场遭到多种疾病的突袭，人类也必然会付出无法弥补的、惨痛的代价。最后，卡逊认为，大自然是人类最好的老师，人类必须摒弃"控制自然"的想法，应该用科学的方法来处理与大自然的关系，与其他生物共同分享我们的地球。

《寂静的春天》把科学和文学艺术完美地结合起来，是一部用文学形式写成的生态伦理学著作，用暗喻的方法揭示生态问题的同时，更多地向我们传播了卡逊的生态哲学思想，大致包括以下三个方面的内容。

第一，提倡人与自然和谐共生，反对"人类中心主义"的生态思想。人与自然的关系问题是研究生态哲学问题的起点，在马克思主义唯物史观的视野中，人与自然的关系始终是一种很基础性的关系。马克思认为，自然界和人类息息相关，不仅人以自然界为对象，自然界也以人为对象，人与自然是互为对象的关系，因此必须正确地处理人与自然的关系，从这个意义上来说，卡逊所提倡的人与自然和谐共生的生态哲学思想与马克思主义所揭示的人与自然的关系有着共通之处。卡逊在《寂静的春天》中多次提醒大家"地球上生命的历史一直是生物及其周围的环境相互作用的历史"②。她认为地球上没有任何一种生命（包括人类在内）可以独自生存和发展，万事万物必须相互依靠才能共同生存。而人类为了更多的经济利益，在耕种中大量使用DDT等剧毒杀虫剂和除草剂，对生态环境产生的污染和毒害实际上也严重地危害了人类自己的生存。卡逊告诫人们如果无视化学

---

① 〔美〕蕾切尔·卡逊：《寂静的春天》，吕瑞兰、李长生译，吉林人民出版社，1997，第2页。

② 〔美〕蕾切尔·卡逊：《寂静的春天》，吕瑞兰、李长生译，吉林人民出版社，1997，第4页。

药品的污染，容忍这些危及人与自然共生的行为，未来必将有一天变的寂静：鸟儿不再欢快地歌唱，蜜蜂不再勤劳地嗡嗡飞舞；枝头不再有累累硕果，江河中不再有鱼儿游动，野外动物更是濒临灭绝，人与自然的生存都会面临严重的挑战，因此人类更应该与自然万物和平相处，和谐共生。

　　基于人与自然和谐共生的理念，卡逊批判了"人类中心主义"。人类中心主义把人类的利益作为价值原点和道德评价的依据，强调在人与自然的价值关系中，只有人类才是主体，自然是客体，因此一切应当以人类的利益为出发点和归宿。在20世纪60年代以前，全世界都在喊着口号——"征服大自然""控制大自然""向大自然宣战"，人类许多的经济与社会发展计划也是基于此而制定的。大自然不是人类要与之和谐相处和保护的对象，而成为人们征服与控制的对象，那时在人们的观念中，一切以人为尺度，没有"环境保护"的概念。卡逊不是不分青红皂白地一概反对使用化学杀虫剂，而是主张在应用技术的时候应该慎之又慎，对于人类这种利用化工技术试图控制自然的人类中心主义行为，她举起反对的大旗，还一针见血地指出："'控制自然'是一个妄自尊大的想象产物，是当生物学和哲学还处在低级幼稚阶段时的产物。"[①] 卡逊告诫人们如果坚持人类中心主义思想，一味地按照人类的需求与利益控制自然，势必造成整个生态体系的失衡。提倡人与自然和谐共生，反对人类中心主义的生态思想不仅是对生命存在权利和价值的深层解读，更是对关乎人类安身立命哲学情怀的深刻把握。

　　第二，提出生态环境具有整体性、关联性的生态整体主义思想。恩格斯曾经说过："当我们通过思维来考察自然界或人类历史或我们自己的精神活动的时候，首先呈现在我们眼前的，是一幅由种种联系和相互作用无穷无尽地交织起来的画面……"[②] 卡逊也认为在自然界没有任何孤立存在的东西，尽管她从未使用过类似于"生态圈"这样的字眼，但是其生态环境具有整体性、关联性的生态整体主义思想体现在《寂静的春天》中的每一个章节的字里行间。在第五章"土壤的王国"中卡逊指出，自然界是一个互相联系、不可分割的统一整体。大地、水源、植物和动物与人类与地球相

────────────

① 〔美〕蕾切尔·卡逊：《寂静的春天》，吕瑞兰、李长生译，吉林人民出版社，1997，第263页。

② 《马克思恩格斯文集》第三卷，人民出版社，2009，第538页。

关联，它们相生相克，成为一个生态整体。地球上的所有动物和植物都是这个精美细致但又十分脆弱的自然生命大网中的一部分，任何一种生物都与其生存的环境以及其他的生物有着密切的不可人为阻断的关系，无论哪种关系遭到破坏，都会导致整个生态系统紊乱。所以卡逊建议如果我们打算给后代留下自然界的生命气息，就必须学会尊重这个自然生命大网以及网络上的每一个联结。在第十五章"大自然在反抗中"，卡逊讲道："这是一个将各种生命联系起来的复杂、精密、高度统一的系统……自然平衡并不是一个静止固定的状态；它是一种活动的、永远变化的、不断调整的状态。人，也是这个平衡中的一部分。"①

与其他生态伦理思想不同，生态整体主义的主旨是将生态系统看作一个有机整体，人类的活动要以生态整体利益为出发点，保障生态系统有序、和谐、平衡地持久发展下去。但是人类为了谋求更多的利益，无限制地对自然进行索取，人为地改变了自然生命大网以及网络上的联结，打破了生态系统原有的整体性。在《寂静的春天》中，卡逊运用大量的事实和科学知识，揭示了人类滥用杀虫剂和其他化学品向害虫和杂草大开杀戒，造成了大量的杀虫剂残留在土壤、水体和动植物当中，对自然造成不可挽回的伤害，实际上也把枪口对准了自己。卡逊强调人是自然生态系统的一部分，在维持生态系统的整体性中起着至关重要的作用，为了维护生态系统的完整性，保持大自然的生态平衡，人类一定要懂得尊重自然和保护自然。正如卡逊在《寂静的春天》结尾时所说，"我们必须与其他生物共同分享我们的地球"②，使所有的生命在一个和谐的、持续循环的生态系统中得以延续。

第三，警示环境危机，认为生态系统具有可持续性的特点。在《寂静的春天》第一章"明天的寓言"中卡逊向我们所描述的是一个普通而又美丽的小镇的突变，她提及虽然这个小镇是虚设的，但是在美国和世界其他地方都可以很容易地找到它的翻版，许多村庄已经蒙受了大量的不幸。通过对这些可怕图景的描写，卡逊向人们展示着日益加剧的环境危机，虽然在当时还没有类似于"环境危机""环境保护"这样的概念。在工业统治的

---

① 〔美〕蕾切尔·卡逊：《寂静的春天》，吕瑞兰、李长生译，吉林人民出版社，1997，第215页。

② 〔美〕蕾切尔·卡逊：《寂静的春天》，吕瑞兰、李长生译，吉林人民出版社，1997，第262页。

时代，人类对自然所采取的是功利主义的态度，肆无忌惮地用这些化学药品消灭自己不想要的物种，结果自然界应有的格局和平衡遭到了破坏和损害，这些化学药品不仅对自然界中其他生物造成危害，也单个地或联合地、直接地或间接地毒害着我们人类自身。因而在卡逊看来，那些剧毒的化学药品对自然所造成的污染和环境危机，与人类核战争对人类具有同等程度的毁灭性。对于克服环境危机，重构人类与自然界各物种之间的和谐关系，卡逊提出了要维持生态系统的可持续性。

时至今日，可持续发展观已经深入人心，说到可持续发展概念的形成和发展，人们就会想到《寂静的春天》。在这本书中，卡逊运用大量事实揭示了杀虫剂和除草剂等化学药物的滥用对自然界的可持续发展造成的伤害，为了摆脱这些危害，她呼吁世人寻求能保护地球的"另外的道路"，这另外的道路是什么呢，卡逊当时没找到，现在看来她所提出的另外的道路实际上就是可持续发展的道路。她援引了当时欧洲育林人在长期的森林保护实践过程中形成的科学育林护林观念，即在移植新森林时，把虫鱼鸟兽和土地里的腐殖质等生物和微生物的作用也考虑在内。生态系统具有可持续性的特点，生态系统的可持续发展与人类社会的可持续发展密切相关，生态系统的可持续发展可以为人类社会可持续发展提供适宜的环境和资源，因此人类社会发展必须要维护生态系统的可持续发展。卡逊在书中希望人们放弃"控制自然"的科学疯狂，遵循自然规律，与自然界各物种之间和谐共生，维持生态系统的可持续性。

卡逊的《寂静的春天》是一本通俗易懂且又引人深思的生态文学作品，它以雄辩的事实和科学观点告诫人类滥用杀虫剂给环境和人类自身造成的危害，它惊醒的不仅是美国，甚至是整个世界。1969年，美国国会通过了《国家环境政策法》；1970年，成立了环境保护局；1972年，除了保证公共卫生部门使用外，美国禁止在国内销售DDT。埃及于20世纪70年代开始禁止生产和使用DDT，中国于2007年停止生产DDT。《寂静的春天》唤醒了人类的环保意识，是人类生态意识觉醒的标志，改变了人类传统的生态观，极大地推动了20世纪60年代环境保护运动的兴起。1970年世界上有了第一个"地球日"，1972年联合国在斯德哥尔摩召开会议，第一次将环境问题纳入世界各国政府和国际政治的事务议程，各国元首和政府首脑共同签署了《人类环境宣言》。《宣言》指出，保护和改善人类环境是各国政府的责任和全人类的目标，各国政府和人民应该共同努力。此时，距《寂静的春天》出版 10 年。1992 年，联合国环境与发展大会召开，会议通过了《里约环境与发展宣言》和《21 世纪议程》，可持续发展得到世界最广泛和最高级别的政治承诺。此时，距《寂静的春天》出版过去了 30 年。2002 年，可持续发展世界首脑会议在约翰内斯堡召开，通过了《约翰内斯堡可持续发展承诺》和《执行计划》，各国承诺把世界建成一个人类与自然协调发展的美好社会，而且将不遗余力地执行可持续发展的战略。此时，距《寂静的春天》出版整整 40 年。《寂静的春天》还促进了美国生态文学的繁荣，在它出版后，美国很多作家开始大规模地创作生态文学作品。另外，《寂静的春天》用生态学方法揭示有机氯农药对自然环境造成的危害，"有人认为这本书的出版标志着环境科学的诞生"①。总之，《寂静的春天》中所体现的卡逊的生态思想是具有前瞻性的，是永恒的。有人说，只要春天还能听到鸟叫，我们就应该感谢蕾切尔·卡逊。

1979 年 5 月，《寂静的春天》全书的中文版由中国最大的综合性科技出版机构——科学出版社正式出版，它用了 17 年时间走进了中国。《寂静的春天》被中国生态伦理学界视为一部重要的生态伦理学著作，也对中国当代生态文学创作产生了深远的影响。卡逊在《寂静的春天》中所描述的 20 世纪美国的环境危机状况，在有着约 14 亿人口的中国同样出现，书中所阐述的生态思想与我国传统生态思想有很多共通之处，《寂静的春天》的生态意蕴对我国生态文明建设、构建"美丽中国"有着重要的启示。

中国改革开放 40 余年实现了经济的高速增长，与此同时也付出了生态代价，我国政府也意识到了所面临的生态环境问题，并在积极地采取应对措施。2012 年 11 月，党的十八大从新的历史起点出发，做出"大力推进生态文明建设"的战略决策。在党的十九大报告中，习近平总书记明确强调："建设生态文明是中华民族永续发展的千年大计。必须树立和践行绿水青山就是金山银山的理念，坚持节约资源和保护环境的基本国策，像对待生命一样对待生态环境，统筹山水林田湖草系统治理，实行最严格的生态环境保护制度，形成绿色发展方式和生活方式，坚定走生产发展、生活富裕、生态良好的文明发展道路，建设美丽中国，为人民创造良好生产生活环境，

---

① 方淑荣主编《环境科学概论》，清华大学出版社，2011，第 12 页。

为全球生态安全作出贡献。"①

从卡逊的《寂静的春天》中我们获得了这样的启示：推进生态文明建设，建设天蓝地绿水净的美丽中国，首先要坚持人与自然和谐共处的自然前提。卡逊告诉我们自然界是一个互相联系、不可分割的统一整体，地球上任何一种生命（包括人类在内）都必须相互依靠才能共同生存。气候、土壤、山川河流、动植物等是人类生存发展离不开的物质基础，无休止的滥砍滥伐和污染会将人类推向无可挽回的深渊，所以建设美丽中国离不开人与自然和谐共生的生态环境，这是一个最基本的自然前提。其次，要确立人与自然可持续发展的根本目标。卡逊认为，生态系统具有可持续性的特点，人与自然可持续发展是克服环境危机，破解生态难题，保护地球的"另外的道路"，也是人与自然和谐共处的根本目标。"美丽中国"是全面建成小康社会的重要内容，要把实现人与自然可持续发展作为我国经济繁荣和中华民族永续发展的根本目标。最后，要大量传播生态伦理思想，提升大众生态意识。"美丽中国"是属于每一个中国人的，马克思主义强调人民群众是历史的创造者，人民群众是社会的主体，理论只有掌握在人民手中，才能化为真正的力量。《寂静的春天》之所以影响深远，就在于它所传播的生态伦理思想更贴近人们的现实生活。生态意识实现大众化，才能使人们广泛参与到保护生态环境和维护生态平衡的活动中，才有利于推动民族和社会的发展，在未来更好地建设"美丽中国"。

《寂静的春天》出版已经有半个多世纪，卡逊也已长眠于海边，但她具有前瞻性的绿色呐喊，正随着海涛不断传送到我们当代人的耳际。构建人与自然和谐共存的生态家园，实现经济发展与环境保护之间的良性循环，这是人类现在和将来必须坚定不移要走的绿色之路，而这条路对人类而言也是任重而道远的。

二 草原的呼唤：狼来吧

老人瞪着陈阵，急吼吼地说：难道草不是命？草原不是命？在蒙古草原，草和草原是大命，剩下的都是小命，小命要靠大命才能活命，

---

① 习近平：《决胜全面建成小康社会 夺取新时代中国特色社会主义伟大胜利——在中国共产党第十九次全国代表大会上的报告》，人民出版社，2017，第23~24页。

连狼和人都是小命。吃草的东西，要比吃肉的东西更可恶。你觉得黄羊可怜，难道草就不可怜？黄羊有四条快腿，平常它跑起来，能把追它的狼累吐了血。黄羊渴了能跑到河边喝水，冷了能跑到暖坡晒太阳。可草呢？草虽是大命，可草的命最薄最苦。根这么浅，土这么薄。长在地上，跑，跑不了半尺；挪，挪不了三寸；谁都可以踩它、吃它、啃它、糟蹋它。一泡马尿就可以烧死一大片草。草要是长在沙里和石头缝里，可怜得连花都开不开、草籽都打不出来啊。在草原，要说可怜，就数草最可怜。蒙古人最可怜最心疼的就是草和草原。要说杀生，黄羊杀起草来，比打草机还厉害。黄羊群没命地啃草场就不是"杀生"？就不是杀草原的大命？把草原的大命杀死了，草原上的小命全都没命！黄羊成了灾，就比狼群更可怕。草原上不光有白灾、黑灾，还有黄灾。黄灾一来，黄羊就跟吃人一个样……

乌力吉笑得很由衷，仿佛很欣赏狼的毒辣。他侧头对陈阵说：狼不毒就治不住旱獭，狼吃旱獭，可给草原立了大功啊。旱獭是草原的一个大害，山坡上到处都有它的洞，你看看这一大片山让旱獭挖成啥样了……

乌力吉说：草原太复杂，事事一环套一环，狼是个大环，跟草原上哪个环都套着，弄坏了这个大环，草原牧业就维持不下去。狼对草原对牧业的好处数也数不清，总的说来，应该是功大于过吧。①

姜戎用了四年时间写下了他的十一年"与狼共舞"的经历，他的长篇小说《狼图腾》是一部献给"卓绝的草原狼和草原人"的大作，一经面世，就成为北京最畅销的书。《狼图腾》之所以如此受欢迎，不仅仅是因为它的题材特殊，故事新奇充满趣味性，更多的是它激发了人们的生态意识，引发了我们对于保护生态家园的思考。

《狼图腾》以狼为叙事主体，弘扬中华民族的狼图腾精神。在草原上，气候、地理环境等条件的特殊性使畜牧业得以兴旺发展，牲畜以草为食，最大的天敌是狼群，在这种条件下，与既聪明又凶狠的狼群战斗就成为草原人最重要最日常的事情。因此，蒙古草原民族与其他游牧民族和农业民

① 姜戎：《狼图腾》，长江文艺出版社，2004，第29、151页。

族相比，更具有强悍的气质，更加骁勇善战，蒙古人的这种战争才华正是在与草原狼的频繁战斗中得到强化和提升的。人们不断地向狼学习，学习狼的特性，学习狼的精神，以狼的生存之策斗狼、猎狼，草原狼成为蒙古民族的原始图腾，牧民憎恨又敬畏狼。小说中作者认为草原因为英勇顽强的草原狼而得以维持，草原民族因为以狼为精神图腾而得以延续，极大地赞誉了狼图腾精神。除了弘扬狼图腾精神，《狼图腾》的另外一个重要的主题就是关注草原生态的保护。

草原被视作地球的"皮肤"，与森林、海洋等自然资源一样，是我国重要的战略资源，在防风固沙、保持水土、涵养水源以及维护生物多样性等方面具有十分重要的作用。我国的草原主要分布在北方和西部的干旱、半干旱地区以及青藏高原高寒地区，长期以来，由于受到气候等自然因素的影响，加之鼠害虫灾、人为开垦草原和破坏植被，草原生态不断恶化。据《2016 中国环境状况公报》显示，2016 年，中国草原面积近 4 亿公顷，约占国土面积的 41.7%，是全国面积最大的陆地生态系统和生态安全屏障；全国共发生草原火灾 56 起，累计受害草原面积 36916.8 公顷，全国草原鼠害危害面积 2807 万公顷，全国草原虫害危害面积 1251.5 万公顷。[1] 虽然草原火灾、鼠灾、虫灾与上年相比略有减少，但草原生态环境状况仍面临着严峻的考验。

卡逊的《寂静的春天》揭示了滥用农药给生态环境带来的巨大破坏，标志着人类生态意识的觉醒。受此影响，中国许多生态主义作家开始关注生态环境问题，创作了大量生动、真实的生态文学作品，《狼图腾》就是其中影响和争议都比较大的文学作品。故事发生在 20 世纪 60 年代末内蒙古一块原始草原，北京知青陈阵插队额仑草原，他和牧民们一起在草原上放牧，与草原狼进行战斗。在草原上，牧民与成群的强悍的草原狼共同维护着草原的生态平衡。小说的尾声，陈阵目睹了曾经美丽丰腴的草原被耕地取代，沙漠化严重，鼠害横行，来自蒙古草原的沙尘暴肆虐北京。《狼图腾》深刻揭示了草原上的人、狼、草场、水源、黄羊、旱獭等不同事物之间的复杂联系，并对人们破坏草原生态平衡的行为进行了批判和反思。《狼图腾》所体现的生态意识和生态思想，既对我国的生态文学发展具有深远的影响，

---

① 中华人民共和国环境保护部：《2016 中国环境状况公报》，2017 年 6 月 5 日。

也对我国当前生态文明建设具有重要价值。

20世纪，随着现代工业文明程度的提高和科学技术的进步，人类社会进入了前所未有的高速发展阶段，人类改造和利用自然的能力也在飞速提升。面对自然，人类越来越"强势"，人类征服自然的"理想"似乎也逐渐变成现实。人类文明的每一次进步实际上都是一次自然的"人化"，而每次"人化"的过程都伴随着自然对人类的惩罚和报复：全球变暖、气候反常、水土流失、物种锐减、环境污染、生态失衡等，面对全球性生态危机，一些生态文学作品表达了强烈的忧患意识以及对反生态行为的批判态度。《狼图腾》讲述了受农耕文化的影响，人们破坏了草原生态环境，最终给草原带来了灾难性的打击。书中写到曾经的额仑草原是这样的美丽："早春温暖的地气悠悠的浮出雪原表面，凝成烟云般的雾气，随风轻轻飘动。一群红褐色的沙鸡，从一丛丛白珊瑚似的沙柳棵子底下噗噜噜飞起，柳条振动，落下像蒲公英飞茸一样轻柔的雪霜雪绒，露出草原沙柳深红发亮的本色，好似在晶莹的白珊瑚丛中突然出现了几株红珊瑚，分外亮眼夺目。边境北面的山脉已处在晴朗的天空下，一两片青蓝色的云影，在白得耀眼的雪山上高低起伏地慢慢滑行。天快晴了，古老的额仑草原已恢复了往日的宁静。"[①] 繁荣千年的额仑草原在短短30年间就变了样："草原的腾格里几乎变成了沙地的腾格里。干热的天空之下，望不见茂密的青草，稀疏干黄的沙草地之间是大片大片的板结沙地，像铺满了一张张巨大的粗砂纸。"[②] 当然，在这样沙漠化的草原中，草原狼也消失了，小说通过前后30年额仑草原的变化再现了草原的生态危机。

草原上以包顺贵为代表的反生态力量没有地域观念，没有生态意识，"不懂草原"，当包顺贵看到狼捕猎军马造成巨大损失时，马上想到的是运用汽车、枪、毒药等现代化的工具消灭狼，他不懂草原与耕地的区别，而是一味地想把农耕民族的生活方式移植到草原上来，结果就是草原全面沙地化。包顺贵为了一己私利毁坏草原，对此小说中多次进行了讽刺，比如为了升官发财，他用狼崽皮和狼皮做成的皮筒裤贿赂老领导；想把发现的新草原开发成一个"度假区"，请军区首长来打野物；美丽的芍药成了他讨

---

① 姜戎：《狼图腾》，长江文艺出版社，2004，第52页。
② 姜戎：《狼图腾》，长江文艺出版社，2004，第355页。

好上级的宝贝。除了包顺贵，还有许多外来户，他们野蛮而且凶残，打狼、捕杀旱獭，甚至美丽的天鹅都成为他们盘中的美食。为了眼前的利益，包顺贵们的蛮横做法给草原造成了一场毁灭性的灾害。尤为悲哀的是，忠诚保护草原的毕利格老人的后代为了过上住楼房、开汽车的"幸福"生活，也在毁坏着草原。《狼图腾》中作者不仅讲述了人类对草原生态环境的破坏过程，而且揭示了草原生态危机的根源实际上是人类的无知和欲望。小说严厉地谴责了包顺贵、道尔基、老王头等人的反生态行为。

　　《狼图腾》中多次提到了"大命"和"小命"的关系，体现了作者最重要的一个生态价值观——生态整体主义观。小说中毕利格老人的话语体现了最直接的生态整体主义观："在蒙古草原，草和草原是大命，剩下的都是小命，小命要靠大命才能活命。""把草原的大命杀死了，草原上的小命全都没命！"[1] 草原生态是一个活生生的有机整体，系统中每一个"小命"环环相扣、相互制约、互相依存，共同维系着草原"大命"的稳定与平衡。《狼图腾》用一个个生动的故事讲述了"大命"和"小命"之间的关系：草是草原牲畜和动物赖以生存的基本食料，草场就成为牧民和草原狼得以存活的根基，牲畜的过量增加和过量放牧会毁坏草场，草原狼的存在限制了人类的数量和牲畜数量的增加，实际上就是保护了草原。而草原中的老鼠、旱獭、野兔和黄羊等动物更是破坏草原的大祸害，草原狼是治它们的天敌，狼对这些野物的猎杀可以防止它们过度毁坏草场。草原狼扮演着生态制衡的角色，所以一旦人类过度捕杀草原狼，就会破坏草原生态链的平衡：狼没了，老鼠、旱獭、野兔和黄羊就多了，接着草就会被啃光，牲畜没有草可吃，数量立减，渐渐草场退化，绿洲变成沙漠，人类的生存也会受到威胁。

　　草原上的牧民就是这样朴素地理解着"大命"和"小命"的关系，所以他们憎恨又敬畏狼，猎杀又利用狼，"蒙古牧民擅长平衡，善于利用草原万物各自的特长，能够把矛盾的比例调节到害处最小而益处最大的黄金分割线上"[2]。毕利格老人是生态整体主义观的维护者，他带领大家去挖被狼赶到雪窝的黄羊时，告诫大伙把雪下面的黄羊留给狼作冬天的食物，这样

---

① 姜戎：《狼图腾》，长江文艺出版社，2004，第29页。
② 姜戎：《狼图腾》，长江文艺出版社，2004，第73页。

狼就不会去偷袭牧民的牲畜了。在毕利格老人的眼中，狼是维持草原平衡的核心，但是少了不行，多了也不行，多了就成了妖魔，就会危害草原生物的繁衍。所以说草原是一个庞大的、复杂的生态系统，任何一个物种的过度繁衍都会破坏草原整个系统的平衡。《狼图腾》通过鲜活生动的故事诠释了生态整体观，蕴含着丰富的生态智慧。

人类对待自然的态度随着社会的发展不断发生着改变，原始社会时期由于自然科学知识匮乏和生产力水平低下，人类改造自然的能力弱，于是敬畏自然；农耕文明时期人类认识和改造自然的能力逐渐提高，于是开始不断地向自然索取所需的物质资源；现如今随着科技的进步，人类以征服自然为目标，以自我为中心变本加厉和无休止地向自然索取，人类中心主义盛行。《狼图腾》严厉地批判了这种人类中心主义，坚持人类应敬畏生命、与自然和谐平等相处的朴素的非人类中心主义观念。在小说中，作者勾画出一个庞大、复杂的草原生态系统，人类、草原狼、草场、黄羊、旱獭等都是这个庞大系统的一分子，人类与草原其他事物之间存在千丝万缕的联系。在草原生态系统中，狼处在生物链的顶端，控制着草原上旱獭、黄羊、羊群、马群以及包括人在内的一切物种的数量，草原狼的威胁让草原上的一切都充满了活力："草原狼是草原人肉体上的半个敌人，却是精神上的至尊宗师。一旦把它们消灭干净，鲜红的太阳就照不亮草原，而死水般的安宁就会带来消沉、萎靡、颓废和百无聊赖等更可怕的精神敌人，将千万年充满豪迈激情的草原民族精神彻底摧毁。"[①] 所以草原上的人们尊重也敬畏草原狼。

法国当代哲学家、思想家阿尔贝特·史怀泽认为，不是仅仅对人的生命，而是对一切生物和动物的生命，都应该保持敬畏的态度，敬畏自然界的一切生命，与我们周围的一切生命和谐与共，这样我们人类的道德才是完善的。[②]《狼图腾》中的陈阵刚到蒙古草原，对狼很恐惧，视其为草原人的天敌，后来从草原牧民对待狼的态度，以及与狼打交道的亲身经历中，他明白了在草原这个生态系统中，人与狼以及其他物种之间是平等的、相

---

① 姜戎：《狼图腾》，长江文艺出版社，2004，第 347 页。
② 〔法〕阿尔贝特·史怀泽：《敬畏生命》，陈泽环译，上海社会科学院出版社，1992，第 32 页。

互尊重的关系，所以开始用平等、欣赏的目光审视草原上的每一事物：巴图家勇猛忠诚的巴勒、善战聪明的黄黄、桀骜不驯的二郎，修建天鹅巢的天鹅一家，为了逃命跑到累死也站立着的大狼，甚至是喂小狼的一只老兔都是可敬可佩的。《狼图腾》通过人与草原狼的故事阐述了敬畏生命的思想，告诫人们要平等地看待人类以外每一物种的生存权利和感受，尊重和同情草原上的每种生命，人与自然是和谐平等的。

在额仑草原上，牧民们有一套自己的"草原逻辑"，以毕利格老人为代表的草原牧民对草原世界进行了拟人化想象，其中蕴含着极深的生态智慧。广袤的大草原有着自然的灵性，草原上任何生灵的存在都有其合理性和价值，由此构成了一个庞大的、复杂的生态系统。草原上的任何一个物种包括人类在内为了生存在这个庞大的生态系统中，有索取，当然也有付出，人类需要尊敬和敬畏草原，以及草原上的一切生灵，这是草原牧民世代口口相传的生存法则，也是他们对草原生态平衡的深刻理解。牧民敬畏草原最直接的表现就是对草原狼的图腾崇拜，在他们眼中，狼虽然狡猾、凶狠，却是维护草原生态平衡的卫士："草原上的狼是腾格里派到这里保护白音窝拉神山和额仑草原的，谁要是糟践山水和草原，腾格里和白音窝拉山神就会发怒，派狼群来咬死它们，再把它们赏给狼吃。"[①]

在草原的日常生活中处处体现着这种"草原逻辑"，牧民们遵循和恪守着，进行着生态实践。在季节变换时草原牧民会大规模搬家，不在同一个草场久留而四处"游牧"，就是为了让草场有休养生息的时间，恢复被牛、羊、马啃噬和踩踏的草场生态；他们恪守世代沿袭的"吃肉还肉"的天葬习俗，"草原上的人，吃了一辈子的肉，杀了多少生灵，有罪孽啊。人死了把自己的肉还给草原，这才公平，灵魂就不苦啦，也可以上腾格里了"[②]。他们"物用有度"，不把事做绝，对任何动物都不赶尽杀绝，使物种的数量维持在合理的范围内，让它们相互制约以维护草原的生态平衡。草原上其他动物的生存也遵循着这种"草原逻辑"。额仑草原所产战马——乌珠穆沁马远近闻名，草原狼的存在让马练成了强健的身躯使马群"优胜劣汰"；旱獭、黄羊繁殖很快，是破坏草场的大害，草原狼的捕食限制了它们的数量

---

①　姜戎：《狼图腾》，长江文艺出版社，2004，第59页。

②　姜戎：《狼图腾》，长江文艺出版社，2004，第79页。

增长，间接保护了草原；狼是草原的保护神，但是狼不能太少，也不能太多，少了，无法限制草原上其他动物还有人的数量，多了，又会给草原上其他动物的生存造成灾难，所以草原上谁活着都不容易，谁都得给其他物种留条活路。这种"草原逻辑"又透出了中国传统哲学中"天人合一"的中庸之道。

从严格意义上讲，由于作者的生态思想处于自觉与不自觉之间，所以《狼图腾》并不是纯粹的生态文学作品，而更多的是想弘扬狼图腾精神，但是小说中却弥漫着浓郁的生态思想：再现了草原生态危机，揭示了造成危机的根源是人类的无知和欲望，并对反生态的行为进行了谴责和批判；阐释了"大命"和"小命"的关系，体现了草原生命相互依存、相互制约的生态整体主义观；强调人与自然和谐平等，对自然以及一切生命要有敬畏之心；揭示牧民们遵循和恪守的"草原逻辑"，透出了中国传统哲学中"天人合一"的中庸之道。《狼图腾》带有生态文学的气息，它是第一部描写蒙古草原狼的长篇小说，以生态整体主义为思想基础，认真探讨了人与狼和草原生态的关系，它的热销引发了人们对生态问题的关注。相信很多人对于草原的印象都停留在"风吹草低见牛羊"的美丽景象中，但是小说最后对于草原场景的描写让我们了解到草原生态恶化的现状，为人类的行为敲响警钟。

人与自然的关系问题是古今中外亘古不变的哲学话题，在人类社会的历史发展进程中，人类的文明对自然有着至关重要的影响，也使人与自然的关系发生着变化。在远古时期生产力极低的情况下，自然对于人来说是神秘莫测的，人类对自然有着太多的未知，于是人对自然心存敬畏，并被动地适应自然，因此这一时期人与自然是原始和谐的。到了农耕文明时期，随着生产力水平的提高，自然成了满足人类生存需要的取之不竭的资源，人类依赖着自然，人类的活动对自然不会产生重大的影响和破坏，人与自然是基本和谐的。在近代工业社会中，随着科技的进步和自然科学的发展，人类不断发现自然规律，探索到更多关于自然的奥秘，于是人类以自我为中心，无节制地从自然中索取，以为自己可以改造、利用和征服自然，人与自然的关系由和谐走向了对立。英国著名的历史学家阿诺德·汤因比曾经警示人们："人类将会杀害地球母亲，如果人类滥用日益增长的技术力量，人类将置大地母亲于死地；如果人类克服了那导致自我毁灭的放肆的贪欲，人类则会使她重返青春，但是人类的贪欲正使伟大母亲的生命之果——包括人类在内的一切生命造物付出代价。"① 于是环境污染、土地荒漠化、水源干涸、物种消失、灾害频发等，自然处于生态失衡的状态，这严重威胁着人类的生存。现在，人类社会进入生态文明时期，人类愈发清醒地认识到人是自然的一部分，人类应该尊重自然，合理地利用自然，与自然和谐共生。

人与自然关系的演变过程伴随着人的生态意识的觉醒，人类社会发展中迫切需要整体生态主义的意识，人是自然的一分子，遵循自然规律，关爱每一个生命，坚持可持续发展的理念，保护自然，维护生态平衡，构建人与自然和谐发展的社会，人类有着毋庸置疑的责任和义务。草原在呼唤：狼来吧！期待未来有更多的飞禽走兽，奇花异草繁荣美丽的大自然。

三　人应当对自然保有亲善的态度

无量的财富不是你的，我的耐心的微黑的尘土母亲。

你操劳着来填满你孩子们的嘴，但是粮食是很少的。

你给我们的欢乐礼物，永远不是完全的。

你给你孩子们做的玩具，是不牢的。

你不能满足我们的一切渴望，但是我能为此就背弃你么？

你的含着痛苦阴影的微笑，对我的眼睛是甜柔的。

你的永不满足的爱，对我的心是亲切的。

从你的胸乳里，你是以生命而不是以不朽来哺育我们，因此你的眼睛永远是警醒的。

你累年积代地用颜色和诗歌来工作，但是你的天堂还没有盖起，仅有天堂的愁苦的意味。

你的美的创造上蒙着泪雾。

我将把我的诗歌倾注入你无言的心里，把我的爱倾注入你的爱中。

我将用劳动来礼拜你。

---

① 〔英〕阿诺德·汤因比：《人类与大地母亲：一部叙事体世界历史》，徐波等译，上海人民出版社，2001，第529页。

我看见过你的温慈的面庞，我爱你的悲哀的尘土，大地母亲。[①]

这是一首赞颂大地母亲的诗，这首诗出自印度近代著名的诗人、作家、哲学家泰戈尔（1861～1941 年）之笔。在这首诗中，泰戈尔尽情地讴歌了大地母亲和蔼可亲、无私奉献的品性，抒发了他对大地母亲的热爱、感恩之情。在泰戈尔的诗中，大自然富有秩序和善意，人与自然交融在一起。虽然这首诗可能只是泰戈尔刹那间的感兴之笔，但是它蕴含着一种生态哲理和美好的情思，对此，冰心赞同地说："诗思要酝酿在光明活泼的天性里和'自然'相通和人类有甚深的同情的交感。"[②] 实际上，不论是在诗歌中，还是在小说、戏剧、散文等文学作品中，大自然在泰戈尔的笔下，时而像是一位披着鲜艳纱丽的、脉脉含情的美丽少女，时而又像是一位慈眉善目、和蔼可亲的母亲，显得是那样的灵动、亲切而又魅力十足。

泰戈尔是印度文学史上伟大的诗人、作家、哲学家，堪称印度文学王冠上的明珠，他一生共写了 50 多部诗集，被印度人和孟加拉国人尊称为"诗祖""诗圣"。1861 年，泰戈尔出生在一个印度传统文化与西方文化交融的书香门第，从小就受到家庭环境的熏陶而醉心于诗歌创作，13 岁就开始写诗。泰戈尔的大部分作品是用母语孟加拉语完成的，直至 1912 年的欧洲之行，他陆续将《吉檀迦利》以及自己喜欢的诗作译成英文，在欧美产生了广泛的影响。1913 年，泰戈尔以《吉檀迦利》成为第一位获得诺贝尔文学奖的亚洲人，在世界上获得巨大声誉。

作为一个有着"自然诗人"之称的浪漫主义诗人，泰戈尔创作了许多家喻户晓、丰富多彩的自然诗，他的诗句格调清新、韵律优美、情感浓郁，体现了对自然的敬重、赞美和关爱，把至善至纯的人的内心世界与至真至美的自然完美融合在一起，在它们之间建立起一种微妙的审美联系，扣动着读者的心弦，引起人们普遍的共鸣。1924 年，泰戈尔访问了中国，他宣扬东方文明，认为东方文明把爱与美作为核心追求，追求道义，注重内心的价值。他甚至还预言东方文明将取代西方文明，并认为中国和印度是亚洲文化和文明的两个主要源泉，中印文明合作，弘扬东方文明，必能使人

---

① 〔印〕泰戈尔：《泰戈尔文集》第四卷，刘湛秋主编，安徽文艺出版社，1995，第 314 页。
② 冰心：《中国新诗的将来》，上海文艺出版社，1983，第 22 页。

类的爱、和谐与美满得以实现。我国当代哲学家、印度文化研究大师季羡林在研究印度文化时，认为泰戈尔"既是伟大的诗人，又是伟大的哲学家。他把诗歌创作和哲学思想水乳交融地揉在一起，形成了自己独特的文体"①。泰戈尔把诗歌创作和哲学思想有机结合、把现实主义和浪漫主义有机结合、别具一格的诗风对郭沫若、徐志摩、冰心等中国现代文学家产生了重大影响。冰心曾这样说过："泰戈尔是我年轻时代最爱慕的外国诗人。"②

泰戈尔把现实主义和浪漫主义有机结合，描绘出一幅幅充满生机的自然的景象：傍晚缓缓西沉的落日，渐渐被遮掩的月亮，天空中高飞的鸟儿，雨中颤抖的树叶，田野中青草和泥土的混合气息……都和人一样充满着喜怒哀乐。这些自然景物在泰戈尔的散文集《孟加拉风光》中得到了生动描绘，他是像下面这样描述自己与自然的和谐统一感受的。

　　这里的阳光把我当年凝视那些图画时的感觉，又带回到我的心里……

　　我不能确切地说明这点，也无法明确地解释我心中所激起的是哪一种渴望。它好像是一条水流在流经将我和广阔世界连在一起的渠道时的跳动。我觉得，仿佛那遥远的模糊的记忆又在我的心中重现。那时，我和大地上的一切浑然一体；那时，在我身上长着青草，在我身上照着秋光；那时，在柔和的阳光的抚摸下，青春的热烈气息会从我的巨大、柔软、青绿的躯体的每一个毛孔中升起。而当我默默无言地和不同的地区、海洋、山岳一起伸展在晴朗的蓝天下的时候，一个新的生命，一种甜蜜的喜悦，会从我全部无限的身心中不完全自觉地分泌和无言地倾吐。

　　我的感觉，就像我们的大地在被阳光吻着的生命中的每天狂欢的感觉。我自己的意识仿佛流过每一片草叶，每一条吮吸着的根茎；仿佛随着树木的液汁流经树干往上升；仿佛在起伏的玉米地里，在沙沙作响的棕叶上，喜悦地战栗着迸发出来。

　　我觉得，我不得不表达我和大地的血缘关系，以及我对她的亲属

---

① 〔印〕泰戈尔：《泰戈尔经典散文集》，白开元译，新世界出版社，2010，第1页。
② 冰心：《〈吉檀迦利〉译者序》，商务印书馆，1930，第1页。

之爱，但我怕我不会被人理解。①

从这段散文的字里行间中，足可见泰戈尔对自然的热爱与亲善，在他的记忆中如诗如画的自然景物令他有种"甜蜜的喜悦"，这时人与自然失去了明确的界限，"我和大地上的一切浑然一体"，泰戈尔描绘出一种与自然和谐地融为一体的感受。从诗中，从散文中，我们可以深刻体会到泰戈尔的自然观，他认为自然是充满了生机的生命体，对待自然，人类应当保有亲善的态度，而这种自然观中也包含他的生态哲学思想。

泰戈尔生活的年代是 19 世纪下半叶到 20 世纪上半叶，这一时期，工业革命在英国如火如荼地进行并传播到欧洲大陆和其他地区，西方现代主义思潮发展日趋成熟并不断向东方传播。英国开始对印度进行近 200 年的殖民统治，在印度全面推行资本主义的政治、经济、文化和社会制度。印度开始全面英化，特别是教育，当时，西式学院教育在印度极为迅速地传播开来。印度高级知识阶层在英式教育的影响下，对西方近现代哲学、政治学和自然科学相当熟悉甚至精通，其中也包括泰戈尔。泰戈尔自小接受西式教育并曾留学于英国，另外，受家庭的影响他又接受了印度教和伊斯兰教浓郁的宗教文化的熏陶，因此他的宇宙观的形成既受到印度传统文化的影响，又借鉴了 18、19 世纪西方自然科学发展的新成果。

在印度的传统观念中，"梵"是一个核心的概念，"梵"从祭祀中演绎而来，意为"祈祷"，后引申为由祈祷而得的神秘为量，即宇宙的主宰。因此在印度哲学中，"梵"被视作宇宙的始基、包括人在内的一切存在的根基，"梵"是世界之源，万物之因，生命之本。基于这种宇宙观，泰戈尔发展出他的"神"的观念。泰戈尔的"神"具有两面。泰戈尔以人为中心来理解"神"，"神"近似于人，具有人格的一面，是人所追求的最终的希望，能够给人以力量，这种有人格的"神"被称为"生命之神"。在他看来"生命之神"是秩序的创造者，承担着统一创造物的职责，与人在爱中融和同一。另外，泰戈尔认为"神"还具有无属性的一面，不可言说，不可描述，这种非人格的"神"需要人用直觉去领悟，靠内心体验。

在泰戈尔的生命观念中，生命不仅仅是物质的、精神性的，还是伴随

---

① 〔印〕泰戈尔：《泰戈尔全集》第十九卷，河北教育出版社，2000，第389页。

着精神进化而来的神性的。受进化论的影响，泰戈尔认为生命的开篇是一场伟大的冒险，遵循着"自然选择"的机制，他说："'生命精神'以简单的活生生的细胞，对抗大量的'惰性物质'的非常强悍的挑战，从而展开她的故事篇章。"① 在对有限资源的争夺中，一个物种成功进化，而另一个物种消失，这是生命进化的第一个阶段，进化的第二个阶段是人的进化，在人的进化中，精神的因素被引入生命之中，这是至关重要的。人作为生命的存在，就本质而言，包括内在的境界——意识和外在的表现——行动。并且，泰戈尔认为人的生命进化既是有限的也是无限的，人的命运就是从有限走向无限，人永远在突破对生命的有限认知，而在向生命的无限认知探索的道路上行进。"正是持着这样一种生命观，一方面，泰戈尔积极地接纳人的有限存在，在日常生活中尽责地履行着世俗的职责，也享受着世俗的乐趣；另一方面，又常常让自己沉醉于遥远的未知之中，并在其中品尝到'无限'，渴望无限就是渴望超脱现有的生命框架，感受更多生命的真相，从而对当下的生命认知持一种审慎的态度，保持一份对生命的敬畏和谦卑，而不是狂妄与破坏。"②

泰戈尔的诗歌、散文通过对自然中最普遍的事物，诸如落日、月亮、星星、大地、河流、田野、飞鸟、鲜花等的比喻，阐述了生命哲学思想，他的生命哲学思想的核心部分就是人与自然的关系，也就是他的生态哲学思想。16~19 世纪，近代自然科学在西方得以发展，科学实验日益成为科学家们普遍应用的科学方法，到了 19 世纪末现代自然科学更是突飞猛进地发展，这时人们越来越相信科技可以给人类的生存和发展带来更强大的力量。与此同时，人们支配自然的力量也得到了前所未有的发展，于是在自然面前人的优越感不断膨胀，自然不再是神秘的而仅仅是人类改造的物质实体而已。而在泰戈尔看来，自然具有多重属性，既包括自然领域，也包括人类社会领域。自然界是具有物质性的，泰戈尔将自然界比喻为一个巨大的物质性的工作场所："它必须对它的工作提交一份明确的清单，他没有一点空闲去享受充满了欢乐的嬉戏。"③ 这个物质性的工作场所处于自发的

---

① 〔印〕泰戈尔：《泰戈尔全集》第二十卷，河北教育出版社，2000，第 255 页。
② 乔静蕾：《生活与证悟——泰戈尔生命美学的东方情调》，博士学位论文，浙江大学，2017，第 80 页。
③ 〔印〕泰戈尔：《人生的亲证》，宫静译，商务印书馆，1992，第 63 页。

进化中。除了物质属性，泰戈尔更加强调自然的人格性，他认为万物皆有灵魂和情感，即"万物皆有梵性"，人类的内心与自然之间存在某种联系，自然可以把美、和平、喜悦等情感注入人的内心，达到"梵我同一"。而且泰戈尔认为自然本身是美的，它是神的欢乐创造和自由意志的产物，自然之美在人的审美中可以被看到，同时人也在与有情有灵的自然的交融中产生了审美的愉悦。

自然是充满了生机的生命体，泰戈尔从自然中发现了生命的秘密，他说道："四月的一个黄昏，月儿像一团雾气从落霞中升起。少女们在忙碌地浇花喂鹿，教孔雀翩翩起舞。蓦地，诗人放声歌唱：'听呀，倾听这世间的秘密吧！我知道百合为月亮的爱情而苍白憔悴；芙蓉为迎接初升的太阳而撩开了面纱，如果你想知道，原因很简单。蜜蜂向初绽的素馨低唱些什么，学者不知道，诗人却了解。'""太阳羞红了脸，下山了，月亮在树林里徘徊踌躇，南风轻轻地告诉芙蓉：这诗人似乎不像他外表那样单纯呀！妙龄少女，英俊少年含笑相视，拍着手说：'时间的秘密已然泄露，让我们的秘密也随风飘去吧。'"① 多么优美的散文，字里行间向我们展示了一幅生机勃勃的、和谐的自然图景，看起来单纯的诗人揭示了自然的奥秘：百合为月亮的爱情而苍白，月亮为百合的爱恋在林中徘徊；芙蓉为初升的太阳撩开了面纱露出美丽的容颜，太阳却羞红了脸，下山了；妙龄少女和英俊少年含笑相视。自然与人间充满了生命之爱和美，人在与自然的共鸣中，可以领略生命的哲理。

泰戈尔对人与自然亲缘关系的认识深受印度传统生态文明的影响。印度的传统文明发源于森林，素有"森林文明"之称，"在印度，我们的文明发源于森林，因此也就带有这个发源地及其周围环境的鲜明特征……古代印度居住在森林中的圣人们的目标就是努力去体悟这种人的精神与世界精神的大一统"，"印度倡导人要充分地认识、全身心地感受人与周围事物间的最密切的关系，应该向朝阳、向流水、向硕果累累的大地致敬，把这一切都当作一个怀抱着它们的活生生的真理的具体体现"②。森林一直是印度文学的一个中心场景，它象征着的简朴自然的生活方式具有净化心灵、启

① 〔印〕泰戈尔：《泰戈尔散文诗全集》，浙江文艺出版社，1990，第215页。
② 〔印〕泰戈尔：《泰戈尔全集》第十九卷，河北教育出版社，2000，第5~8页。

迪智慧的作用，印度的"森林文明"中蕴含了丰富的生态智慧。泰戈尔继承和发展了印度文明的生态主义传统，写了大量的自然诗歌，他的诗歌充满了对自然的感激、赞美和敬畏之情，追问人类的自然本性，呼唤人类回归自然，对人与自然的关系进行了探索。

那么人与自然是什么样的关系呢？在泰戈尔笔下，人是自然的产物，自然中的生命向人类释放着爱与善意，人与自然是相互依存、和谐共生的关系。泰戈尔推崇印度传统文化中人与自然的和谐统一关系，他说道："在印度看来，很显然人是与自然和谐统一的。人能进行思考就是因为人的思想与事物是和谐的；人能利用自然力就是因为人力与贯穿于一切的自然力是和谐的。"① 所以印度人把在感情上和行动上体验人与自然的和谐作为人生目的。在泰戈尔心中，人与物、情与景都是浑然一体、不可分割的，因为自然万物皆同出一源——"梵"，所以人需要尊重自然万物的生命与情感，在爱中达到和谐与统一、体现"梵"的和谐本性的最高境界，换句话说就是人应该以亲善的态度对待自然。泰戈尔是这样说的："我自己的意识，似乎流过每一片草叶，每一条吮吸着的根，和树液一道穿过树干向上升，在翻着波浪的稻田里，在沙沙作响的棕榈树叶上，欢乐地颤栗着迸发出来。我感到，我非得表达出我与大地的血缘关系和我对她的亲属之爱不可。"② 泰戈尔认为人与自然之间相互保有着亲善的感情，或人类的亲善融入自然之中，或自然的亲善融入人类的感情之中，因此在他的作品中，一滴雨、一颗星、一粒尘埃、一朵花、一只鸟都具有生命力与人性，净化人类的生命，给人以美的享受和无穷的勇气。

人与自然和谐共生，人应对自然保有亲善的态度，但是人类为了满足自己的私利毫无节制地、贪婪地从自然界中索取物质财富，加剧了环境恶化、资源危机，破坏了生态平衡，导致其他物种濒临灭绝。对此，泰戈尔对人性进行了深刻的反思，他说："我们的贪心使我们的意识转向物质，从而背离作为'普遍存在'之本质的真理的最高价值。"③ 泰戈尔认为物质财富就像是牢笼，人对财富的贪欲最终会束缚人类自己，让人失去自由。对

---

① 〔印〕泰戈尔：《泰戈尔全集》第十九卷，河北教育出版社，2000，第2页。
② 〔印〕泰戈尔：《孟加拉掠影》，刘建译，上海译文出版社，1985，第74页。
③ 〔印〕泰戈尔：《泰戈尔散文诗全集》，浙江文艺出版社，1990，第64页。

财富的贪欲源于人类的自私，人类的这种自私会导致严重的后果。泰戈尔通过诗提醒我们，如果为了一己私利，疯狂掠夺自然资源，自然资源就会像花儿一样凋谢，像泉水一样最终干涸。他警告说："当某种发展过度的巨大的诱惑，践踏这一充满活力的渴望，使之归于沉寂之时，那么文明确说就像一粒失去萌芽欲望的种子那样悄然死亡。"① 由此，泰戈尔呼吁人们亲善地对待自然，努力融入自然，与自然相互依存，和谐共生。他在《游思集》中明确地说，自己一直和世界上的全部生命生活在一起，于是把自己的爱恋和悲愁都献给了这个世界。就泰戈尔自己而言，他毕生都保持了这种与自然亲善的态度，这从他的传记作者克里希那·克里巴拉尼的言语中可见一斑："泰戈尔是最爱自然，还是最爱人类或上帝，我们难以给予确切的回答。这三者在他的意识里好像是一个本质的三个方面。虽然他经常被人类所吸引——谁也不能回避自己的民族——上帝也经常给他一种无形的感觉，但大地永远是稳定的、可爱的和充满爱意的……在他生活的各个阶段，他一直与大自然保持着密切联系，对它的美好回忆一直存在他的潜意识里。"②

在工业化进程中，中国的经济快速发展，经济增长与环境之间的矛盾也日益加剧。面对生态系统恶化、环境污染严重、能源危机加剧的严峻形势，党中央、国务院先后出台了一系列重大决策部署。尊重自然、顺应自然、保护自然是我们党提出的坚持走可持续发展道路、建设美丽中国的生态文明理念。绿色发展的生态文明理念日益深入人心，建设美丽中国的行动也在不断升级提速。2017年，由中共中央宣传部、中央电视台联合制作的六集电视纪录片《辉煌中国》，以创新、协调、绿色、开放、共享的新发展理念为主线，向世人展现了党的十八大以来中国经济社会发展取得的巨大成就，第四集《绿色家园》就讲述了中国绿色发展的故事。其中讲述的我国南海的生态建设体现了以习近平同志为核心的党中央推进生态文明建设的决心、勇气和担当，解说词给人留下了深刻的印象。

---

① 〔印〕泰戈尔：《在爱中彻悟：泰戈尔瞬息永恒集》，刘建、刘竟良译，天津人民出版社，2009，第64页。

② 〔印〕克里希那·克里巴拉尼：《泰戈尔传》，倪培耕译，漓江出版社，1984，第415页。

万物各得其和以生，各得其养以成。尊重自然、顺应自然、保护自然，生态修复已经开始从陆地向海洋拓展……

珊瑚礁是生态修复的重要标志，健康的珊瑚礁，可以吸收 90% 的海浪冲击力，是海岸线的天然屏障，护佑着靠海而居、依海而生的百姓……

由于海水升温、海水酸化、过度捕捞，全球的珊瑚礁目前都在急速退化。美丽的珊瑚礁还是生命孕育的温床，超过四分之一的海洋生物，必须靠珊瑚礁栖息繁衍。中国的目标，是要让海底的这片"热带雨林"重新变得摇曳多姿……

全国海域水质优良比例，五年来从 60.8% 回升到 73.4%，中国的海洋开发方式正在向循环利用转变。怀有敬畏之心，对大自然友善相待，这碧海蓝天、洁净沙滩就是它给予的最好回报与馈赠。今天的中国，正在像保护眼睛一样保护生态环境，像对待生命一样对待生态环境。[①]

建设美丽中国的生态文明理念和行动使中国的生态文明事业取得了历史性的成就。但是人类发展史上发生过许多破坏自然生态的事件，留下惨痛教训。恩格斯曾经告诫过人们："我们不要过分陶醉于我们对自然界的胜利。对于每一次这样的胜利，自然界都报复了我们。每一次胜利，在第一步都确实取得了我们预期的结果，但是在第二步和第三步却有了完全不同的、出乎预料的影响，常常把第一个结果又取消了。"[②] 在人与自然的关系中人是主导性的因素，自然坦荡慷慨，给人类提供了维持其生存和发展所需要的一切物质资料，但是人类忘乎所以、不计后果地向自然无限索取，导致公害泛滥、能源危机、环境恶化、生态失衡，人类遭到了自然界的报复和惩罚。面对这样的事实，人类应该好好反思这样的问题：人类应该以什么样的态度对待自然，处理好人与自然的关系？对此，泰戈尔给了我们一个很好的答案：人与自然是主体间平等对话的关系，人类应该承担更多

---

① 中共中央宣传部、中央电视台联合制作：六集电视纪录片《辉煌中国》第四集，2017，https://tv.cctv.com/2017/11/18/VIDEx74zK0YsYxYpUIxmvlFz171118.shtml? spm = C55924871139. PiBcPr7RBv8W.0.0。

② 《马克思恩格斯全集》第二十卷，人民出版社，1971，第 519 页。

的责任和义务,善待自然界中的其他生命,人应当对自然保有亲善的态度。是的,怀有敬畏之心,以友善的态度对待大自然,大自然就会给予我们碧海蓝天、洁净沙滩这些最好的回报与馈赠。

四 万物各得其和以生,各得其养以成

出处:(战国)荀况《荀子·天论》。

原典:

列星随旋,日月递炤,四时代御,阴阳大化,风雨博施。万物各得其和以生,各得其养以成,不见其事而见其功,夫是之谓神。皆知其所以成,莫知其无形,夫是之谓天。

释义:

"天"是中国哲学的一个重要范畴,天与人的关系从来都是哲学家们努力探讨的问题。荀子关于天人关系的观点主要集中在《荀子·天论》中。

荀子认为:"天行有常,不为尧存,不为桀亡","天不为人之恶寒也辍冬,地不为人之恶辽远也辍广。"自然万物的存在及变化有其自身的规律,不以人的意志为转移。"万物各得其和以生,各得其养以成",自然万物各自得到阴阳形成的和气而产生,各自得到相应的滋养而成长。然而,人们看不到自然的"和""养"之事,却能看到其化生万物的功效与成果。因此,荀子称之为"神"。荀子并没有把"神"说成是超自然的神秘主宰,而是将其视为物质世界的自然功能。[①]

党的十八大以来,习近平总书记以他独有的风格,在一系列重要讲话、文章和访谈中运用了一些古代典籍和经典名句。2015 年 11 月 30 日,在气候变化巴黎大会开幕式上,习近平发表了题为《携手构建合作共赢、公平合理的气候变化治理机制》的讲话,在讲话中就运用了我国古代哲学家、思想家荀子的经典名句"万物各得其和以生,各得其养以成",告诉全世界中华民族传统文化历来尊重自然,强调天人合一。

---

① 参见杨立新的博客《[习近平用典(最新)]万物各得其和以生,各得其养以成》http://blog.sina.com.cn/s/blog_58ed4d050102vwge.html,最后访问日期:2018 年 5 月 8 日。

"万物各得其和以生，各得其养以成"出自《荀子·天论》。荀子，名况，字卿，战国时期赵国人，是中国历史上著名的思想家、哲学家，也是先秦时期儒学的集大成者。他生活的时代刚好是战国时期群雄争霸日益激烈、新兴地主阶级积极开展变法运动的时期，这一时期中国社会发展由最野蛮的奴隶制社会，向统一的中央集权的封建制社会发展，政治局势混乱，出现了战国七雄争霸天下的局面。由于冶铁技术的提高，铁器普遍运用于生产，推动了农业、手工业、商业的繁荣发展，使社会生产力水平得到了前所未有的提高，同时也带来了思想文化的大发展，一些杰出的思想家、哲学家、科学家各抒己见，著书立说，形成了百家争鸣的时代。这样的时代造就了荀子这一伟大的思想家。

提到生态环境，在战国中后期，中原地区的地理地貌主要是茂密的森林，生态环境总体上仍保留着原始状况。当时冶铁技术的运用提高了农业生产的效率，一方面，由于农业生产发展的需要，扩大了耕地面积，大量开荒使地表的植被被破坏，另一方面，由于冶炼需要木柴作为燃料，大量的树木被砍伐，森林变成了荒山，于是自然灾害如旱灾、水灾、地震、雪灾等频繁发生，这些给人民的生活和生态环境造成了严重的危害。另外，春秋战国时期战乱不断，连年的战争给人民带来无穷灾难，对生态环境也造成了严重的破坏。在战争中各诸侯国大肆砍伐树木，杀戮野生动物，作为军需军备物资，为了取得战争胜利，还采用水攻、火攻等战争手段，这也直接或间接对生态环境造成极大的破坏。这样的背景造就了荀子的生态伦理思想。

《荀子》一书内容丰富，包含了荀子的政治、教育、道德等方面的思想，其中也蕴含了荀子丰富的生态伦理思想。生态伦理作为道德规范主要从伦理的视角研究人与自然的关系，即天人关系。"天人关系"是中国哲学史中的基本问题，荀子的生态伦理思想就是在研究"天人关系"中逐渐形成和发展的，荀子的《天论》篇就体现了他的天人观，即朴素唯物主义的自然观。

"天"是中国古代哲学的一个重要概念，从古至今，关于"天"的研究是一个亘古常新的话题。我国哲学史家冯友兰先生将中国哲学史中的"天"大致归纳为五种意义："物质之天"（与地相对的天），"主宰之天"（人格神），"运命之天"（命运），"自然之天"（自然界），"义理之天"（道德意义上的天）①。荀子所谓的"天"最主要是指"自然之天"，也就是客观存在的自然界本身。荀子在《天论》中说："列星随旋，日月递炤，四时代御，阴阳大化，风雨博施。万物各得其和以生，各得其养以成，不见其事而见其功，夫是之谓神。皆知其所以成，莫知其无形，夫是之谓天。"② 在荀子看来列星旋转，日月轮转，四时交替，阴阳变幻，风雨博施都是遵循自然规律的自然现象，在这些自然规律的作用下，万事万物在适应的条件下得以生成，各自得到所需要的滋养而发展，很是神妙，而这一切不露痕迹自然生成的现象就是"天"。对于"天"的认识，在《天论》中，荀子开宗明义："天行有常，不为尧存，不为桀亡。应之以治则吉，应之以乱则凶。"③ 认为自然界有其内在的持久不变的运行规律，不会因为尧的英明而存在，也不会因为桀的荒淫而灭亡，遵循其规律进行治理会获得吉祥，不遵循其规律混乱对待则会带来凶灾。

关于"人"，荀子认为人类首先是自然界的一部分，是先有自然界而后才有人，而且人是先有形体而后才产生精神，他说："天职既立，天功既成，形具而神生。好恶、喜怒、哀乐臧焉，夫是之谓天情。耳、目、鼻、口、形，能各有接而不相能也，夫是之谓天官心居中虚，以治五官，夫是之谓天君。"④ 人的喜怒哀乐是天生的情感，耳朵、眼睛、鼻子、嘴、身体是天生的感官，在自然规律的作用下，人的形体先生成，然后产生了情感、精神。荀子还认为："凡性者，天之就也，不可学，不可事。"⑤ 意思是人的形体、精神不仅是天生的，人的本性也是自然而然、天生的，所以说人是自然界的产物。荀子强调人作为自然界的产物，与动物有着本质的区别。"人之所以为人者，何已也？曰：以其有辨也。""故人之所以为人者，非特以其二足而无毛也，以其有辨也。夫禽兽有父子而无父子之亲，有牝牡而无男女之别。故人道莫不有辨。"⑥ 这里的"辨"是辨别的意思，是指人的理性思维功能，人具有认知和辨别能力，当然这也是人生来所具有的。在

---

① 冯友兰：《中国哲学史》上册，华东师范大学出版社，2002，第35页。
② 《荀子·天论》。
③ 《荀子·天论》。
④ 《荀子·天论》。
⑤ 《荀子·性恶》。
⑥ 《荀子·非相》。

荀子看来人与动物的本质区别实际上在于人的社会属性，他说："人，力不若牛，走不若马，而牛马为用，何也？曰：人能群，彼不能群也。人何以能群？曰：分。分何以能行？曰：义。"① 人能够结成群体，合作共助，这是动物所不具有的属性，所以人在与动物的竞争中能取得胜利，这也是人能够认识和改造自然的一个重要原因。而人之所以能够群分，更在于人遵循"礼义"，也就是说人作为群体共生的族群，礼义才是人的本质规定性，是维系人类社会生存和发展的基本因素。

"天人关系"不仅是中国哲学史上一个非常重要的范畴，更是荀子生态伦理思想研究的重点。"天人合一"作为中国古代哲学的一个基本命题，不仅是我国古代思想的精髓和基本特征，而且是中国古代哲学中生态思想的最高境界。② 儒家的"天人合一"思想源于西周时期，《周易》中提出了"天人协调"的思想，这种思想深深影响了历代儒家学者，后来经过孔子、孟子重新阐释，到荀子、董仲舒的进一步发展，再到二程、朱熹、王阳明的深化，达到了相当高的水平，完成了一个不断完善发展的过程。孔子从人道与天道相统一的角度出发，把自然之天和人类社会的伦理道德相结合，认为人要从"礼"出发，自觉地靠自身的努力去实现"天人合一"。孟子继承和发展了孔子的"天人合一"思想，从性善论出发，借助"诚"来论述天人之间的关系，认为坚持性善，扩充本心，达到至诚，就可以天人相通，达到"万物皆备于我矣"的天地合一的境界。

荀子作为先秦儒家思想的集大成者，他深化了孔孟关于天人关系的思想，但与孔孟有所不同的是荀子更多地关注了天人相区别的一面，提出了"明于天人之分"的思想，荀子"明于天人之分"的思想在《天论》中有着较为系统而全面的论述。要理解荀子的"明于天人之分"思想，关键在于"分"，那么"分"为何意呢？冯友兰先生认为"'分'读如职分的分，也有分别的意思，所以也可读如分别的分。"③ 这里的"分"可以理解为"职分""名分"，而不是分离的意思，大自然与人类社会是有区别的，但不是绝对地分开的，人要明了天人各自不同的职分、职责，在此基础上才能

① 《荀子·王制》。
② 王素芬：《顺物自然——生态语境下的庄学研究》，人民出版社，2011，第113页。
③ 冯友兰：《中国哲学史新编》上卷，人民出版社，1998，第689页。

实现与自然的协调发展，所以，荀子的"天人之分"不等同于"天人相分"。人与天的职分是不同的，那么荀子所说的"天""人"之职分又是什么呢？"不为而成，不求而得，夫是之谓天职。"① 荀子认为天地万物由阴阳和合而成，并具有某种具体形态及秩序性和规律性，即"万物各得其和以生，各得其养以成"。这就是自然界所具有的生成作用的职分，这种天职人类是看不见的，荀子把它誉为"神"。"天能生物，不能辨物也，地能载人，不能治人也。"② 天的职分是"生物""载人"，人的职分则在于"辨物""治人"，更重要的还在于"修为"，人应该修身养性，懂得礼义，提高自身的能力，不违背天道。荀子说："故明于天人之分，则可谓至人矣。"③ 他认为人只有明确"天""人"之职分之不同，才能成为"至人"，才能知道可以做什么，不可以做什么。荀子对"天"和"人"的职分进行划分打破了传统天人关系中天对于人具有决定性作用的"天定论"观念，凸显了人的重要作用及其自主性。

"荀子既肯定天人相分，又主张天人合一；分是前提，合是归宿。"④ 荀子认为天地万物都是自然界变化的产物，人也不例外，人与自然紧密联系，不可分割；同时人与动物有着本质区别，人有认知和辨别能力，能够结成群体，遵循"礼义"，合作共助，人可以积极利用自然规律，合理统筹万物生长，使之为人类服务，于是荀子在"明于天人之分"思想的基础上提出"制天命而用之"的"天人合一"思想。荀子在《天论》中说道："大天而思之，孰与物畜而制之！从天而颂之，孰与制天命而用之！望时而待之，孰与应时而使之！因物而多之，孰与骋能而化之！思物而物之，孰与理物而勿失之也！愿于物之所以生，孰与有物之所以成？故错人而思天，则失万物之情。"⑤ 意思是说，与其推崇仰慕上天，不如把上天看作物质资源来使用；与其顺应并颂扬上苍，不如主动地认识规律并加以利用；与其盼望好时节而等待，不如顺应季节利用它；与其任由万物随性生长，不如根据它们的特性促其成长；与其希望得到更多的万物，不如治理好万物而不失

---

① 《荀子·天论》。
② 《荀子·礼论》。
③ 《荀子·天论》。
④ 惠吉星：《荀子与中国文化》，贵州人民出版社，1996，第87页。
⑤ 《荀子·天论》。

去它们；与其考量万物为什么产生，不如探究万物怎样长成。因此，如果人放弃了努力而去仰慕上天，就违背了万物的发展规律。总之，与其一味地等待上天的恩赐，还不如相信自己，激发潜能，发挥主观能动作用，积极地认识自然界，控制、改造、利用自然界使其为人服务。

那么人类如何利用自然，"制天命而用之"呢？荀子提出"制天命而用之"要"知天"，他认为人要控制和改造自然，创造更多的物质财富造福人类，就必须认识自然界及其规律，即"知天"，而人也能够"知天"。荀子说："凡以知，人之性也；可以知，物之理也。"① 强调人能够认识自然界及其规律，并在认识和掌握客观规律的基础之上，发挥人的主观能动性，按照节气变化，因地制宜地合理安排农事。也就是说人不仅需要认识，也能够认识和改造自然。荀子提出"制天命而用之"还要"率道而行"，人类要利用和改造自然，必须顺应自然法则，使人自身活动与天之运行相适应，就是要按照自然规律办事。总之，荀子"制天命而用之"思想强调要"知天"和"率道而行"，在承认自然内在规律性的基础上，要求人类遵循规律，按照自然规律办事，这样才能实现天人合一的理想境界。冯友兰先生认为荀子的"制天命而用之"思想"是中国古代哲学中最明确、最响亮的以人力改造自然的口号"②。郭沫若先生曾对荀子的"制天命而用之"思想给予中肯的评价："制天命则是一方面承认有必然性，在另一方面却要用人来左右这种必然性，使它于人有利，所以他要'官天地而役万物'。这和近代的科学精神颇能合拍……"③

荀子的生态伦理思想融合百家之长，既不同于传统儒家的"天人合一"说，亦不同于道家的"自然无为"说，荀子的天人观以"明于天人之分"思想为基础，以"制天命而用之"为实践途径，由此构成了一个相对完备的体系学说。荀子一方面强调天具有自然性和规律性，另一方面强调人的主体性和能动性，在此基础上既肯定天人相分，又主张天人合一，实现"天人之分"与"天人合一"的统一。

荀子丰富和深化了传统儒家、道家等诸子百家的天人关系理论。传统

---

① 《荀子·解蔽》。
② 冯友兰：《中国哲学史新编》上卷，人民出版社，1998，第 694 页。
③ 郭沫若：《十批判书》，中国华侨出版社，2008，第 155 页。

儒家探讨的"天人合一"是"义理之天"与人的合一，这里的"天"是有意志的、具有道德属性的，如孔子在《论语》中说过："道之将行也与，命也，道之将废也与，命也。"① 他认为国家的兴衰、人的生死富贵，都是由天的意志所主宰的，因此人要知天命，畏天命，并认为人只要通过道德体验就可以省悟，达到天人合一的道德境界，这种天人合一是道德层面上的天人合一。荀子认为的"天"是"自然之天"，即自然界，自然界的法则是有序的，它按照自身固有的运行规律变化，并且天与人各自有各自的职分，荀子突出人的主体地位，认为人可以发挥主观能动性"制天命而用之"。在自然观上，荀子强调天人之间的差别和对立，坚持天人相分，但在道德层面上却与孔孟的天人合一理论殊途同归，发展了孔孟之道。道家思想中蕴含了丰富的生态伦理思想，它以"道"为核心，以"自然"为法则，以"无为"为处世原则，老子说："人法地，地法天，天法道，道法自然。"② 他认为道是统摄万物的根本，人应该顺应天道，与自然保持一种和谐的关系，荀子的天人观超越道家"天道自然无为"的理想，认为人应该积极发挥自身的主体性，遵循和顺应自然规律，照自然规律办事，实现天人合一。

作为先秦时期儒学的集大成者，荀子的天人观对其后中国哲学中的天人关系理论，特别是其中的人性学说产生了深远的影响，具有启迪作用。韩非子作为荀子的弟子，吸收了他的天人观思想，认为人性是自私自利的，主张制定统一的法规，建立"法治"社会对人进行约束和管控。汉代王充吸收了荀子的思想，对于天人关系中人性学说有了进一步的拓展和延伸。可以说荀子的天人观是先秦哲学上具有独创性的观点，其中的生态伦理思想既丰富和深化了传统儒家、道家等诸子百家的天人关系理论，也对其后中国哲学中的天人关系理论产生了深远的影响，起到了承前启后的历史性作用。

郭沫若曾评价荀子，认为他吸取了百家的精华，更像一位杂家，而这种杂家的面貌也正是秦以后的儒家的面貌，荀子实际上首开其先河。荀子既没有抛弃儒家成圣成贤的精神追求，又吸收了道家自然天道观的思想，并把这两种天人观糅杂在一起，从而他的天人观呈现矛盾交错的局面，因

① 《孔子·论语》。
② 《老子·道德经》。

此，这就显现出他对"天"这一概念的理解不够清晰，导致后人对于他的天人观产生了误解，对于"天人之分"还是"天人合一"有不同的理解，而且荀子天人合一思想也没有冲破先秦时期天人观的局限。但是荀子丰富的生态伦理思想具有重要的理论意义与现实指导意义，在现代社会中有不可忽视的价值。

荀子的生态伦理思想坚持天人合一的思想，实际上是践行了人与自然和谐共生的生态理念，具有超越时代的价值。现今，随着经济全球化的发展、科技的进步，生态危机也已成为威胁人类生存和发展的全球性问题。20世纪80年代以来，世界各地每年都会有大量环境污染，公害事件的范围和规模不断扩大，环境灾难的阴影笼罩着人们。美国著名的生态学家巴里·康芒纳（Barry Commoner）在《封闭的循环——自然、人和技术》一书中写道："新技术是一个经济上的胜利——但它也是一个生态学上的失败。""如果现代技术在生态上的失败是因为它的既定目标上的成功的话，那么它的错误就在于其既定的目标上。"① 总的来说，生态平衡的破坏主要是人为造成的，其实质是人类忽视了人与自然的关系，没有正确处理人与自然的关系。两千多年前荀子提出的"明于天人之分"，"制天命而用之"的天人观就体现了人与自然和谐共生的生态理念。在人与自然的关系上，荀子一方面认为天地万物都是自然界的产物，人也是自然界的一部分，因此人要明确"天""人"之职分之不同，爱护和保护自然；另一方面，自然是有序发展的，它不会自发地满足人的需要，所以与其等待上天的恩赐，人类还不如相信自己，发挥主观能动作用，遵循自然规律，认识和利用自然。另外，荀子也践行了人与自然和谐共生的生态理念。在如何正确处理人与自然关系的问题上，荀子提出"不夭其生，不绝其长也"，"斩伐养长不失其时"，"罕兴力役，无夺农时"②，就是强调顺应生物生长规律，把滋养和取用结合起来，以利万物生长。为了资源的持续存在和延续发展，他还建议君王"山林泽梁，以时禁发而不税"③，以便万物休养生息，从而有效地保护生态。

---

① 〔美〕巴里·康芒纳：《封闭的循环——自然、人和技术》，侯文蕙译，吉林人民出版社，1997，第120、148页。
② 《荀子·王制》。
③ 《荀子·王制》。

荀子的生态伦理思想既不是自然中心主义也不是人类中心主义。中国学者傅华认为，现代生态伦理研究实质上分为两个学派，即自然中心主义和人类中心主义。自然中心主义强调自然界中的一切生物都拥有与人类一样的天赋价值，因此人应对所有生物都负有道德义务。自然中心主义关注自然界和一切生命，无可厚非，但是过于强调和过度偏颇，忽视了人类的主观能动性。在天人关系上，荀子肯定了人的价值，认为人与动物有着本质区别，人有认知和辨别能力，能够结成群体，遵循"礼义"，人还可以积极利用自然规律，合理统筹万物生长，使之为人类服务，"制天命而用之"。因此，荀子的生态伦理思想显然不是自然中心主义，当然也不是人类中心主义。人类中心主义强调人是自然界的主宰，居于自然界的中心地位，因此人是主体，自然是客体，自然界的万物只是供人类使用、支配、控制的，其实质就是一切以人为中心，以人为尺度，一切从人的利益出发，把人的生存和发展作为最高目标。人类中心主义以这样的思维看待人与自然的关系，如果坚持这样的理念，那么必将导致人与自然关系的紧张和恶化。荀子"明于天人之分"的思想，与人类中心主义所主张的"天人相分"实质上是不同的，人类中心主义的"天人相分"是指人与自然的分离、对立，而荀子则认为人与自然各自有各自的职分、规律，在此基础上荀子又提出"制天命而用之""率道而行"，就是要求人类遵循规律，按照自然规律办事，这种生态伦理思想与人类中心主义所谓的"征服自然""控制自然"的生态思想实际上是截然不同的，荀子的生态伦理思想体现了人对自然的尊重。

荀子的生态伦理思想充满了务实精神，提出了一些有关保护生态的制度建议，对当今中国加强生态文明建设极具启发意义。党的十九大指出："建设生态文明是中华民族永续发展的千年大计。必须树立和践行绿水青山就是金山银山的理念，坚持节约资源和保护环境的基本国策，像对待生命一样对待生态环境，统筹山水林田湖草系统治理，实行最严格的生态环境保护制度，形成绿色发展方式和生活方式，坚定走生产发展、生活富裕、生态良好的文明发展道路，建设美丽中国，为人民创造良好生产生活环境，为全球生态安全作出贡献。"① 可见，保护生态，解决环境问题离不开社会

① 习近平：《决胜全面建成小康社会　夺取新时代中国特色社会主义伟大胜利——在中国共产党第十九次全国代表大会上的报告》，人民出版社，2017，第23~24页。

制度层面的努力，而在两千多年前，荀子就提出了一些有关保护生态的制度和措施。在《王制》中，荀子说道："草木荣华滋硕之时，则斧斤不入山林，不夭其生，不绝其长也。""鼋鼍、鱼鳖、鳅鳝孕别之时，罔罟毒药不入泽，不夭其生，不绝其长也。"① 意思是说当草木萌发和生长的时候，不能携带刀斧进入山林，严禁砍伐林木，不能断绝它们的生长；当鱼鳖怀孕产卵时，不能将渔网或毒药投入水中，严禁捕杀幼鱼、幼鳖，不能断绝它们的生长。荀子还建议君王："山林泽梁，以时禁发而不税。"② 就是在山林生长、休渔时节，合理地禁止人们过度开采、渔猎，以使山林湖泊得以充分休养生息。虽然荀子没有提出系统性的生态保护制度以及保障制度实施的有效措施，但还是给了我们很好的启发，也就是要制定、完善、实行最严格的生态环境保护制度，使制度成为生态环境保护的有力保障。

五 从分化对立到和谐共生

自然是人类生命之源，是人类生存和发展的命脉。人类是自然界长期进化发展的产物，自然界是人类的母体，它孕育了人类，并为人类提供了生存和发展的自然前提，是人类安身立命的根基，是人类生命绵延不断、代代相传的必要条件。人作为生命有机体属于自然界，参与自然生态系统的循环。因此，人与自然对象是环环相扣、生生不息的循环链条，是存在着普遍联系的有机系统。这就要求我们统筹兼顾、整体施策、多措并举，全方位、全地域、全过程开展生态文明建设，保障生态系统协调有序、良性循环。

人与自然是相互作用的生命共同体。人的生命活动的特点在于，人是自然生态系统中有意识的、能动的存在物，人能够自觉地改造自然，把自然作为人的生产和生活对象来对待，通过对自然的改造，使自然打上人的有目的活动的印记。人的物质生产实践的作用是双重的，一方面，人通过改造自然生产出满足自己物质需要的产品，另一方面，人对自然的改造又会产生生态环境方面的效应，并影响和作用于人。在农业文明时代，人改造自然的能力很有限，还谈不上人对自然环境

---

① 《荀子·王制》。
② 《荀子·王制》。

的破坏。西方工业文明的兴起使人类步入现代化发展进程，大工业使经济快速发展，物质财富显著增多，但也消耗了大量的自然资源，自然环境污染问题逐步凸显。事实表明，自然是人类行为的一面镜子，自然作用于人的不同方式实质上是人作用于自然的不同方式在人身上的体现，人与自然是一荣俱荣、一损俱损的生命共同体。人与自然是生命共同体的思想揭示了人与自然关系的内在规律，我们必须把握这一规律，在开发利用自然上严守生态环境承载力的刚性界限，在自然环境承载力范围内改造自然。①

在人类社会发展的历史进程中，人与自然的关系问题始终是困扰人们的一个重要问题，而如何处理人与自然的关系一直是古今中外哲学家、思想家们普遍关注和研究的课题。从远古时期到农耕文明时期，从近代工业社会到现代文明社会，人与自然的关系经历了从原始和谐到对立，再到和谐共生的历史过程，人类对自然的态度经历了从敬畏自然到控制自然，再到尊重自然的转变，不同历史时期，人们对人与自然关系的认识和理解是不同的。"人作为有目的有意识的具有能够创造能力的存在物，能够制造和使用工具，通过工具系统的中介作用于自然界，改造、调控环境，重建属人的现实世界，使之适合自己生存与发展的需要。人类存在的本性和特点决定了人与自然的关系是在改造和被改造的过程中不断地、不可逆地向前发展的。"② 可以说人与自然的关系是随着人类生产能力的发展而不断变化的，人类的生存与发展过程实际上就是人与自然关系历史的、动态的发展过程。人类正是在认识和改造自然的进程中扬起历史的风帆，驶入人类文明的长河，创造了一个又一个灿烂光辉的人类文明。

我们经常谈到自然，那么什么是自然？《中国大百科全书·环境科学》中是这样阐释的：自然是"环绕着人群的空间中可以直接、间接影响到人类生活、生产的一切自然形成的物质、能量的总和"③。自然有狭义和广义之分，广义的自然是指宇宙中无限多样的一切自然存在物，而狭义的自然

① 李淑梅：《人与自然和谐共生的价值意蕴》，《光明日报》2018年6月4日。
② 杨信礼：《发展哲学引论》，陕西人民出版社，2001，第44页。
③ 胡乔木：《中国大百科全书·环境科学》，中国大百科全书出版社，1983，第499页。

是指除人类社会之外的一切自然存在物，即通常意义上的自然界，包括气候、土壤、山脉、河流、森林、动植物等人类生存和发展所依赖的各种自然存在物的总和。平时大家谈论的自然多是狭义的自然，但这并不意味着自然与人类完全无关。人作为具体的现实生活中的实践主体，是自然在漫长的演化过程中的产物，而自然在孕育人的同时，也孕育了人与自然的关系。

自然孕育了人类，人类自产生之日起，就通过不同的方式与自然打交道，自然的存在成为人类及人类社会存在和发展的前提。随着认识能力和实践能力的提高，人类不断探索自然的奥秘和人与自然的关系，形成了不同的自然观，可以说人与自然关系的变化和发展离不开人类社会的进步和发展，人与自然的关系在每一个社会发展阶段都与当时的生产力水平紧密相关。

原始社会是人类历史上第一个社会形态，也是目前人类社会历史上最长的一个发展阶段，大约存在了二三百万年。在这一社会阶段，生产力极其低下，社会发展缓慢，人们使用以石器为代表的简单工具进行生产，在大自然面前人类显得那么渺小和孱弱，人类靠采集、狩猎维持生存，但是仍然无法更好地抵御自然，经常受到寒冷、饥饿、疾病、野兽的侵扰和自然灾害的威胁。为了获得维持自己生存和发展的有限的物质资料，更好地抵御自然并生存下去，原始人多聚居在一个资源相对丰富的地域，使用和制造简单的石器工具。在这个阶段，人和自然界中的其他物种一样，都受到自然的支配和控制，人类自然而本能地依赖自然。对此，马克思和恩格斯是这样说的："自然界起初是作为一种完全异己的、有无限威力的和不可制服的力量与人们对立的，人们同自然界的关系完全像动物同自然界的关系一样，人们就像牲畜一样慑服于自然界，因而，这是对自然界的一种纯粹动物式的意识（自然宗教）。"① 人类对自然既崇拜又敬畏，在这种情绪的笼罩下，人类萌发出人与自然和谐的愿望，追求人与天的融合，认为"天人关系"是合一的，因此人类对自然界的影响和破坏不大，人与自然之间是一种朴素的原始和谐的统一关系。

尽管在远古时期人类对自然的认识和改造能力是有限的，但是"人化

---

① 《马克思恩格斯选集》第一卷，人民出版社，1995，第81~82页。

自然"的过程依然伴随着人类社会的进步和发展进行着。到了农耕文明时期，随着铁器的制造和使用，生产工具不断更新，人类经历了畜牧业、手工业从农业中分离出来的社会分工，农业生产方式发生了极大的变革，人类由食物的采集者成为各种事物的生产者，人与自然的物质交换变得更频繁和广泛。生产力发展水平极大提高，生产关系更加丰富，加之数学、天文、地理、医学等学科的发展，以及航海、冶炼等技术的进步，人类对自然的认识越来越深刻，利用自然的能力也越来越强。人类的主体意识觉醒，不再像远古时期那样盲目崇拜自然，人类试图摆脱自然的束缚，并将自然视作一种可以被利用、被改造的存在。虽然这一时期人类开始初步有了同自然对抗的欲望，人与自然的关系发生了转变，但是生产力水平依然较低，自然在人与自然的关系中依旧占主导地位，人与自然的关系在整体上维持相对稳定和谐的状态。

科学技术的进步推动着生产力发展水平的提高，当然，这是人类社会发展的一个渐进的历史过程。科技的进步，生产力水平的提高也带来了思维方式的变革，近代西方的思维方式由原有的主客一体的原始思维方式转变为主客体二分式的思维方式。首先，笛卡尔提出"我思故我在"的命题，认为只有思维着的我和上帝是确定存在的，由此确立了人的主体地位。康德则提出"人为自然立法"，第一次系统地论证了人的认识能动性。而培根更是高喊着"知识就是力量"，认为人是自然界的仆役和解释者。可见人类可以认识和驾取自然的天人对立的自然观在当时占据了主导地位，自然被视作人类可以认识和改造的对象，人类成了"奴役"自然的"主人"。

近代科技的进步和生产力水平的提高彻底改变了人与自然的关系。从15世纪开始，人类文明进入了新纪元，发源于西欧的近代工业文明彻底改变了农业社会人与自然的关系，最终导致传统的农业文明走向衰落，人与自然的关系也随之发生了根本的变化。1543年，哥白尼《天体运行论》的出版引起了人类宇宙观的重大变革，自然科学开始从神学中解放出来，紧接着，物理学、化学、生物学、天文学等学科迅速产生并加速发展，自然科学发展跃升到实证主义阶段，实证科学通过应用把知识转化为技术，再转化为改造自然的现实生产力。于是以蒸汽机的发明和使用为标志的第一次工业革命将人类带入工业社会。自此生产方式开始由工场手工业向机器大工业过渡：大规模的机器生产代替了传统家庭作坊式的手工业，农药、化肥等试剂被大量运用到农业生产中，以煤、石油为动力的火车、汽车、轮船、飞机等成为人们出行的主要交通工具……生产方式的变革不仅极大地提高了社会生产力水平，使人类在物质生活上取得前所未有的发展，也加快了人向自然索取的步伐。工业文明使人与自然严重分离，人与自然和谐统一的关系遭到了破坏。

人类利用科学技术从自然中获取了如此多的物质财富，更是极大地增强了人类征服自然的自信心。人类过分夸大了自身的能力，认为可以"主宰宇宙""征服自然"，自然资源也可以"取之不尽""用之不竭"。人类开始以自身为尺度处理人与自然的关系，由此，自工业文明时期开始，人类中心主义开始处于主导地位，并把人类自身的利益作为道德评价的标准和价值原点的依据。这种传统的人类中心主义强调人具有理性，是宇宙的中心和主体，反之自然是客体，具有工具价值，其功能是满足人类的各种需求，并且可以被人类无限制地改造和利用。从这样的视角理解人与自然的关系，很明显人类中心主义将人与自然的关系引入了绝境，在这种错误观念的主导下，人类对自然进行了无限制也无节制的索取。

当人类沉浸在"征服自然""控制自然""主宰宇宙"的自满中时，自然开始对人类进行"报复"和"惩罚"：人口爆炸、环境污染、生态危机……人类的生存和发展受到威胁，人与自然的关系陷入困境。第一次工业革命完成之后，世界人口爆发式增长，亚洲地区是人口问题的重灾区，经济发展落后，人口密度大且环保意识不强，片面追求经济效益而忽视生态保护，能源过度消耗和利用率低使资源达到承载极限。这一阶段生产方式的变革不断提升了生产力水平，为了满足多方面的需要，人类对自然资源的需求量越来越大，与此同时环境污染和能源危机日益严重：化工技术广泛使用，加剧了大气污染，使臭氧层变薄；森林面积的减少带来温室效应，导致全球气候变暖；过度开采和浪费，使淡水资源枯竭；工业化发展减少了耕地面积，使土地严重退化；农药和化肥的广泛使用，使土壤和水源遭到污染……对此，2016 年，在省部级主要领导干部学习贯彻党的十八届五中全会精神专题研讨班的讲话中，习近平就举例说："上个世纪，发生在西方国家的'世界八大公害事件'对生态环境和公众生活造成巨大影响。其中，洛杉矶光化学烟雾事件，先后导致近千人死亡、75%以上市民患上红眼病。伦敦烟雾事件，1952 年 12 月首次暴发的短短几天内，致死人数高达

4000，随后 2 个月内又有近 8000 人死于呼吸系统疾病，此后 1956 年、1957 年、1962 年又连续发生多达 12 次严重的烟雾事件。日本水俣病事件，因工厂把含有甲基汞的废水直接排放到水俣湾中，人食用受污染的鱼和贝类后患上极为痛苦的汞中毒病，患者近千人，受威胁者多达 2 万人。美国作家雷切尔·卡逊的《寂静的春天》一书对这些状况作了详细描述。"① 人口爆炸、环境污染、生态危机等全球问题严重影响着人类的生存和发展，工业文明时期人与自然之间关系的特点主要是"对立"。

辉煌了 300 多年的工业文明终于发现，自然伤痕累累，工业文明不仅推动了人类社会的高速发展，也严重破坏了人类赖以生存的大自然，最终使人类自身受到伤害。现实的环境污染、生态危机等问题唤醒了人们的环保、生态文明意识，促使人们不断反思：人类文明怎样才能永续发展下去呢？人类应该怎样科学合理地对待人与自然的关系？人类迫切需要一种新的发展观——可持续发展观，一种新的文明形态——生态文明，一种新的理念——人与自然和谐共生。

"可持续发展"概念最早是 1972 年在斯德哥尔摩召开的世界环境大会中提出的，到了 1987 年，世界环境与发展委员会发表了题为《我们共同的未来》的报告，报告中对可持续发展进行了界定："可持续发展是这样的发展，既满足当代人的需要，又不对后代人满足其需要的能力构成危害的发展。"② 1992 年，联合国环境与发展大会通过了《里约环境与发展宣言》，在环境与发展领域内坚持可持续发展理念，世界各国做出了政治承诺。可持续发展的核心要义是既要满足当前人类的各种需要，又要保护生态环境和资源，不对后世的生存和发展构成威胁，这一新的发展观一经提出便在世界范围内得到认可。人类的这一次反思十分深刻，走可持续发展之路是人类及人类社会永续发展的必经之路。可持续发展作为一项关于人类社会发展的全面性战略，其中包括生态可持续发展，强调人类社会的发展与自然有限的承载能力相协调，以保证生态的可持续发展。而要实现生态的可持续发展，人类必须适度开发，有效地利用自然资源。

---

① 《习近平谈治国理政》第二卷，外文出版社，2017，第 208 页。
② 世界环境与发展委员会：《我们共同的未来》，王之佳等译，吉林人民出版社，1997，第 52 页。

2011 年，联合国通过了《人类环境宣言》，开始倡导生态文明，这标志着人类进入崭新的文明时代。"生态文明，或称绿色文明、环境文明，是依赖人类自身智力和信息资源，在生态自然平衡基础上，经济社会和生态环境全球化协调发展的文明。这种文明，尽管尚处于理想和构思阶段，但不可否认已有部分成为现实，且有强大的社会公众的自觉支持和拥护。从这个意义上说，我们目前开展的生态文明活动，又是人类新型文明即生态文明诞生的前奏。"① 在这一文明形态下，人类认识到如果无限制、无节制地向自然索取，用破坏生态环境的代价满足自己的需要，长此以往整个自然界的生态资源会遭到破坏进而枯竭，引发生态危机，那么最终必将危害人类自身的生存和发展。因此，在可持续发展观的基础上建立人与自然和谐共生的生态文明，是客观必然的，也是现实可能的。

人与自然的和谐共生是一个动态的和协同进化的过程，这一理念可以说源于中国文化。传统儒家文化主张"天人合一"，认为天地、人、万物是一个共生的和谐体。人与自然是相互依存的，因此人要懂得与自然万物和谐共生，人生的最高境界是天人的协调与和谐。人与自然和谐共生既意味着人与自然相互依存、彼此协调，也意味着人与自然相互促进、共同发展。人与自然和谐共生是人类社会发展与自然界发展的必然要求和目标。生态文明社会的人与自然和谐共生理念实际上体现了人与自然之间既对立又统一的辩证关系。人是自然界的一部分。人类的生存和发展始终依存于自然，人类的生命运动也始终遵循自然规律，人与自然和谐共生是以人作为自然的产物，人依存于自然为前提的。人与自然相互作用，人类发挥主观能动性，通过实践活动认识和改造自然以获取自己所需的物质资料，人类作用于自然，反之自然也作用于人类，如果违背自然规律，破坏自然环境，引发生态危机，自然会惩罚、报复人类。人与自然和谐共生就要遵循自然规律，正确认识并合理利用自然规律，减少对自然的伤害。

纵观人类发展的历史，几乎都是同自然抗争，谋取自身生存所需的物质资料的过程。从远古时期到农耕文明时期，从近代工业社会到现代文明社会，人类由对自然敬畏和崇拜，到试图征服和支配，再到与自然相互依存、彼此协调、相互促进、共同发展，人与自然的关系经历了从未分化的

---

① 李良美：《生态文明的科学内涵及其理论意义》，《毛泽东邓小平理论研究》2005 年第 2 期。

原始和谐到分化的对立，再到和谐共生的否定之否定的过程，也是一个螺旋式上升的发展过程。"事实表明，自然是人类行为的一面镜子，自然作用于人的不同方式实质上是人作用于自然的不同方式在人身上的体现，人与自然是一荣俱荣、一损俱损的生命共同体。"① 人与自然是生命共同体，一荣俱荣、一损俱损，人类的利益与自然的利益相互影响、相互交叉。在工业文明时期，人类为了一己私利，不合理运用科学技术无限制地追求物欲而忽视生态保护，阻碍了人与自然的协调可持续发展，最终导致人类生存和发展陷入困境。在现代生态文明社会，人类应有所节制，约束自己，自身利益的满足应以整个生态系统的平衡为前提，珍惜和爱护自然，与自然和谐共生。

科学又合理地处理人与自然的关系，使人与自然和谐共生，关键在人。在人类社会历史发展进程中，伴随着劳动的异化，人类在改造自然的过程中也发生了异化。人类为了眼前的利益，而忽视了长远的发展，违背自然规律，大量地消耗和浪费有限的自然资源，引发生态危机，这不仅是对自然的伤害，也危及人类自身，结果造成了人与自然的对立紧张关系。人类以自我为中心，不合理运用科学技术，对自然改造过程的失控也导致了科学技术的异化，对自然资源过度开采和利用，导致废气污染、工业垃圾增多，同时生态科技发展滞后，无法与生态文明发展相适应，造成生态文明的建设步伐减慢，严重影响人类与自然的和谐共生共处。再加之人与人之间为了争夺有限的资源，冲突频发，人类内部的不和谐导致了人与自然的不和谐。诸多因素造成了人与自然分化对立，关系紧张。

人与自然和谐共生，关键在人，那么人通过什么样的活动或行为与自然和谐共生呢？日本学者岩佐茂诠释了马克思生态思想，认为："把人的自然与外部自然连接、结合起来的是活动即生产劳动。生产劳动有意识地改造自然，变革自然，把自然变成人化的自然。"② 从根本上说，人是通过劳动、生产、实践不断认识和改造自然界，给自然打上人类的烙印，形成"人化自然"的。劳动使人类从自然界中分化出来，对此，马克思恩格斯在肯定达尔文进化论的基础上，把从猿到人的生物进化过程同人类社会的形

---

① 李淑梅：《人与自然和谐共生的价值意蕴》，《光明日报》2018 年 6 月 4 日。
② 〔日〕岩佐茂：《环境的思想》，韩立新等译，中央编译出版社，1997，第 116~117 页。

成过程统一起来加以研究，提出劳动创造人的理论，劳动不仅创造了人，创造了人化自然，而且创造了人与自然的关系，因此，劳动、生产、实践是人与自然联系的中介，也是人与自然和谐共生得以实现的根本中介。劳动、生产、实践作为人与自然客观的物质交换活动，必须既要合乎人的生存发展需要，又要遵循自然本身具有的规律。

　　总之，人与自然的关系最终是指向人的，关键也在于人，因此，保持生态平衡，科学合理地解决人与自然的关系的任务也就落在了人的身上。一方面，人类需要转变观念，充分认识人与自然的关系，尊重自然；另一方面，人类应该遵循自然规律，合理控制自身的欲望，不能不计后果地无节制地向自然索取，应最大限度地避免或减少对自然生态的破坏，达成人与自然之间的"真正和解"，最终实现人与自然的和谐共生。

本章执笔人：孙银东

第二章 关系人民福祉，关乎民族未来

一 从"盼温饱"到"盼环保"，从"求生存"到"求生态"

科右中旗地处科尔沁沙地北端，地上不长草，牛羊吃不饱。严酷的生态环境造成当地极度贫困，贫困又带来生态环境加剧恶化，陷入恶性循环。

怎么办？先护生态，再谈发展，让老百姓吃上"生态饭"，才能持续增收。

从2016年开始，禁牧、禁垦、禁伐的"三禁"工作在科右中旗全力推进，"三北"防护林、沙地治理、退耕退牧、还林还草、水土流失治理等生态工程深入实施。短短几年，沙地面积由611万亩锐减到60万亩，有效治理比例达88.4%。

站在额木庭高勒苏木布拉格台嘎查边，很难想象，眼前这片被锦鸡儿、沙棘等植被覆盖的山坡地，去年还是光秃秃的流动沙梁。搁过去，一起风，沙子就刮得人睁不开眼。

现如今，哪怕四五级风，空气中也没有沙尘。山坡上，鱼鳞沟里一排排沙果树大都成活了。为了改善生态，农民开始种植山杏、沙果、苹果、李子等果树。

……

2018年，在中宣部推动下，"蚂蚁森林"防沙治沙项目落户科右中旗，总投资1891万元，计划在7个苏木镇和3个国有林场造林3万亩。今年春天，2万亩柠条、8500亩沙棘在科尔沁沙地安了家。立冬时节，近一尺高的树苗在寒风中摇曳。一眼望不到头的苗木，成活率达92%以上。

……

在科右中旗，被聘为护林员的建档立卡贫困人员共有970人。贫困群众吃上"生态饭"，科右中旗也实现生态保护和脱贫攻坚双胜利。从"盼温饱"到"盼环保"，从"求生存"到"求生态"，农牧民思想观念也在不知不觉间转变。①

人类的发展史，也是一部人与自然从分化到和谐，不断进步发展的历史。生态兴则文明兴，生态衰则文明衰，人类文明的进步必须处理好人与自然的关系。因此，生态问题也就成为人类社会发展进程中的一个永恒的问题，它关系着整个人类文明的永续发展，建设生态文明更是关乎中华民族永续发展的千年大计。党的十一届三中全会以来，中国特色社会主义建设取得了举世瞩目的成绩，国民经济迅猛发展，工业化和城市化进程不断推进，人民生活水平大幅提升。但是经济虽然是上去了，人民的幸福感却没有跟上。过去，老百姓"盼温饱""求生存"，现在，老百姓"盼环保""求生态"。党的初心和使命是为人民谋幸福，顺应人民对良好生态环境的期待，习近平强调："要坚定推进绿色发展，推动自然资本大量增值，让良好生态环境成为人民生活的增长点、成为展现我国良好形象的发力点，让老百姓呼吸上新鲜的空气、喝上干净的水、吃上放心的食物、生活在宜居的环境中、切实感受到经济发展带来的实实在在的环境效益，让中华大地天更蓝、山更绿、水更清、环境更优美，走向生态文明新时代。"②

从"盼温饱"到"盼环保"，从"求生存"到"求生态"，基于时代的发展和人民的需要，党的历代领导集体在不同历史阶段对保护和改善生态环境做出了有益的探索，逐步确立并完善了生态文明建设思想。

新中国成立伊始，连年的战乱和自然灾害导致物资匮乏，人民的温饱难以保证，面对这样严重的经济困难，党和国家第一代领导集体决定集中力量发展生产力，加快推进工业发展。1949年12月，周恩来总理在《当前财经形势和新中国经济的几种关系》一文中曾经强调："农业的恢复是一切

---

① 吴勇、张枨：《从"求生存"到"求生态"》，《人民日报》2019年11月19日。
② 《习近平关于社会主义生态文明建设论述摘编》，中央文献出版社，2017，第33页。

部门恢复的基础，没有饭吃，其他一切就都没有办法。"① 让人民有饭吃，解决人民的温饱成为当时党内工作的重中之重。随着"三大改造"的完成和社会主义制度的确立，我国社会的经济结构发生了根本变化，国民经济开始逐步发展。发展经济的同时，为了减轻生态环境不断恶化给农业生产带来的严重影响，以毛泽东同志为主要代表的中国共产党人采取了一些保护环境的措施，带领全国人民走上了生态环境保护探索之路。毛泽东本人虽然没有提出过"生态文明"的概念，但是在实践中形成了一系列有关植树造林、兴修水利、节约资源等生态文明思想和主张。

森林被誉为"地球之肺"，对净化空气、保持水土、维持生物多样性、平衡气候等起着重要的作用。毛泽东将林业建设视作环境保护的重要部分："森林是社会主义建设的重要资源，又是农业生产的一种保障。积极发展和保护森林资源，对于促进我国工、农业生产具有重要意义。"② 新中国成立初期，我国荒地面积大并且沙漠化严重，面对这样的环境状况，毛泽东向全国发出了"植树造林，绿化祖国"的号召，要求在一切可能的地方如路旁、水旁、住宅地、荒山荒地上等，按规格种树实行绿化，鼓励人们广泛参与，一场轰轰烈烈的植树造林运动在全国开展起来。新中国成立之初我国环境工作的重点就是植树造林、消灭荒地、发展林业，此后提出的《关于全国林业工作的指示》《森林保护条例》《关于加强山林保护管理，制止破坏山林树木的通知》等更是在林业保护方面起到了重大的作用。

水资源向来是人类生存不可缺少的重要资源，中国是一个农业大国，水利对农业建设起着关键性作用。1934 年毛泽东在《我们的经济政策》报告中，就曾经强调过，"水利是农业的命脉，我们也应予以极大的注意"③。我国境内水脉纵横，淮河、黄河、长江等重要河流千百年来造福着百姓，但是水患问题又使社会动荡不安、民不聊生。20 世纪 50 年代黄河决堤、淮河泛滥严重影响了人民的生活和生产，使毛泽东坚定了兴修水利、治理水患的决心，提出了"修好淮河""把黄河办好"的口号。50 年代，黄河下游兴建的引黄自流灌溉工程竣工，黄河的治理取得了明显的效果；淮河防

---

① 《周恩来选集》下，人民出版社，1984，第 5 页。
② 中共中央文献研究室、国家林业局编辑《毛泽东论林业》（新编本），中央文献出版社，2003，第 78 页。
③ 《毛泽东选集》第一卷，人民出版社，1991，第 132 页。

洪大堤第一期工程完成，使淮河两岸人民摆脱了水害；刘家峡水利枢纽工程的兴修对西北电力供应、防止黄河洪水泛滥、水利灌溉起着重要作用……到 70 年代末，中国基本上结束了洪水泛滥的历史，实现了对主要河流水情的控制，解决了大面积的干旱问题，取得了治水工程的决定性胜利。

自然地理环境是人类生活和生产的自然基础，自然资源更是社会经济发展必不可少的条件，因此必须合理利用、不能浪费。无论在革命战争年代，还是在社会主义建设时期，毛泽东都坚持勤俭节约的理念："总之，我们六亿人口都要实行增产节约，反对铺张浪费。这不但在经济上有重大意义，在政治上也有重大意义……要使全体干部和全体人民经常想到我国是一个社会主义的大国，但又是一个经济落后的穷国，这是一个很大的矛盾。要使我国富强起来，需要几十年艰苦奋斗的时间，其中包括执行厉行节约、反对浪费这样一个勤俭建国的方针。"[①] 不仅提倡节约，毛泽东还反对一切浪费，提出"厉行节约、反对铺张浪费"勤俭建国的方针，在干部和群众中树立起简朴尚廉的风尚。此外，他还提倡变废为宝，提高资源的使用效率。这些理念与当今所提倡的循环经济、低碳经济、可持续发展等绿色发展理念不谋而合。

从大力发展生产力，解决人民的温饱问题，到植树造林、兴修水利、节约资源、保护环境、合理利用资源，毛泽东基于中国的具体国情，发展了马克思主义的生态文明思想，虽有局限之处，但是为党的生态文明建设留下了宝贵的精神财富。

1978 年，党的十一届三中全会召开，我国开始实施改革开放政策，党和国家的工作重心转变为"以经济建设为中心"，党中央开始探讨中国特色社会主义现代化建设问题。中国改革开放的总设计师邓小平提出"发展才是硬道理"，对社会主义初级阶段的主要任务进行了重新界定，强调中国"要摆脱贫穷，就要找出一条比较快的发展道路。贫穷不是社会主义，发展太慢也不是社会主义"[②]，"对于我们这样发展中的大国来说，经济要发展得快一点，不可能总是那么平平静静、稳稳当当。要注意经济稳定、协调地

[①] 《毛泽东文集》第七卷，人民出版社，1999，第 240 页。
[②] 《邓小平文选》第三卷，人民出版社，1993，第 255 页。

发展，但稳定和协调也是相对的，不是绝对的。发展才是硬道理"①。改革开放以来，坚持"以经济建设为中心"，坚持"发展才是硬道理"，中国经济迅速腾飞，与此同时，经济发展与资源环境的矛盾激化，生态环境压力也与日俱增。以邓小平同志为主要代表的中国共产党人意识到环境保护的重要意义，从国家发展的战略高度上确立了保护环境的基本国策，提出了依靠科学技术保护环境、协调经济发展与环境保护、加强环境保护法治化等一系列理念，提升小康社会的现代化程度和人民的生活质量，让人民得到温饱，也"得到环保"。

科学技术是生产力中的重要因素，是先进生产力的集中体现。20 世纪80 年代初，邓小平就强调过"科学技术的发展和作用是无穷无尽的"②。基于马克思主义的生产力理论，1988 年，邓小平明确提出"科学技术是第一生产力"的论断，试图将科学技术与环境保护有机结合，依靠科学技术保护环境。科学技术不仅是第一生产力，也是保护环境的有效方法和手段，合理利用科学技术改造自然获得物质资料，不仅可以满足人类生存的需要，还可以有效地处理好人与自然的关系，解决好生态问题。在主张用先进科学技术促进环境保护的同时，邓小平还主张利用科技开发新能源，变废为宝，解决不可再生资源的供需矛盾，提倡绿色技术在生产和生活中的推广与普及，最终以科技带动生态的发展，实现低投入、高产出的经济发展模式，不仅推动经济发展，还解决环境污染问题。

发展经济是我国社会主义初级阶段特定的主要任务，在大力发展经济的过程中，由于没能正确处理经济与环境之间的关系，经济高速发展的同时却破坏了生态，引发了一系列的环境问题，反而又阻碍了经济的发展。邓小平清晰地认识到经济发展与环境保护的辩证统一关系，针对当时中国的国情和环境方面的问题，提出要协调经济发展与环境保护，将环境保护工作纳入国家经济管理工作之中，要求各级政府和各部门重视环境保护工作。为此，邓小平还提出要走出一条"中国式的现代化道路"，强调经济建设与环境保护同等重要，应协调发展。为此，邓小平提议将每年 3 月 12 日设立为植树节，鼓励民众植树造林，绿化祖国，推进生态发展。

---

① 《邓小平文选》第三卷，人民出版社，1993，第 377 页。
② 《邓小平文选》第三卷，人民出版社，1993，第 17 页。

环境保护仅依靠制度和科技是不够的，还需要法律强有力的支持。邓小平提出要加强环境保护法治化建设，对破坏环境的行为进行有力整治，"应该集中力量制定刑法、民法、诉讼法和其他各种必要的法律，例如工厂法、人民公社法、森林法、草原法、环境保护法、劳动法、外国人投资法等等……"① 用严格的法律制度保护生态环境。从《中华人民共和国环境保护法》试行，到《中华人民共和国海洋环境保护法》《中华人民共和国水污染防治法》《中华人民共和国森林法》等法律条例的通过，确立了权责明确的环境保护原则，以法律的形式为我国的环境保护事业提供了有力的保障，提高了环境保护工作的执行力，也使人们的环保意识逐渐增强。

依靠科学技术和法律制度保护环境、协调经济发展与环境保护，不仅极大地提高了人民的生活水平，也极大地推进了环境保护的发展。邓小平基于中国特色形成的环境保护思想，对当时现代化建设以及当今的生态文明建设具有现实的启迪意义。

20世纪末，随着全球化和信息化的发展，环境问题日益成为各个国家和地区高度关注的问题。改革开放以来，在工业化进程的推动下，我国坚持以经济建设为中心，经济、政治、社会等方方面面取得了巨大成就，基本解决了过去几千年没有解决的人民的温饱问题。但是粗放的增长方式所带来的环境污染、资源浪费、能源危机等环境问题日益严峻，制约着我国的社会发展。以江泽民同志为主要代表的中国共产党人根据中国的现实国情，在总结经验和教训的基础上，强调走可持续发展道路是中国经济社会发展的必然选择。江泽民强调："在现代化建设中，必须把实现可持续发展作为一个重大战略。要把控制人口、节约资源、保护环境放到重要位置，使人口增长与社会生产力发展相适应，使经济建设与资源、环境相协调，实现良性循环。"② "必须切实保护资源和环境，不仅要安排好当前的发展，还要为子孙后代着想，决不能吃祖宗饭、断子孙路，走浪费资源和先污染、后治理的路子。"③ 江泽民提出可持续发展战略、加强国际合作解决环境问题等观念，让人民的"环保""生态"愿望有了盼头。

① 《邓小平文选》第二卷，人民出版社，1994，第146页。
② 《江泽民文选》第一卷，人民出版社，2006，第463页。
③ 《江泽民文选》第一卷，人民出版社，2006，第464页。

"可持续发展"的概念最早是 1972 年在斯德哥尔摩召开的世界环境大会中提出的，1992 年，联合国环境与发展大会通过了《里约环境与发展宣言》，在环境与发展领域内坚持可持续发展理念，世界各国做出了政治承诺。1994 年中国政府制定了《中国二十一世纪议程》，阐述了我国经济和科技发展水平与发达国家差距较大、人均资源占有率低的社会现状，将可持续发展战略纳入经济和社会发展的长远规划中。1995 年，在《正确处理社会主义现代化建设中的若干重大关系》中，实现可持续发展成为我国现代化建设的一个重大战略。在 1996 年八届人大四次会议上，江泽民进一步揭示了可持续发展的科学内涵。1997 年党的十五大把可持续发展战略确定为我国"现代化建设中必须实施"的战略。可持续发展观的核心是发展，是建立在经济、人口、资源、环境相互协调的基础上的发展，而且是以人的全面发展为前提的。可持续发展观科学地诠释了如何协调经济发展与人口、资源、环境的关系，只有正确地处理人与自然的关系，将环境保护放到国家建设中的重要位置，才能更好地实现国家的良性发展。江泽民的可持续发展观着眼于未来，指明了我国经济社会发展的方向，有助于我国在现代化进程中更加有效地处理好环境问题，为人民创造良好的生态环境，实现我国的可持续发展。

生态问题涉及面积大、影响范围广，早已不是一个国家或者一个地区的问题，而是一个全球性的问题。21 世纪初中国加入了世界贸易组织，现代化进程中的生态环境问题成为世界共同关注的问题，因此需要加强国际合作，共同解决环境污染、生态失衡、能源危机等问题。江泽民于 1994 年在亚太经济合作会议上曾经说过："人类面对的许多挑战往往超越国界的限制。经济关系、贸易交流、科技发展、环境保护、人口控制、减灾救灾、禁绝毒品、预防犯罪、防止核扩散和防治艾滋病等诸多方面，都是全球性问题，是相互依存的，无一不需要开展合作，需要有共同遵守的规范。"① 各个国家应积极承担保护环境的责任，履行义务，加强交流与合作，协同治理，保护地球，解决环境和生态问题。作为世界上最大的发展中国家，中国秉承公平、公正、合理的原则承担相应的保护环境的责任，起表率作用。江泽民强调："我们坚决反对某些发达国家搞所谓'环保外交'，借环

---

① 《江泽民文选》第一卷，人民出版社，2006，第 415 页。

境问题干涉别国内政。我们扩大开放、引进外资，需要抓好环境保护工作，改善投资环境，同时也要注意防止国外有些人把污染严重的项目甚至'洋垃圾'往我国转移，切不可贪图眼前的局部利益而危害国家和民族的全局利益，危害子孙后代。"① 这体现了在环境治理方面我国的大国担当，也体现了我国在生态文明建设问题上鲜明的政治立场和态度。

此外，江泽民根据中国新的历史发展需要，还提出要推动环境保护法治化建设，进一步丰富了生态法制的思想。以江泽民同志为主要代表的中国共产党人坚持环境保护的基本国策，确立可持续发展战略，体现了对自然的尊重，也从根本上维护了人民的环境权益。

进入21世纪，中国经济发展以每年接近10%的速度增长，经过几代人的努力，在改革开放的一路高歌中中国由一个贫穷落后的发展中国家一跃跻身于世界大国行列。可持续发展战略的实施在一定程度上缓解了生态危机，使我们在环境保护方面取得了历史性的进步。但是伴随着经济的高速增长、工业化和城市化的快速推进，环境污染愈加严重、资源短缺状况严峻，经济发展与环境的矛盾依然愈演愈烈。人们逐渐意识到环境问题如果不解决，长此以往会在一定程度上制约和影响我国经济的持续发展。以胡锦涛同志为总书记的党中央顺应时代发展的潮流，立足中国的实际国情，深刻地诠释了生态文明的内涵和实质，强调以人为本，提出了科学发展观、构建资源节约型和环境友好型"两型社会"等重大战略，使人民距离所期盼的"环保""生态"又进了一步。

面对复杂严峻的国内外经济环境，中国克服了重重困难，经济社会发展取得了巨大成就，但是这种经济的飞速发展却是以高能耗、高污染为代价的。2003年在视察广东工作时，胡锦涛提出了"科学发展观"的概念，在党的十七大上科学发展观被正式写入党的章程，成为党的指导思想之一。科学发展观科学地回答了在新世纪发展是什么、为什么要发展、如何科学地发展等问题，体现了我们党在现代化建设中实现全面、有序发展的新思路。科学发展观的第一要义是发展，全面、协调、可持续的发展，人与自然有机和谐的发展。在发展中，既要实现经济发展，也要考虑自然的承载力，实现社会永续发展。科学发展观的核心是以人为本，发展是硬道理，

---

① 《江泽民文选》第一卷，人民出版社，2006，第534~535页。

发展的根本在于以实现人的全面发展为目标，让人民共同享有改革发展的各项成果。科学发展观的根本方法是统筹兼顾，"要正确认识和妥善处理中国特色社会主义事业中的重大关系，统筹城乡发展、区域发展、经济社会发展、人与自然和谐发展、国内发展和对外开放，统筹中央和地方关系，统筹个人利益和集体利益、局部利益和整体利益、当前利益和长远利益，充分调动各方面积极性"[①]。

党的十六届五中全会提出了构建资源节约型和环境友好型"两型社会"的战略目标，目的是提倡节约资源，减少对自然资源不必要的消耗和浪费。2007 年在党的十七大中，胡锦涛明确提出"生态文明"的概念，呼吁全社会牢固树立生态文明观念，同时强调建设生态文明，"必须把建设资源节约型、环境友好型社会放在工业化、现代化发展战略的突出位置，落实到每个单位、每个家庭"[②]。构建资源节约型和环境友好型"两型社会"，就是要转变原有的粗放型的经济增长方式，形成保护生态环境和节约资源的产业结构、增长方式和消费模式，以求做到优化资源配置、友好发展人与环境的关系。"两型社会"是一种全新的社会发展模式，倡导一种低排放、高循环、高效率的循环经济的发展方式，使自然资源得到更有效的利用，减少污染物的排放，从根本上解决环境问题，改善生态环境，为人民创造一个环保、健康的生活环境，真正实现经济社会的可持续发展。构建资源节约型和环境友好型"两型社会"促进了我国经济发展模式的升级转型，为经济平稳较快发展提供了保障，也有助于构建人与人、人与自然之间和谐发展的社会。

以胡锦涛同志为总书记的党中央确立的科学发展观转变了传统的工业文明的经济发展方式，改变了过去"先发展后治理"的思路，是可持续发展观全面系统的展开和实践。构建"两型社会"的发展模式，生态文明意识深入人心，为我国生态文明建设打开了新的局面。

中国特色社会主义发展进入了新时代，人民从吃得饱到吃得好，中华民族从站起来、富起来到强起来，社会主义现代化建设取得了全方位的变革、历史性的成就。党矢志不渝的初心和使命是为中国人民谋幸福、为中

---

① 《胡锦涛文选》第二卷，人民出版社，2016，第 624~625 页。
② 《胡锦涛文选》第二卷，人民出版社，2016，第 631 页。

华民族谋复兴，并始终将人民对美好生活的向往作为奋斗目标。人民所向往的美好生活简单地说就是"有更好的教育、更稳定的工作、更满意的收入、更可靠的社会保障、更高水平的医疗卫生服务、更舒适的居住条件、更优美的环境、更丰富的精神文化生活"①。党的十八大站在谋求人民幸福、谋求中华民族长远发展的战略高度，为我们勾画了未来发展的蓝图，首次将生态文明建设与经济建设、政治建设、文化建设、社会建设并列，形成"五位一体"的总体布局，并强调把生态文明建设放在突出地位。党的十八届五中全会提出了包括绿色发展在内的"五大发展理念"，为新时代中国特色社会主义建设指明了方向。党的十九大提出要加快生态文明体制改革，建设美丽中国，我国的生态文明建设取得了新的发展。以习近平同志为核心的党中央继承了前辈们的生态文明思想，立足于新时代社会主义现代化建设的新任务，以探索人与自然的关系为起点，以经济发展与环境保护协调发展的绿色发展理念为中心，以满足人民群众"盼环保""求生态"的美好生活需要为归宿，提出了一系列新思想、新论断、新举措，使人民所期盼的"环保""生态"逐渐变为现实。

人与自然的关系一直是人类文明发展过程中所关注的问题，生态兴则文明兴，生态衰则文明衰。习近平认为"人与自然是生命共同体"，要树立"尊重自然、顺应自然、保护自然"②的生态文明理念，要像对待生命一样对待生态环境。尊重自然，就是尊重自然的内在价值和规律，不滥用科学技术伤害自然。顺应自然是要遵循自然规律，顺势而为，促进人与自然和谐发展。保护自然更是人类的责任，应合理开发和利用自然资源，保持生态的稳定和平衡。为了更好地尊重自然、顺应自然、保护自然，习近平还强调要加强生态文明建设的宣传和教育工作，增强人们的环保意识、生态意识和节约意识，同时要完善制度体系，用最严格的制度、最严密的法治保护生态环境，保护自然。必须推动国家自然资源资产管理制度建设，明晰责权；划定生态保护红线，优化国土空间开发格局；实行资源有偿使用和生态补偿制度，保护和修复自然生态。习近平以马克思主义的自然观、

---

① 吴秋余：《新时代看新发展①：新时代呼唤更平衡更充分的发展》，人民网，http：//theory. people. com. cn/n1/2017/1030/c40531-29615389. html，最后访问日期：2018 年 6 月 8 日。

② 习近平：《决胜全面建成小康社会　夺取新时代中国特色社会主义伟大胜利——在中国共产党第十九次全国代表大会上的报告》，人民出版社，2017，第 50 页。

历史观为理论基础，厘清了人与自然的关系，人与自然和谐共生的理念成为其生态文明建设思想的逻辑起点。

党的十八大以来，党和政府在抓经济建设的同时，越来越重视生态文明建设。从党的十八大提出"建设生态文明，是关系人民福祉、关乎民族未来的长远大计"①，到十九大强调"建设生态文明是中华民族永续发展的千年大计"②，可见，生态文明建设是新时代的重要课题，而协调经济发展与环境保护的关系更是重点要解决的问题。习近平在多个场合提出"绿水青山就是金山银山"，"我们既要绿水青山，也要金山银山。宁要绿水青山，不要金山银山，而且绿水青山就是金山银山"③，"我们不能吃祖宗饭、断子孙路，用破坏性方式搞发展。绿水青山就是金山银山。我们应该遵循天人合一、道法自然的理念，寻求永续发展之路"④，"建设生态文明是中华民族永续发展的千年大计。必须树立和践行绿水青山就是金山银山的理念，坚持节约资源和保护环境的基本国策，像对待生命一样对待生态环境……"⑤ "绿水青山就是金山银山"这一理论生动地诠释了经济发展与环境保护的辩证关系，发展经济和保护环境是相互促进、相互联系的。习近平认为"保护生态环境就是保护生产力，改善生态环境就是发展生产力"⑥。良好的生态环境是最基本的生产力，是经济发展的重要因素之一，因此保护生态环境就是保护生产力。为此，习近平呼吁人们践行绿色发展方式和生活方式，转变传统的粗放型增长模式，发展循环经济、建设资源节约型和环境友好型社会，倡导亲近自然、科学消费的生活方式。

习近平生态文明思想内容丰富，而最终的落脚点或归宿是以人民为中心，实现人民的根本利益。近些年，随着人民物质和精神生活水平的不断提高，人民对良好生态环境的要求也在不断增加，从以前的"盼温饱"到

---

① 《十八大以来重要文献选编》上，中央文献出版社，2014，第46页。
② 习近平：《决胜全面建成小康社会　夺取新时代中国特色社会主义伟大胜利——在中国共产党第十九次全国代表大会上的报告》，人民出版社，2017，第23页。
③ 《习近平关于社会主义生态文明建设论述摘编》，中央文献出版社，2017，第21页。
④ 《习近平主席在出席世界经济论坛2017年年会和访问联合国日内瓦总部时的演讲》，人民出版社，2017，第29页。
⑤ 习近平：《决胜全面建成小康社会　夺取新时代中国特色社会主义伟大胜利——在中国共产党第十九次全国代表大会上的报告》，人民出版社，2017，第23~24页。
⑥ 《习近平关于全面建成小康社会论述摘编》，中央文献出版社，2016，第163页。

如今的"盼环保"，从以前的"求生存"到如今的"求生态"，生态逐渐成为民生根基。2013 年 4 月，习近平在海南考察时强调："良好生态环境是最公平的公共产品，是最普惠的民生福祉。"① 碧蓝的天空、清新的空气、洁净的水源、安全的食品、优美的环境……都是大家公平享有的资源，也是人民生存和发展的基础。当年在梁家河，习近平带领村民们打井、搞河桥治理、植"知青林"，目的就是让村民们吃得饱，过得好。在福建宁德担任地委书记时，习近平鼓励大家走林业、种植业等多元发展的道路，帮乡亲们挖"穷根"，彻底摆脱贫困。2002 年，任浙江省委书记时，习近平提出打造"绿色浙江"，推进"千村示范、万村整治"富民工程，造就了万千美丽乡村。习近平不断践行着绿色发展理念，将人民群众的利益作为所有工作的出发点，将生态文明建设作为衡量人民是否幸福的重要指标之一。

习近平生态文明思想是对前辈们的生态文明建设思想的秉持和创新。不同历史阶段有着不同的建设目标，一代又一代的中国共产党人为保护环境和生态文明建设做出了不懈的努力和积极探索，为实现人与自然和谐发展，为经济发展与环境保护协调发展，为实现人民对环保、良好生态的期盼，为建设美丽中国、实现中国梦，为全球生态安全做出了重要贡献。

二　中华民族永续发展的千年大计

在党的十九大报告中，习近平总书记提出一个非常重要的新论断："建设生态文明是中华民族永续发展的千年大计。"从党的十八大报告中提出"建设生态文明，是关系人民福祉、关乎民族未来的长远大计"，到十九大报告中把建设生态文明提升为"中华民族永续发展的千年大计"，从唯物史观角度看具有极其重要的理论和现实意义。这一重要论断不仅高瞻远瞩地展望了中华民族永续发展的光明前景，高屋建瓴地谋划了新时代中国特色社会主义现代化建设的宏伟蓝图，而且充分展示了当代中国共产党人和中国人民的博大胸怀，体现了当代中国已然成为全球生态文明建设的重要参与者、贡献者和引领者的卓越风范。

……

"建设生态文明是中华民族永续发展的千年大计"，这一重要的新

---

① 《习近平关于全面建成小康社会论述摘编》，中央文献出版社，2016，第 163 页。

论断的首要核心要义在于，建设生态文明并不是当前我国社会发展因面临日益严重的生态危机而采取的权宜之计，而是我国实施的"功在当代，利在千秋"的长远发展战略，是事关中华民族永续发展的千年大计，甚至在一定意义上是关系到整个人类命运共同体永续发展的千年大计。

……

而只有以建设社会主义生态文明为千年大计，才有可能从全人类视角来考虑和审视整个人类的未来，因为马克思主义的唯物史观历来坚持认为，无产阶级要解放自己，首先必须解放全人类。所以，党的十九大把建设生态文明提升为中华民族永续发展的千年大计，可谓意义深远，功在当代，利在千秋。①

在经济全球化浪潮中，科学技术的突飞猛进使人类物质财富得到极大增长，精神财富得到极大提升，为人类及人类社会的发展提供了更广阔的前景。但是人类为了眼前的利益，一味地向自然界无节制地索取，对自然环境大肆破坏，人与自然的矛盾日益加剧。久而久之，由此引发的全球问题，诸如粮食危机、能源危机、人口大爆炸、环境气候问题等威胁着人类的生存与发展。特别是全球性生态环境问题更是暴露无遗，例如水土流失、淡水资源污染、冰川融化、植被退化、生物多样性减少、臭氧层破坏、气候变暖、生态失衡、能源危机等，作为目前人类唯一赖以生存的家园，地球不堪重负。生态环境问题严重阻碍了世界经济的可持续发展，如何保护生态环境逐渐成为国际社会普遍关注的热点问题。

改革开放以来，中国经济建设取得了辉煌成就，中国成为当今世界第二大经济体，而经济的高增长却伴随着生态环境不断恶化。近几年，生态环境部发布的《中国环境状况公报》显示，大气污染、水污染、水土流失以及其他环境问题依然是当前影响我国生态环境质量的主要因素，人们"盼环保""求生态"，环境保护刻不容缓。随着经济的迅猛发展，我国的国际地位日益提升，中国正肩负着全球生态文明建设的重大责任。党的十八

---

① 杨富斌：《从唯物史观视域看建设生态文明是千年大计》，《特区实践与理论》2019 年第 1 期。

大以来，党和国家不断反思并采取积极有效措施以应对和解决我国生态环境问题。2012 年 11 月，党的十八大首次将生态文明建设纳入"五位一体"总体布局；十八届三中全会提出"建立系统完整的生态文明制度体系"；十八届四中全会提出"用严格的法律制度保护生态环境"，将生态文明建设提升到制度层面；十八届五中全会提出"创新、协调、绿色、开放、共享"的新发展理念，党和国家对建设生态文明规划了宏伟蓝图，生态文明建设的重要性愈加凸显。

建设美丽中国，就要加强生态文明建设。习近平总书记在党的十九大报告中明确强调："建设生态文明是中华民族永续发展的千年大计。必须树立和践行绿水青山就是金山银山的理念，坚持节约资源和保护环境的基本国策，像对待生命一样对待生态环境，统筹山水林田湖草系统治理，实行最严格的生态环境保护制度，形成绿色发展方式和生活方式，坚定走生产发展、生活富裕、生态良好的文明发展道路，建设美丽中国，为人民创造良好生产生活环境，为全球生态安全作出贡献。"① 这充分体现了以习近平同志为核心的党中央高度重视生态文明建设。

从党的十八大提出"建设生态文明，是关系人民福祉、关乎民族未来的长远大计"②，到党的十九大强调"建设生态文明是中华民族永续发展的千年大计"③，生态、生态文明、生态文明建设业已成为发展中国特色社会主义文明的关键词。"生态"最早源于古希腊文，原意指一切生物在自然界中生存和发展的状态，后来内涵不断引申，指"存在于生物和环境之间的各种因素相互联系和相互作用的关系"④。"文明"在汉语中作为"野蛮"的反义词，古义有文采光明的意思，后来引申为社会发展、有文化的一种状态。恩格斯曾认为："文明是实践的事情，是一种社会品质。"⑤ 如今，文明主要指人类社会摆脱野蛮，不断进步的状态，是人类创造的物质文明和精神文明的总和。

---

① 习近平：《决胜全面建成小康社会　夺取新时代中国特色社会主义伟大胜利——在中国共产党第十九次全国代表大会上的报告》，人民出版社，2017，第 23～24 页。
② 《十八大以来重要文献选编》上，中央文献出版社，2014，第 46 页。
③ 习近平：《决胜全面建成小康社会　夺取新时代中国特色社会主义伟大胜利——在中国共产党第十九次全国代表大会上的报告》，人民出版社，2017，第 23 页。
④ 钱俊生、余谋昌主编《生态哲学》，中共中央党校出版社，2004，第 2 页。
⑤ 《马克思恩格斯全集》第一卷，人民出版社，1956，第 666 页。

　　作为社会文明发展到一定阶段的必然结果，"生态文明"绝不是简简单单将"生态"和"文明"组合起来。2006 年，时任国家环境保护总局副局长的潘岳认为："生态文明是指人类遵循人、自然、社会和谐发展这一客观规律而取得的物质与精神成果的总和，是指以人与自然、人与人、人与社会和谐共生、良性循环、全面发展、持续繁荣为基本宗旨的文化伦理形态。"① 可见，"生态文明"是人类对人与自然关系的重新审视，这一界定得到了国内大多数学者的认同。目前学术界对"生态文明"的理解有狭义和广义之分，广义的"生态文明"是指继原始文明、农业文明、工业文明之后的文明形态，狭义的"生态文明"是指与物质文明、政治文明、精神文明共同支撑和谐社会大厦的文明形态。至于"生态文明建设"，1994 年我国生态经济学家刘思华教授基于马克思主义生态思想，提出"生态文明建设是根据我国社会主义条件下劳动者同自然环境进行物质交换的生态关系和人与人之间的经济关系的矛盾运动，在开发利用自然的同时，保护自然，提高生态环境质量，使人与自然保持和谐统一的关系"②。2012 年党的十八大将生态文明建设纳入"五位一体"总体布局，提出要大力推进生态文明建设，从十个方面描绘出生态文明建设的宏伟蓝图。2017 年党的十九大更是强调建设生态文明是中华民族永续发展的千年大计。这里的"生态文明建设"是指在尊重自然、顺应自然、保护自然的生态文明理念下，以保护生态环境和协调人与自然的和谐发展为主旨，推进社会、经济和文化发展，最终实现生态文明的长期的、艰巨的实践过程。

　　生态文明建设是建设美丽中国的必然要求，是中国特色社会主义事业的重要内容，事关中华民族永续发展。生态关乎着人类文明的兴衰，习近平强调："生态兴则文明兴，生态衰则文明衰。"③ 人类的文明是建立在人与自然关系基础之上的，在实践中，人类改造和利用自然，把自然中的资源与能量转化为自己所需要的财富，维持着自己的生存与发展，人类社会在与自然保持平衡的状态下不断进步。自然地理环境为人类的生存与发展提供物质资料的来源，人类及人类社会的发展离不开自然地理环境，虽

---

① 潘岳：《论社会主义生态文明》，《中国经济时报》2006 年 9 月 28 日。
② 刘思华：《当代中国的绿色道路》，湖北人民出版社，1994，第 18 页。
③ 《习近平关于社会主义生态文明建设论述摘编》，中央文献出版社，2017，第 6 页。

然自然地理环境的作用受到社会发展状况的制约，并不能决定社会的性质和社会形态的更替，却在一定程度上对人类及人类社会产生重要的影响，可以加速或延缓人类社会发展的进程，可以说自然孕育着人类光辉灿烂的文明，人类文明史也是人与自然关系的历史。自然的破坏、生态的失衡会导致人类文明衰亡，这在人类文明的历史中有迹可循。

在世界历史中，四大文明古国都产生于水土丰茂的地区，优越的地理环境孕育了璀璨的古代中国、古埃及、古巴比伦和古印度文明。但是随着农业文明的发展，人类肆意地扩大耕地、滥砍滥伐，让自然环境负载不可承受之重，自然开始对人类进行疯狂报复，于是，古代文明逐渐失去昔日的光辉，或者走向没落、消失在历史的遗迹中，或者不得不转移文明中心。在古代，中国西部有一个小国楼兰，人口增加和战争导致大片森林被砍伐，乱砍滥伐致使水土流失，风沙侵袭，气候反常，瘟疫流行，辉煌的楼兰古城就此永远地在历史中无声地消失了。中华文明发源于黄河流域，良好的生态环境孕育着博大精深的中华文化，但是由于人们不加节制地对环境进行破坏，洪水泛滥，水土流失，最终随着气候的变化，中国的经济和文化中心转移到长江流域。国外也不乏这样的例子，南美国家智利向西3000多公里的复活节岛，早期覆盖着茂密的亚热带森林，物产丰饶，但是由于人口快速增长，人们无节制地开发、利用资源，并且大约在公元12世纪，他们开始大量地建造石像，并砍伐树木制造船只运输石像，到15世纪时，岛上的森林基本消失，鸟类灭绝，曾经富饶的海岛，最终变成了贫瘠而不再适合人类生活的荒岛。

恩格斯在《自然辩证法》一书中告诫大家说："美索不达米亚、希腊、小亚细亚以及其他各地的居民，为了得到耕地，毁灭了森林，但是他们做梦也想不到，这些地方今天竟因此而成为不毛之地，因为他们使这些地方失去了森林，也就失去了水分的积聚中心和贮藏库。阿尔卑斯山的意大利人，当他们在山南坡把在山北坡得到精心保护的那同一种枞树林砍光用尽时，没有预料到，这样一来，他们就把本地区的高山畜牧业的根基毁掉了；他们更没有预料到，他们这样做，竟使山泉在一年中的大部分时间内枯竭了，同时在雨季又使更加凶猛的洪水倾泻到平原上。"① 美索不达米亚、希

---

① 《马克思恩格斯选集》第四卷，人民出版社，1995，第383页。

腊、小亚细亚从兴到衰，足以说明人类文明的兴衰与生态的兴衰息息相关。从古至今，历史和现实一再告诫我们要与自然和谐相处，生态兴则文明兴，生态衰则文明衰。

随着中国经济高速增长，生态危机将是我国成为富强民主文明和谐美丽的社会主义现代化强国的桎梏。习近平指出："要正确处理好经济发展同生态环境保护的关系，牢固树立保护生态环境就是保护生产力、改善生态环境就是发展生产力的理念，更加自觉地推动绿色发展、循环发展、低碳发展，决不以牺牲环境为代价去换取一时的经济增长。"[1] 旨在提醒大家不要只在乎经济发展而忽略生态环境保护。良好的生态环境是中华文明永续传承的基础，中华文明生生不息，源于广袤国土的滋养和润泽，与大自然和谐相处，保护我们赖以生存的家园，才能实现社会主义现代化、建设美丽中国，实现中华民族伟大复兴的中国梦。

马克思主义认为生产力是社会基本矛盾运动的"发动机"，是社会发展的最终决定力量，生产力包括社会生产力和自然生产力，自然生产力是没有人类实践参与的生产力，它的产生源于自然界，自然生产力和社会生产力相统一可以极大地提高生产效率。加强生态文明建设是经济持续健康发展的关键支撑，基于马克思主义生态观中自然生产力的观点，习近平认为"保护生态环境就是保护生产力，改善生态环境就是发展生产力"[2]。这反映了发展经济和保护环境是相互促进、相互联系的。

生态环境是最基本的生产力。在工业文明时期，为了追求经济发展，人们只关注社会生产力，忽视了自然生产力，人类无节制地对自然资源加以掠夺，对生态环境大肆破坏，人与自然的矛盾日益加剧，自然对人类进行了疯狂的"报复"。现实的生态环境问题唤醒了人们的生态文明意识，让人们意识到必须要协调好发展经济和保护环境的关系，因为生态环境是自然生产力，是最基本的生产力。人类的生存和发展以及社会生产力的发展，都需要在自然资源的基础上进行，没有自然生产力，社会生产力的发展、人类生存与发展的需求也就无法得到满足。保护生态环境就是保护生产力。生态环境孕育万物，是人类活动的基础，更是社会发展的推动力，作为最

---

[1] 《习近平关于社会主义生态文明建设论述摘编》，中央文献出版社，2017，第20页。
[2] 《习近平关于全面建成小康社会论述摘编》，中央文献出版社，2016，第163页。

基本的生产力，它不仅为人类提供天然的物质生活资料，还为人类提供天然的物质生产资料。优越的生态环境能够积极推进社会生产力的发展，而恶劣的生态环境会延缓社会生产力的发展，生态本身是非常脆弱的，当生态环境被严重破坏，自然生产力便很难修复或无法修复。保护生态环境能保护生产力，加强生态环境保护，提升生态修复能力，保持生态系统的健康和良性循环，发挥自然生产力的强大生命力，不仅可以保证人类的生存，而且可以更好地发展社会生产力，保证人类社会的永续发展。改善生态环境就是发展生产力。在原始文明和农业文明时期，由于生产力水平较低，人类认识和改造自然的能力是有限的，在实践中对生态环境造成的破坏也是有限的，自然可以在漫长的进化中进行自我修复。但是到了工业社会，人类利用科学技术改造自然，认为自然资源可以"取之不尽""用之不竭"，当人类还在为能征服和控制自然得意时，自然开始对人类进行"惩罚"，环境污染和生态危机，已经到了非常严重的境地。自然伤痕累累，最终也会使人类自身受到伤害，因此必须借助科技的力量，在自然环境自我修复的同时，人类进行干预，遏制生态恶化，提高环境的承载力，改善生态环境，推进生产力的发展和经济的进步。

保护生态环境就是保护生产力，加强生态文明建设是经济持续健康发展的关键支撑，生态环境问题不只是经济问题，也是政治问题。中国共产党的宗旨是全心全意为人民服务，保障人民的根本利益，不仅要满足人民日益增长的物质文化需要，还要保证人民享有优美的生态环境，然而日益严重的生态问题严重影响人民群众身心健康，引起人民强烈的不满，因此是政治问题。正如习近平所言："经济上去了，老百姓的幸福感大打折扣，甚至强烈的不满情绪上来了，那是什么形势？所以，我们不能把加强生态文明建设、加强生态环境保护、提倡绿色低碳生活方式等仅仅作为经济问题。这里面有很大的政治。"[1] 生态文明建设是我们党执政为民，不断满足人民对良好生活环境诉求的一项重要工作。党的十八大已经提出要建立系统完整的生态文明制度体系，用严格的法律制度保护生态环境，把生态文明建设纳入全面建设小康社会的重要目标之中。加强生态文明建设，为人民提供美好的生态环境，提升人民的生活质量和幸福感，是促进社会稳定

---

[1] 《习近平关于全面深化改革论述摘编》，中央文献出版社，2014，第103页。

健康发展的重要方面，也是提高党的执政能力的重要体现。因此在新时代，党的执政理念和执政行为把绿色发展的理念摆在更加突出的位置，致力于进一步加强生态文明建设。

生态文明建设关乎民生，2013年4月，习近平在海南考察时强调："良好生态环境是最公平的公共产品，是最普惠的民生福祉。"① 长期以来我国粗放的发展模式以牺牲生态环境为代价，追求经济的增长，给生态环境带来了巨大挑战。近些年，大气污染、水污染、土壤污染等损害了人民的身心健康，降低了人民的生活质量，这些生态环境问题日益成为人民普遍关注的热点，人民的生态保护意识不断提升，人民对于环境质量有了更高的要求，对生态环境治理的呼声也越来越高。过去是盼温饱、求生存，现在是盼环保、求生态，人民需要碧蓝的天空、清新的空气、洁净的水源、安全的食品、优美的环境，生态文明建设越来越成为衡量人民是否幸福的重要指标之一，所以推进生态文明建设是民心所向、民意所在。人民的向往和诉求就是我们党奋斗的目标，"生态环境保护是功在当代、利在千秋的事业。在这个问题上，我们没有别的选择。全党同志都要清醒认识保护生态环境、治理环境污染的紧迫性和艰巨性，清醒认识加强生态文明建设的重要性和必要性，真正下决心把环境污染治理好、把生态环境建设好，为人民创造良好生产生活环境"②。

生态文明建设是实现全面建成小康社会的必然选择。小康社会体现了民众对富裕、殷实的理想生活的追求，如何实现这一奋斗目标，我们党进行了多年的探索。党的十六大提出了全面建设小康社会的奋斗目标及各项要求，全面建设小康社会包括经济、政治、文化、军事、生态等方面的全面发展，在生态文明建设方面，表现为生态环境得到改善，人与自然更加和谐。党的十九大报告提出，从2017年到2020年是全面建成小康社会的决胜期，在这个关键的时期，生态环境问题已成为实现全面建成小康社会奋斗目标的短板。怎样改善生态环境问题，打好污染防治的攻坚战，补齐生态环境方面的短板，全面建成小康社会是党和人民面临的重大课题。推进生态文明建设是全面建成小康社会的必然选择，是实现人与自然和谐相处

① 《习近平关于全面建成小康社会论述摘编》，中央文献出版社，2016，第163页。
② 《习近平关于社会主义生态文明建设论述摘编》，中央文献出版社，2017，第7页。

的必由之路，也是实现中华民族伟大复兴的中国梦的重要内容。

党的十八大以来，以习近平同志为核心的党中央推进生态文明体制改革，生态文明建设取得了历史性的成就，全国各地生态文明建设实践取得了丰硕的成果，并为世界生态环境治理提供了中国智慧和中国方案。当前，中国特色社会主义进入新时代，我国以牺牲生态环境为代价的经济增长模式需要向绿色、循环、生态经济转型，社会的主要矛盾也已转化为人民日益增长的美好生活需要和不平衡不充分的发展之间的矛盾，因此，进一步推进生态文明建设显得尤为重要和紧迫。新时代，我国生态文明建设面临困境和挑战，诸如生态领域法律法规不健全，相关政策的制定缺乏连贯性，一些地方政府监管力度不足，地方政府、企业、民众的生态意识有待提升，部分城市为了面子工程破坏生态的伪生态文明现象突出，等等。面对这些难题，应不断完善生态文明建设的相关法律法规体系，优化产业结构，大力提升生态技术，健全绿色低碳循环发展的经济体系，激活市场机制，释放生态红利，引导民众牢固树立并践行生态文明的观念，从理论和实践方面助力生态文明建设的发展。总之，生态文明建设功在当代，事关中华民族永续发展，利在千秋。"生态兴则文明兴，生态衰则文明衰。"① "保护生态环境就是保护生产力，改善生态环境就是发展生产力。"② 生态文明建设不仅是我国经济持续健康发展的关键支撑，而且是很大的政治问题；不仅关乎民生，是最普惠的民生福祉，而且是全面建成小康社会的必然选择。

三 美丽中国

这是一个充满生机的国度，中国。美丽的地貌景观，丰富的物种群落，一直以来令世人惊叹和神往。数千年来，从未间断的文明延续着民族的血脉。今天，十三亿人口五十六个民族在这里繁衍生息。这里有世界上海拔最高的山峰，无边的沙海，从大漠深处延伸到冰雪极地，水汽迷蒙的森林，守护着珍禽异兽的梦境，草原辽阔，一望无际，以绚丽的方式，海洋炫耀它无尽的宝藏，我们的旅程从这些动人的细节开始，穿越无数造化的奇境，无数生命的过程，寻求震撼人心的答

---

① 《习近平关于社会主义生态文明建设论述摘编》，中央文献出版社，2017，第6页。
② 《习近平关于全面建成小康社会论述摘编》，中央文献出版社，2016，第163页。

案——在这里生生不息的人们，怎样与万物生灵相互依存，怎样创造生活的经典，带来天人合一的美丽中国。

过去，中国许多红树林湿地在建设开发中遭到不同程度的破坏。今天，在海南东寨港红树林保护区内，为了挽救和保护红树林湿地，志愿者们正在付出积极的努力，这些来自远方城市的志愿者们相信，生态环境的保护与经济的发展具有同等重要的意义……这是否也是人与动物的一种对话方式，世界上如何实现人与自然和谐相处成了一个终极命题……人口的增长和经济的发展，给能源、生活空间和环境质量带来了越来越大的压力，这些问题不仅困扰着中国，也困扰着整个人类。天人合一，远古，深邃的中国哲学，已为人类描绘出一个理想的生存空间，这是富于生命能量的理想，对它的尊崇与践行，将直接关系到我们的未来。①

2011 年 1 月 1 日上午 8 点，央视纪录片频道开播了中英合作的一部展现中国自然人文景观的大型电视纪录片《美丽中国》，引起了社会的广泛反响。《美丽中国》从筹备到拍摄历时四年，跨越了 26 个省、直辖市和自治区，深入 50 多个国家级风景区和野生动植物保护区，讲述了 30 多个民族的生活故事。该片使用了航拍、高速、红外、延时等大量先进的摄影技术，画面美轮美奂，勾勒出一幅极具震撼力的"美丽中国"恢宏画卷，呈现给观众一场宏大的视听盛宴。《美丽中国》共六集：锦绣华南、云翔天边、神奇高原、风雪塞外、沃土中原、潮涌海岸。每一集中将自然、历史、人文巧妙融合，介绍了中国独特的地理风貌、人文景观、野生动植物、民风民俗，表现人与自然的和谐关系，阐释天人合一的中国传统哲学思想，具有较高的文化特别是生态文化价值。2008 年，《美丽中国》在英国正式开播，同年，澳大利亚、加拿大、韩国等国也相继播映，看过的外国观众无不赞叹。该片经由网络传入中国，迅速蹿红，很多中国网友惊叹道："真是太美了！"2011 年，《美丽中国》在央视纪录片频道开播，再一次赢得了观众的热烈呼声。《美丽中国》在美国第 30 届"艾美奖新闻与纪录片大奖"中，一举荣获了最佳自然历史纪录片摄影奖、最佳音乐与音效奖、最佳剪辑奖

---

① 英国 BBC 电视台与中国中央电视台联手摄制六集纪录片《美丽中国》第一集，2008。

等大奖，堪称中英电视节目合作的一座里程碑。

《美丽中国》片如其名，通过展现中国的自然风光、野生动植物、民风民俗，展示了中国自然环境之美、万物生灵之美和中国人人性之美。真实是纪录片的生命，《美丽中国》为观众展现了中国原生态的真实之美：梯田、沙漠、河谷、藏羚羊、猴群、跳蛛、冬虫夏草、葡萄、宋家人、年轻的探险者、保护区志愿者……大至宏阔的地理环境，小到一只昆虫的特写，远至沙漠梯田，近到宋家人、志愿者忙碌的身影，没有虚构，没有刻意，每一个镜头都是最真实的写照。加之精湛的拍摄技术，画面清晰、唯美，每一帧画面都具有欣赏价值，为观众呈现出真实、自然、原生态的美丽中国。中国文化博大精深，《美丽中国》为观众展现了中国各民族淳朴的人性之美。傣族的泼水节、蒙古族的那达慕盛会、烟台人的祭海神活动……壮观的场景、热烈的节日气氛、庄严的仪式，表达了人们对丰收年景、幸福安康生活的期盼，一个个慢镜头为观众呈现出平安、幸福的美丽中国。尊重自然，《美丽中国》还展现了人与自然的和谐之美。渤海湾渔民与天鹅共享着海洋的馈赠，傣族人相互泼水……人与环境、人与动物、人与人之间关系融洽、安逸温馨，令人陶醉的和谐画面展现出山美、水美、人更美的美丽中国。

《美丽中国》所展现的真实、原生态、和谐、幸福的美丽中国，与党的十八大提出的建设美丽中国的号召不谋而合。2012 年，党的十八大报告指出："建设生态文明，是关系人民福祉、关乎民族未来的长远大计。面对资源约束趋紧、环境污染严重、生态系统退化的严峻形势，必须树立尊重自然、顺应自然、保护自然的生态文明理念，把生态文明建设放在突出地位，融入经济建设、政治建设、文化建设、社会建设各方面和全过程，努力建设美丽中国，实现中华民族永续发展。"[1] 这是在党的重要文献中首次提出"美丽中国"的概念，首次将生态文明建设列入"五位一体"总体布局并放在突出地位。党的十九大报告在"富强民主文明和谐"的基础上加上了"美丽"，提出了建设社会主义现代化强国的目标，习近平强调："建设美丽

---

[1]　《胡锦涛文选》第三卷，人民出版社，2016，第 644 页。

中国，为人民创造良好生产生活环境，为全球生态安全作出贡献。"①"美丽中国"的提出，表达了人们对于天蓝地绿水清的美好生活的强烈愿望，也彰显了中国对本国人民乃至世界人民生态安全负责的精神。

自然生态环境是人类生存与发展的自然基础，生态平衡对人类社会的发展起着重要作用。自人类社会进入工业化时代，人类为了眼前的利益，无节制地对自然界进行索取，对自然环境进行大肆破坏，导致生态环境不断恶化，环境污染日益严重。改革开放以来，中国经济保持平稳高速发展，取得了举世瞩目的成就。但是我国经济增长模式是粗放型的，主要的特征是高投入、高能耗、高污染、低效益，生态环境问题已成为制约我国经济发展的重要因素。由于生态环境恶化，生物多样性锐减，资料显示，我国有5000多种动植物处于濒危状态，成为世界上物种丧失最严重的地区之一。我国森林资源每年不断减少，导致气候失调、水土流失、旱涝灾害频发，草地严重退化并逐步沙化。环境污染也不容小觑，《中国环境状况公报》显示，大气污染、水污染、土壤污染等依然是影响我国生态环境质量的主要因素。据悉，空气污染已成为威胁全球环境质量和人体健康的最主要"杀手"，雾霾、粉尘等大气污染严重损害着人们的身体健康。水是生命之源，但我国却是一个水资源短缺、水污染严重的国家。调查显示，我国城市地下水遭受了不同程度的污染。土地是财富之母，人类活动产生的污染物进入土壤会引起土壤质量恶化，我国土壤污染状况严重，2013年，全国重度污染耕地在5000万亩左右，这严重影响了耕地和农作物的质量，更危害到了人们的身体健康。森林覆盖率降低、草地湿地退化、物种减少、气候变暖、资源短缺、大气污染、水污染、土壤污染、垃圾泛滥等生态环境问题制约了中国经济的发展，危害了人民的健康。党和国家在全球化的背景下，着眼于中国经济社会发展的新形势和新问题，顺应中国社会发展的客观规律，提出建设"美丽中国"的目标要求，为我国未来社会的发展描绘了一幅美丽生动的画卷：生活富裕、生态良好，天蓝地绿水净。建设"美丽中国"是我国全面建成小康社会的内在要求，更是实现中华民族伟大复兴中国梦的重要内容。

---

① 习近平：《决胜全面建成小康社会 夺取新时代中国特色社会主义伟大胜利——在中国共产党第十九次全国代表大会上的报告》，人民出版社，2017，第24页。

何为"美丽中国"呢？从字面上来看，美丽即漂亮、美好，无论是在颜色、声音上，还是在形式、比例上接近理想状态，并能给各种感官带来愉悦和享受，是人们所向往和追求的。"美丽中国"，顾名思义就是指漂亮、美好的中国，"美丽中国"是"时代之美、社会之美、生活之美、百姓之美、环境之美的总和"①。天蓝地绿水净、人与自然和谐共生、经济繁荣、人民安居乐业……这些都是"美丽中国"所应有之义，而这样的"美丽中国"能给人民带来愉悦和享受，受到人民的热爱和向往。

2018年5月，习近平在纪念马克思诞辰200周年大会上的讲话中说道："自然是生命之母，人与自然是生命共同体，人类必须敬畏自然、尊重自然、顺应自然、保护自然。我们要坚持人与自然和谐共生，牢固树立和切实践行绿水青山就是金山银山的理念，动员全社会力量推进生态文明建设，共建美丽中国，让人民群众在绿水青山中共享自然之美、生命之美、生活之美，走出一条生产发展、生活富裕、生态良好的文明发展道路。"② 在生态文明视域下，习近平的讲话生动地诠释了"美丽中国"的内涵——自然之美、生命之美、生活之美。

绿水青山的自然之美是"美丽中国"的基本前提。绿水青山指的是美好河山、优良的生态环境，包括清洁安全的水源、优质的土壤、丰富的森林矿产资源、覆盖率高的植被、具有多样性的生物等，是最原生态的自然之美。早在2005年，习近平在余村考察时就提出了"绿水青山就是金山银山"的论断，强调还原生态环境的自然之美。建设美丽中国，绝不能为了经济的一时发展而牺牲生态环境，应把生态环境优势转化为生态经济优势，为人民提供优质的生态产品，把绿水青山变成造福于人民的金山银山。要"坚定不移爱绿植绿护绿，把我国森林资源培育好、保护好、发展好，努力建设美丽中国"③。绿水青山的自然之美不仅是一幅环境优美、资源丰富、物种多样的美好景象，而且是一个拥有清新空气、清洁水源、肥沃土壤、绿色植被的生态家园；不仅是我们当代人能够拥有的蓝天白云，也是子孙后代能够共享的绿水青山。绿水青山的自然之美是"美丽中国"的基本前

---

① 周生贤：《建设美丽中国 走向社会主义生态文明新时代》，《环境保护》2012年第23期。
② 习近平：《在纪念马克思诞辰200周年大会上的讲话》，人民出版社，2018，第21~22页。
③ 《习近平关于社会主义生态文明建设论述摘编》，中央文献出版社，2017，第117页。

提，只有实现了绿水青山的自然之美，才是真正建成了"美丽中国"。

人与自然和谐共生的生命之美是"美丽中国"的本质要求。人与自然是相互依存、相互作用的，人是自然界的一部分，自然能够为人类的生存和发展提供所需要的物质资料，人类的生存和发展始终依存于自然；同时，人类通过实践认识和改造自然，使自然本身所蕴含的资源发挥其应有的价值，自然得以延续和发展。人与自然是共生共荣、和谐共生的，是生命共同体。人类与自然中的空气、水、土壤、山脉、河流、森林、矿藏、动植物等相互依赖、相互制约，所以人与自然是生命共同体。人类自身的实践活动影响着自然的状态，如果人类能够合理地改造自然，有节制地利用自然、尊重自然、顺应自然、保护自然，那么自然会因人类而变得生机勃勃、美丽动人；如果人类为了自身的利益利用科学技术肆意地征服自然，过度开采和浪费自然资源，那么自然会因人类而变得伤痕累累，丑陋不堪。"要把生态环境保护放在更加突出位置，像保护眼睛一样保护生态环境，像对待生命一样对待生态环境……"① 建设"美丽中国"，要秉承人与自然是生命共同体的理念，尊重自然、顺应自然、保护自然，实现人与自然和谐共生的生命之美。

人民和谐幸福的生活之美是"美丽中国"的落脚点和归宿。人民对美好生活的向往是党和国家奋斗的目标，党和国家全部事业的出发点、落脚点就是让人民共享社会主义建设的成果，过上和谐幸福的生活。改革开放40余年来，随着我国经济飞速发展，人民的物质生活和精神生活水平不断提升，但这不等于生活就是美丽的。随着生态环境日益恶化，蓝天白云不在、绿水青山不在，再富裕的生活也都不是美丽的。"我们要建设的现代化是人与自然和谐共生的现代化，既要创造更多物质财富和精神财富以满足人民日益增长的美好生活需要，也要提供更多优质生态产品以满足人民日益增长的优美生态环境需要。必须坚持以节约优先、保护优先、自然恢复为主的方针，形成节约资源和保护环境的空间格局、产业结构、生产方式、生活方式，还自然以宁静、和谐、美丽。"② 建设"美丽中国"，就是让人民

---

① 《习近平关于社会主义生态文明建设论述摘编》，中央文献出版社，2017，第8页。
② 习近平：《决胜全面建成小康社会　夺取新时代中国特色社会主义伟大胜利——在中国共产党第十九次全国代表大会上的报告》，人民出版社，2017，第50页。

能够过上和谐幸福的生活，这种和谐幸福不仅仅是物质上的享受，更是精神上的愉悦。青山就是美丽，蓝天也是幸福，人民和谐幸福的生活之美是"美丽中国"的落脚点和归宿。建设"美丽中国"所追求的目标是建设资源节约型和环境友好型社会，倡导一种低排放、高循环、高效率的循环经济的发展方式，从根本上解决环境问题，改善生态环境，为人民创造一个安全、舒适、健康、美丽的生活环境，打造人民和谐幸福的生活之美。

"美丽中国"不仅是对自然之美、生命之美、生活之美的诗意表述，更是对建设什么样的生态中国、怎样建设生态中国的科学回答，其中蕴含了中国共产党关于未来国家发展的理性思考和智慧。"美丽中国"是对新时代我国生态文明的具体描绘，丰富了中国特色社会主义理论体系。党的十九大提出："我们党坚持以马克思列宁主义、毛泽东思想、邓小平理论、'三个代表'重要思想、科学发展观为指导，坚持解放思想、实事求是、与时俱进、求真务实，坚持辩证唯物主义和历史唯物主义，紧密结合新的时代条件和实践要求，以全新的视野深化对共产党执政规律、社会主义建设规律、人类社会发展规律的认识，进行艰辛理论探索，取得重大理论创新成果，形成了新时代中国特色社会主义思想。"[①] 习近平新时代中国特色社会主义思想是对马克思列宁主义、毛泽东思想、邓小平理论、"三个代表"重要思想、科学发展观的继承和发展，是中国特色社会主义理论体系的重要组成部分。中国特色社会主义理论体系科学地回答了"为什么要发展""怎样实现更快更好地发展"等中国特色社会主义建设的问题，实质上正是回答了"为什么要建设美丽中国""怎样更快更好地建设美丽中国"的问题，可以说，"美丽中国"思想丰富了中国特色社会主义理论体系。建设"美丽中国"理念和科学发展理念的初衷是一致的，从可持续发展观到科学发展观，再到五大发展理念，始终强调以人为本，以实现人的全面发展为目标。"美丽中国"充分体现了人民对自然之美、生命之美、生活之美的美好幸福生活的期盼。建设"美丽中国"为我国未来社会发展描绘了一幅美好的蓝图，拓展了新时代中国特色社会主义建设的总体布局的基本内容，丰富和发展了中国特色社会主义理论体系。

---

① 习近平:《决胜全面建成小康社会 夺取新时代中国特色社会主义伟大胜利——在中国共产党第十九次全国代表大会上的报告》，人民出版社，2017，第18~19页。

"美丽中国"为我国生态文明建设指明了实践路径，对解决全球生态问题具有借鉴意义。党的十八大首次将生态文明建设列入"五位一体"的总体布局并放在突出地位，生态文明建设的目标就是建设"美丽中国"。新时代中国社会主义主要矛盾发生了变化，但是中国特色社会主义仍然处于初级阶段的基本国情没有变，因此，中国的发展不能重复资本主义工业化的老路。坚持生态文明建设并将其放在社会主义现代化建设的首位，树立和践行"绿水青山就是金山银山"的理念，坚持保护环境的基本国策，实行最严格的环境保护制度，坚持走经济发展与环境保护协调发展的绿色发展道路，才能推动中国特色社会主义社会的可持续发展，实现建设"美丽中国"的目标。生态环境问题不仅是中国社会发展所面临的问题，也是重大的全球问题，任何一个国家的生态环境问题都会影响到整个国际社会，各国应担负起各自的责任，加强国际合作，维护生态安全。推进生态文明建设，建设"美丽中国"，是长期以来我国在生态环境治理的实践中总结出来的经验，可以为解决全球生态问题提供中国方案。中国作为世界上最大的发展中国家，积极参与国际生态合作，希望成为全球生态文明建设的重要贡献者和引领者，体现中国的大国担当。

"美丽中国"简单地说，就是在良好的生态环境中，人与自然和谐共生，人民的生活和谐幸福。建设"美丽中国"是一个系统的、复杂的、发展的过程。树立生态文明理念是建设"美丽中国"的思想基础。思想是行动的指南，理论是实践的先导，建设"美丽中国"就是要树立生态文明理念。建设"美丽中国"关乎每一个人，作为"美丽中国"建设的参与和受益主体，我们应该树立生态意识，要像保护生命一样保护生态环境。作为生态文明建设的责任主体，政府及其相关部门应利用报纸、电视、网络等渠道开展全民教育，传播生态文明理念，弘扬生态文化，鼓励和倡导民众践行绿色发展方式和生活方式，养成自觉保护生态环境的习惯，积极参与到"美丽中国"的建设当中。转变经济发展方式是建设"美丽中国"的物质前提。经济发展方式是中国经济发展的关键性问题，传统的经济增长方式高投入、高能耗、高污染，却低效益，阻碍了"美丽中国"的建设。转变经济发展方式就是将过去粗放型的增长方式转变为绿色发展方式：推进科技创新，走科技含量高、低能耗、污染少的新型工业化道路；调整和优化产业结构，发展节能环保的绿色产业并大力发展第三产业，切实减轻环境压力；发展循环经济，高效利用和循环利用自然资源，并推进节能减排。转变经济发展方式，就是要协调好经济发展与环境保护的关系，真正建成天蓝地绿水净的"美丽中国"。完善生态文明制度体系是建设"美丽中国"的基本保障。建设"美丽中国"，必须要依靠制度和法治，"只有实行最严格的制度、最严密的法治，才能为生态文明建设提供可靠保障"①。首先要完善环境保护制度。2013年以来，我国相继出台了《生态文明体制改革总体方案》《大气污染防治行动计划》《水污染防治行动计划》《土壤污染防治行动计划》等，不断完善生态文明制度体系，为建设"美丽中国"提供了基本保障。其次要优化生态考核评价体系，不以GDP论英雄，将环境保护纳入经济发展评价体系、干部考核指标体系中。最后要建立资源有偿使用和生态补偿制度，治理和修复生态环境，从根本上解决资源浪费、环境污染等问题。

四　创新、协调、绿色、开放、共享

发展理念是发展行动的先导。

党的十八大以来，以习近平同志为核心的党中央把握时代大势，提出并深入贯彻创新、协调、绿色、开放、共享的新发展理念，引领中国在破解发展难题中增强动力、厚植优势，不断朝着更高质量、更有效率、更加公平、更可持续的方向前进。

……

"创新、协调、绿色、开放、共享的发展理念，集中体现了'十三五'乃至更长时期我国的发展思路、发展方向、发展着力点，是管全局、管根本、管长远的导向。"2016年1月29日，在主持中共中央政治局集体学习时，习近平总书记这样概括说。他指出，新发展理念就是指挥棒、红绿灯。全党要把思想和行动统一到新发展理念上来，努力提高统筹贯彻新发展理念的能力和水平，对不适应、不适合甚至违背新发展理念的认识要立即调整，对不适应、不适合甚至违背新发展理念的行为要坚决纠正，对不适应、不适合甚至违背新发展理念的做法要彻底摒弃。

……

---

① 《习近平关于全面深化改革论述摘编》，中央文献出版社，2014，第104页。

"我们坚定不移贯彻新发展理念，有力推动我国发展不断朝着更高质量、更有效率、更加公平、更可持续的方向前进。" 2017 年 7 月 26 日，习近平总书记在省部级主要领导干部专题研讨班上发表重要讲话时这样指出。

展望未来，五大理念为继续破解发展难题、增强发展动力、厚植发展优势，提供了思想的利器、实践的指南。

……

当下，五大发展理念在指导实践中已经收获了丰富的成果，引领崛起中的中国前所未有地走近世界舞台的中央。未来，五大理念必将带来全面建成小康社会的目标如期实现，为中华民族开启更加广阔与光明的前景。①

人类及其社会的进步无不伴随着社会方方面面特别是经济的发展，发展是人类面临的永恒话题。在当今经济全球化背景下，发展是时代的主题，因此发展问题成为世界各国政府及人民普遍关注的问题。发展更是中国面临的重大问题，它关乎社会主义事业的兴衰乃至能否实现中华民族的伟大复兴。新中国成立特别是改革开放以来，我国历代党中央领导集体都将发展作为党和政府工作的重心，就"什么是发展""为什么要发展""怎样发展"等基本问题交出了令人民满意的答卷，中国发展取得了令世界瞩目的成就。发展理念是发展行动的先导，发展理念指引发展实践，在建设社会主义现代化的伟大实践中，面对新的发展特征和任务，我们党始终坚持以马克思主义为指导，在科学回答"什么是发展""为什么要发展""怎样实现更快更好地发展"等问题的基础上，形成了一系列科学的发展理念。2015 年，党的十八届五中全会提出了"创新、协调、绿色、开放、共享"②的五大发展理念，为新时代中国特色社会主义建设指明了方向，集中体现了"十三五"乃至更长时期我国的发展思路、方向和着力点，对进一步提升发展的质量和效益具有重大意义。

2015 年，习近平总书记在党的十八届五中全会第二次全体会议上讲道：

① 叶晓楠、杨舒：《五大理念引领中国发展》，《人民日报》（海外版）2017 年 9 月 12 日。
② 《十八大以来重要文献选编》下，中央文献出版社，2018，第 156 页。

"这五大发展理念不是凭空得来的，是我们在深刻总结国内外发展经验教训的基础上形成的，也是在深刻分析国内外发展大势的基础上形成的，集中反映了我们党对经济社会发展规律认识的深化，也是针对我国发展中的突出矛盾和问题提出来的。"① 改革开放 40 余年，中国经济社会发生了翻天覆地的变化。国家统计局年度数据显示，1978 年改革开放伊始，中国经济总量仅有 3600 多亿元人民币，2017 年国内生产总值突破 80 万亿元人民币，人均国民生产总值接近 1 万美元。② 中国贫困率大幅下降，《纽约时报》曾经评论说，全球极端贫困率减半，很大程度上得益于中国的"巨大经济进步"。人民生活水平不断改善，获得感显著增强，中国经济发展进入新常态。新常态意味着不同以往、相对稳定的状态。习近平强调："新常态是一个客观状态，是我国经济发展到今天这个阶段必然会出现的一种状态，是一种内在必然性，并没有好坏之分，我们要因势而谋、因势而动、因势而进。"③ 在新常态下，中国经济从高速转向中高速发展阶段，发展方式转向质量效率型，经济结构不断优化升级，发展动力转向创新驱动。这种新常态给中国带来新的发展机遇和巨大挑战，新常态下，实现什么样的发展，怎样实现发展成为我国面临的重大现实问题，因此深入认识和适应新常态，坚持五大发展理念是我国当前乃至更长一段时期经济发展面临的重大课题。

改革开放 40 余年来，我国各项事业特别是经济建设取得了历史性成就，中国特色社会主义步入新时代，我国开启了全面建设社会主义现代化国家的新征程。在综合分析国际国内形势及我国发展条件的基础上，以习近平同志为核心的党中央做出了新的战略部署，即从 2020 年到 2035 年，在全面建成小康社会的基础上，基本实现社会主义现代化，从 2035 年到 21 世纪中叶，在基本实现现代化的基础上，把我国建设成为富强民主文明和谐美丽的社会主义现代化强国。从 2017 年到 2020 年，是全面建成小康社会的决胜期，但是在传统的以经济增长为中心的发展观影响下，我国经济增速减档，经济发展的新动力不足，产业结构未能及时升级，结构性矛盾突出，一些地区仍然是高投入、高消耗、高污染、低产出的"三高一低"的经济发展

---

① 《习近平谈治国理政》第二卷，外文出版社，2017，第 197 页。
② 国家统计局官网，http://www.stats.gov.cn/，最后访问日期：2018 年 6 月 30 日。
③ 习近平：《在省部级主要领导干部学习贯彻党的十八届五中全会精神专题研讨班上的讲话》，人民出版社，2016，第 7 页。

方式，我国面临着"中等收入陷阱"的挑战。在经济新常态下，这些发展的"短板"不断加剧社会发展的内在矛盾，而解决这些矛盾需要新的发展理念。

中国特色社会主义进入了新时代，我国社会主要矛盾由人民日益增长的物质文化需要同落后的社会生产之间的矛盾，转化为人民日益增长的美好生活需要和不平衡不充分的发展之间的矛盾，主要矛盾的变化对发展提出更多新要求。在社会发展过程中，社会主要矛盾处于支配地位，起主导作用，因此决定着我国社会主义建设发展的基本方向与着力点，社会主要矛盾的转化必然要求党和国家的工作重心做出合理的调整。另外，虽然我国社会主要矛盾发生了变化，但是我国仍处于并将长期处于社会主义初级阶段、仍然是发展中国家的基本国情没有变，这也要求党和国家在规划发展道路、制定发展战略、践行发展理念等问题上，要立足这一基本国情，以科学系统的发展理念作为指导，着力破解发展不平衡不充分的问题。总之，新发展理念是在我国经济发展进入新常态，社会矛盾发生变化，针对我国发展中的突出矛盾和问题而提出的发展理念，为中国在新的历史条件下全面建成小康社会、加快社会主义现代化建设提供了行动指南。

"创新、协调、绿色、开放、共享"① 五大发展理念是我们党对发展规律的新认识，是发展理念的创新。"理念是行动的先导，一定的发展实践都是由一定的发展理念来引领的。发展理念是否对头，从根本上决定着发展成效乃至成败。"② 在每一个历史时期，党的发展理念都是我国社会发展实践经验的结果，指引着中国特色社会主义建设。在新中国成立初期，以毛泽东同志为主要代表的中国共产党人坚持为人民服务的宗旨，就发展道路、模式、目标、步骤等问题提出了一系列理论。党的十一届三中全会后，改革开放的总设计师邓小平科学地回答了什么是社会主义、怎样建设社会主义的历史问题，提出中国经济建设分三步走的总体战略部署，强调"发展才是硬道理"的发展理念。以江泽民同志为主要代表的中国共产党人始终代表先进生产力的发展要求，明确了发展是"党执政兴国的第一要务"。党的十六大之后，以胡锦涛同志为总书记的党中央总结了改革开放以来的发

① 《十八大以来重要文献选编》下，中央文献出版社，2018，第156页。
② 《习近平谈治国理政》第二卷，外文出版社，2017，第197页。

展成果，提出了科学发展观，把社会的全面发展与人的全面发展结合起来，提出全面、协调、可持续的发展要求，使党的发展理念上升到了一个新的高度。党的十八大以来，以习近平同志为核心的党中央坚持"以人民为中心"的政治立场，深入推进党的发展理论创新。党的十八届五中全会确立了"创新、协调、绿色、开放、共享"① 的发展理念，这五大发展理念是中国特色社会主义进入新时代适应经济发展新常态、引领我国全面建成小康社会的"指挥棒""红绿灯"，与时俱进地丰富和创新了党的发展理念。

五大发展理念破解了新常态下我国经济社会发展所面临的各种难题，指明了我国未来发展的方向和着力点，是党和国家治国理政理念的一次重大创新，具有丰富的科学内涵。

"创新发展注重的是解决发展动力问题"②。从哲学上说，创新是人的创造性实践行为，是为了发展需要，在现有的思维模式基础上突破常规，淘汰旧的和过时的，创造出独特的有价值的新思想、新事物。创新既是一个过程，也是一个结果，它实现了人类的自我创造和自我超越。"创新是一个民族进步的灵魂，是一个国家兴旺发达的不竭动力，也是中华民族最深沉的民族禀赋。"③ 中国经济发展进入新常态，经济发展速度、经济结构、发展动力转换呈现新的特征，需要我们积极和有效应对。创新是引领发展的第一动力，通过创新实现结构优化升级，由传统要素驱动转向创新驱动，进而推动我国经济社会持续健康发展，使经济增长获得新的源源不断的动力。习近平强调："我们必须把创新作为引领发展的第一动力，把人才作为支撑发展的第一资源，把创新摆在国家发展全局的核心位置，不断推进理论创新、制度创新、科技创新、文化创新等各方面创新，让创新贯穿党和国家一切工作，让创新在全社会蔚然成风。"④ 创新是理论、制度、科技和文化等全方位的创新。理论创新是对实践经验的理性升华，是最基本的创新，因此理论创新是制度、科技和文化创新的先导和基础。党和国家的事业取得的全方位的、开创性的历史性成就，得益于对理论创新的不懈坚持。制度创新就是要推进国家治理体系和治理能力的合理化、现代化，为社会

---

① 《十八大以来重要文献选编》下，中央文献出版社，2018，第 156 页。
② 《习近平谈治国理政》第二卷，外文出版社，2017，第 198 页。
③ 《习近平谈治国理政》，外文出版社，2014，第 59 页。
④ 《习近平谈治国理政》第二卷，外文出版社，2017，第 198 页。

持续创新提供保障。科技创新是创新发展的核心和重点，经济社会发展离不开科技创新的支撑，科技创新是实现现代化的"助推器"，必须发挥科技创新的引领作用，推动我国经济的健康发展。文化创新是创新发展的必然要求，为理论、制度、科技创新提供精神动力。总之，要不断推进理论、制度、科技与文化等方面的创新，培育我国经济发展的新动力。

"协调发展注重的是解决发展不平衡问题"①。协调发展的提出主要是为了破解我国社会发展过程中的不协调、不平衡的问题，主要是为了"补短板"，它所追求的是发展的平衡性、整体性和可持续性，是我国经济持续健康发展的内在要求。改革开放以来，我国经济高速增长，人民的生活水平日益提高，但是区域之间、城乡之间等仍然存在发展不协调、不平衡的问题。木桶定律强调木桶中盛水多少取决于短板高度，因此中国实现全面建成小康社会，取决于贫困地区、农村地区、经济落后地区建成小康社会。习近平在河北慰问困难群众并考察扶贫开发工作时强调说："没有农村的小康，特别是没有贫困地区的小康，就没有全面建成小康社会。"② 所以要实现区域全覆盖、人口全覆盖的全面小康社会，就要坚持协调发展理念，补齐短板，解决发展不平衡问题。我国发展不协调，"突出表现在区域、城乡、经济和社会、物质文明和精神文明、经济建设和国防建设等关系上"③。我国地域辽阔，东、中、西部发展差异较大，必须坚持西部大开发、东北振兴、中部崛起和东部率先发展的区域发展总体战略，此外还要加强革命老区、民族地区、边疆地区和贫困地区建设，推动区域协调发展。我国城乡发展不平衡问题依然突出，健全城乡一体化发展机制，发展特色县域经济，推进新型城镇化建设是推动城乡协调发展的关键。同时还应坚持"两手抓，两手都要硬"，坚定理想信念，加强社会诚信建设和公民思想道德建设，进而推进物质文明和精神文明协调发展。此外，协调发展还要加强国防和军队建设，推动经济建设和国防建设协调发展，为实现中华民族伟大复兴的中国梦提供强大保障。

"绿色发展注重的是解决人与自然和谐问题"④。人是自然的一部分，人

---

① 《习近平谈治国理政》第二卷，外文出版社，2017，第198页。
② 《习近平著作选读》第一卷，人民出版社，2023，第73页。
③ 《习近平谈治国理政》第二卷，外文出版社，2017，第198页。
④ 《习近平谈治国理政》第二卷，外文出版社，2017，第198页。

类的生存和发展始终依存于自然，因此人类活动应以尊重自然、顺应自然、保护自然为前提，但是人类却无节制地向自然索取，试图"征服自然""控制自然"。恩格斯在《自然辩证法》中告诫人们："我们不要过分陶醉于我们对自然界的胜利。对于每一次这样的胜利，自然界都报复了我们。"① 我国长期的粗放式发展模式使自然遭到过度开发和破坏，党的十八届五中全会提出的绿色发展理念就是要解决人与自然和谐问题。绿色发展理念生动地诠释了"什么是绿色发展""如何实现绿色发展"的问题。习近平曾强调："保护生态环境就是保护生产力，改善生态环境就是发展生产力。"② 绿色发展实现了经济发展与环境保护协同共进，促进了人与自然的和谐统一，是科学的发展。"从经济发展角度看，绿色发展是创新驱动的发展。""从政治建设角度看，绿色发展是高层次的发展。""从生态环境角度看，绿色发展是可持续性的发展。""从社会发展角度看，绿色发展是普惠民生的发展。""从文化价值角度看，绿色发展是和谐向上的发展。"③ 实现绿色发展，就是要变革传统发展观念，牢固树立绿色发展理念，在绿色发展制度的保障下，将绿色发展理念转化为绿色实践，践行绿色发展方式和生活方式，真正实现人与自然和谐共生。

"开放发展注重的是解决发展内外联动问题"④。改革开放的总设计师邓小平强调，关起门来搞建设是不能成功的，中国的发展离不开世界。改革开放 40 余年取得的伟大成就充分说明开放是中国经济腾飞的重要法宝，是建设中国特色社会主义的历史性选择。当前，随着经济全球化的深入发展，新一轮贸易保护主义抬头，机遇与挑战并存，中国对外开放需要在更高层次上进行。习近平指出："现在的问题不是要不要对外开放，而是如何提高对外开放的质量和发展的内外联动性。"⑤ 开放发展是"引进来""走出去"双向发力。"引进来"就是要取长补短、精挑细选，通过优化结构、改善投资环境加强对外资、科技和人才的引进。"走出去"就是要发挥中国对外优

---

① 《马克思恩格斯全集》第二十卷，人民出版社，1971，第 519 页。
② 《习近平关于全面建成小康社会论述摘编》，中央文献出版社，2016，第 163 页。
③ 田畅：《论五大发展理念的人本价值》，硕士学位论文，信阳师范学院，2018，第 26～27 页。
④ 《习近平谈治国理政》第二卷，外文出版社，2017，第 199 页。
⑤ 《习近平谈治国理政》第二卷，外文出版社，2017，第 199 页。

势，通过对外投资、跨国经营和劳务输出等方式，加强与其他国家的经济技术合作。"引进来""走出去"双向发力，内外联动、先出后进、先进后出的交互发展对于不断提升我国对外开放的层次和水平具有重要意义。"一带一路"建设是我国扩大对外开放，实现内外联动的重大战略布局，在"一带一路"建设中，力求建立与沿线更多国家和地区互利互惠共赢的发展格局。

"共享发展注重的是解决社会公平正义问题"①。从主体旨向看，共享发展就是要实现发展红利被人人所享有，即全民共享。邓小平指出："社会主义的本质，是解放生产力，发展生产力，消灭剥削，消除两极分化，最终达到共同富裕。"② 共享发展是共同富裕实现路径中的价值遵循，也是社会主义的本质要求。我们党的根本宗旨是全心全意为人民服务，以人民为中心，因此发展是为了人民，发展要依靠人民，当然发展成果由人民共享。共享发展致力于解决社会公平正义问题。共享发展是全民共享，这是共享发展的目标，所以要以人民需求为导向，关注民生，解决人们关心的问题，让每一地区、每一个家庭、每一个群众享有发展成果。共享发展是全面共享，即全体社会成员共同享有经济、政治、文化、社会、生态方方面面的发展红利和成果，使人民有更多的获得感。共享发展是共建共享，人民是历史的创造者，全面建成小康社会，实现共同富裕，需要全体社会成员积极参与，各尽其能、各得其所。共享发展是渐进共享，共享发展不是一种简单的共同分享，也不是一蹴而就的，是从低级到高级、从不均衡到逐渐均衡的发展过程。

生态文明建设是建设"美丽中国"的必然要求，是中华民族永续发展的千年大计。思想是行动的先导，理论是实践的指南，大力推进生态文明建设必须要有科学的理论，五大发展理念是"指挥棒""红绿灯"，是引领我国推进生态文明建设的理论指导和实践指南。

创新发展是生态文明建设的动力。当前，生态环境问题严重阻碍了世界经济的可持续发展，也制约了我国经济社会的全面发展，推进生态文明建设要树立创新发展理念。科技创新是生态文明建设的关键，现代社会的

---

① 《习近平谈治国理政》第二卷，外文出版社，2017，第199页。
② 《邓小平文选》第三卷，人民出版社，1993，第373页。

发展离不开科技创新的支撑。科技创新可以转变"三高一低"的经济增长模式，推动节能环保绿色产业发展，还可以提升污染物的处理与利用水平，促进污染治理。制度创新是生态文明建设的保障，党的十八届三中全会报告提出，建设生态文明，必须建立系统完整的生态文明制度体系，用制度保护生态环境，完善环境管理和治理制度，建立红线管控制度，进而促进和保障生态文明建设的顺利进行。

协调发展是生态文明建设的要求。习近平说过："山水林田湖是一个生命共同体，人的命脉在田，田的命脉在水，水的命脉在山，山的命脉在土，土的命脉在树。"① 可见天地万物命脉相连，因而要坚持协调发展理念开展生态保护与修复。树立和践行"绿水青山就是金山银山"的理念，协调经济发展与生态环境保护的关系，既不能为了经济高速发展竭泽而渔式地掠夺资源，也不能为了保护环境因噎废食而舍弃经济发展。要坚持城乡环境治理并重，推动城乡之间协调发展；要缩小地区发展差距，促进区域之间协调发展；还要发展绿色经济和绿色文化，实现物质与精神之间协调发展，推进生态文明建设。

绿色发展是生态文明建设的途径。建设生态文明要树立绿色发展理念，践行绿色发展方式和生活方式。绿色发展方式和生活方式是注重人与自然和谐共生，兼顾经济发展与生态环境美美与共的方式。绿色发展方式就是要改变传统的发展方式，在尊重、顺应和保护自然的基础上，发展循环经济，使绿色产业成为产业结构的主体，建设资源节约型社会，协调好经济发展与环境保护之间的关系。生态文明建设还要构建绿色生活方式，要在满足良好生活质量需求的基础上适度消费、健康消费、循环消费和低碳消费，鼓励人们绿色出行和绿色居住、走进自然和亲近自然。

开放发展是生态文明建设的支撑。地球是全世界人们共同的家园，需要大家共同保护，而当今，生态环境问题日益危及人类的生存与发展，是全球普遍关注的热点问题。在生态文明建设中，我国不仅要立足国内，还要坚持开放发展理念，做全球生态文明建设的重要贡献者和引领者。扩大对外开放要引进绿色资本、技术和人才，通过"一带一路"建设进行绿色投资和经营，双向发力，内外联动，走生态优先的开放发展之路。在国际

---

① 《习近平关于全面深化改革论述摘编》，中央文献出版社，2014，第109页。

事务中，中国积极参与并与其他国家构建公平公正、合作共赢的全球气候治理体系，积极承担国际责任和义务，推进全球可持续的绿色发展。

共享发展是生态文明建设的目的。"良好生态环境是最公平的公共产品，是最普惠的民生福祉。"[1] 共享发展注重的是解决社会公平正义问题，而良好的生态环境是最公平的公共产品，所以建设生态文明的目的，就是让人民共享碧蓝的天空、清新的空气、洁净的水源、安全的食品、优美的环境。要缩小城乡和区域之间基本公共服务差距，将扶贫开发同环境保护结合起来，在安全、美丽的环境中实现共同富裕，让人民充分享受生态文明建设的红利。还要积极引导人民树立和践行绿色发展理念，发挥人民的智慧，积极参与到生态文明建设中，共建美丽中国，共享生态文明建设新成果。

五 绿色发展理念

中国特色社会主义进入新时代，我国社会主要矛盾已经转化为人民日益增长的美好生活需要和不平衡不充分的发展之间的矛盾。必须把绿色发展融入协调发展之中特别是乡村振兴等重要战略之中，在经济社会发展的横向层面获取绿色发展的空间，以引领、约束协调发展实践，提升其绿色发展的要素或成分，真正实现绿色发展的要求。协调发展必须遵循绿色发展理念，在区域协调发展、城乡协调发展特别是支援革命老区、民族地区、边疆地区、贫困地区的过程中不能忽略这些区域的绿色发展方面的指向，要注重提升这些区域生产方式的层次，维护其生态环境质量。尽管绿色发展与协调发展分属经济发展过程中的两种不同指向，但它们实质上相互贯通、相互促进：绿色发展对协调发展具有牵引辐射作用而使之满足我国经济社会发展的新要求，绿色发展对协调发展具有约束作用而使之整体提升我国绿色发展的"含金量"；协调发展客观上为绿色发展提供"广阔天地"与具体运作路径。[2]

---

[1] 《习近平关于全面建成小康社会论述摘编》，中央文献出版社，2016，第163页。

[2] 张定鑫：《深刻认识绿色发展在新发展理念中的重要地位》，《光明日报》2019年12月12日。

2016年，习近平在省部级主要领导干部学习贯彻党的十八届五中全会精神专题研讨班上的讲话中提到了"世界八大公害事件"，这些事件大都是由工业污染所酿成的环境污染悲剧，在短期内造成了大量的人员发病甚至死亡。习近平还为大家推荐了蕾切尔·卡逊的《寂静的春天》一书，这本书被世界公认为生态环境保护运动的开山之作，希望能够引起大家对环境保护的高度重视。同时强调中国特色社会主义发展应避免走西方"先污染后治理"的老路，全面贯彻绿色发展理念，走出一条经济发展与环境保护相得益彰的新路。

新中国成立以来，中国共产党历代领导集体以中国特有的国情和时代发展的需要为基础，以生态和谐为目标进行不断地探索。从毛泽东时期的植树造林绿化祖国、兴修水利治理大江大河、反对浪费节约资源等朴素的绿色观点，到邓小平时期的依靠科学技术保护环境、协调经济发展与环境保护、加强环境保护法治化等环境保护思想；从江泽民时期的可持续发展观、加强国际合作解决环境问题等观念，到胡锦涛时期的科学发展观、构建"两型社会"战略等生态文明思想；再到新时代习近平的绿水青山就是金山银山、人与自然是生命共同体、践行绿色发展方式和生活方式、良好生态环境是最普惠的民生福祉等生态文明思想：中国共产党人勇于创新，敢于尝试，通过理论研究与实践探索走出了一条具有中国特色的绿色发展道路。

党的十八大首次将生态文明建设列入"五位一体"的总体布局中并放在突出地位，党的十八届五中全会提出了"创新、协调、绿色、开放、共享"①的五大发展理念，为新时代中国特色社会主义建设指明了方向。围绕"建设什么样的生态文明""怎样建设生态文明"，习近平在不同场合，在各种重要讲话、批示、国内外重要会议上阐述了自己的生态文明思想。习近平强调："要正确处理好经济发展同生态环境保护的关系，牢固树立保护生态环境就是保护生产力、改善生态环境就是发展生产力的理念，更加自觉地推动绿色发展、循环发展、低碳发展，决不以牺牲环境为代价去换

---

① 《十八大以来重要文献选编》下，中央文献出版社，2018，第156页。

取一时的经济增长。"① "建设生态文明是关系人民福祉、关系民族未来的大计。"② "走向生态文明新时代，建设美丽中国，是实现中华民族伟大复兴的中国梦的重要内容。"③ 习近平生态文明思想被提升为国家宏观战略。"良好生态环境是最公平的公共产品，是最普惠的民生福祉。"④ 习近平生态文明思想成为民生建设的重要内容。"只有实行最严格的制度、最严密的法治，才能为生态文明建设提供可靠保障。"⑤ 习近平生态文明思想有了制度的保障。"中国将继续承担应尽的国际义务，同世界各国深入开展生态文明领域的交流合作，推动成果分享，携手共建生态良好的地球美好家园。"⑥ 习近平生态文明思想拓展到世界并不断丰富和深化。党的十九大报告中明确提出，建设"美丽中国"，加快生态文明体制改革，要推进绿色发展，"加快建立绿色生产和消费的法律制度和政策导向，建立健全绿色低碳循环发展的经济体系。构建市场导向的绿色技术创新体系，发展绿色金融，壮大节能环保产业、清洁生产产业、清洁能源产业。推进能源生产和消费革命，构建清洁低碳、安全高效的能源体系。推进资源全面节约和循环利用，实施国家节水行动，降低能耗、物耗，实现生产系统和生活系统循环链接。倡导简约适度、绿色低碳的生活方式，反对奢侈浪费和不合理消费，开展创建节约型机关、绿色家庭、绿色学校、绿色社区和绿色出行等行动"⑦。绿色发展是新时代中国特色社会主义建设过程中的必然选择，也是新时代中国发展方式的伟大变革。习近平生态文明思想汲取了马克思主义生态思想，视域宽广、内涵丰富，成为习近平新时代中国特色社会主义思想体系中的重要内容。

绿色发展的根本目标是建设"美丽中国"。"美丽中国"是对新时代我国生态文明的具体描绘，是实现中华民族伟大复兴的中国梦的重要内容。"美丽中国"与良好生态环境分不开，具体而言，"美丽中国"是一个拥有

---

① 《习近平谈治国理政》，外文出版社，2014，第 209 页。
② 《习近平关于社会主义生态文明建设论述摘编》，中央文献出版社，2017，第 7 页。
③ 《习近平关于社会主义生态文明建设论述摘编》，中央文献出版社，2017，第 20 页。
④ 《习近平关于全面建成小康社会论述摘编》，中央文献出版社，2016，第 163 页。
⑤ 《习近平关于社会主义生态文明建设论述摘编》，中央文献出版社，2017，第 99 页。
⑥ 《习近平关于社会主义生态文明建设论述摘编》，中央文献出版社，2017，第 127 页。
⑦ 习近平：《决胜全面建成小康社会 夺取新时代中国特色社会主义伟大胜利——在中国共产党第十九次全国代表大会上的报告》，人民出版社，2017，第 50~51 页。

蓝天白云、清新空气、清洁水源、肥沃土壤、丰富矿藏、绿色植被、多样生物的生态家园；"美丽中国"是一个人与自然和谐共生的生命家园；"美丽中国"是一个人民健康快乐、安居乐业、美满和谐的幸福家园。绿色发展的根本目标就是建设天蓝地绿水净的"美丽中国"，为人民创造一个良好的生态环境，也为全球生态安全贡献中国力量。

绿色发展的价值归宿是以人民为中心。人民对美好生活的向往，是党和国家奋斗的目标，以人民为中心，让人民共享社会主义建设的成果，是党和国家一切工作的出发点和落脚点。"坚持以人民为中心。人民是历史的创造者，是决定党和国家前途命运的根本力量。必须坚持人民主体地位，坚持立党为公、执政为民，践行全心全意为人民服务的根本宗旨，把党的群众路线贯彻到治国理政全部活动之中，把人民对美好生活的向往作为奋斗目标，依靠人民创造历史伟业。"① 过去，人民盼温饱、求生存，现在，人民盼环保、求生态。人民所向往的美好生活是不仅拥有日益丰富的物质和精神生活，而且拥有天蓝地绿水净的生存环境。良好生态环境是最普惠的民生福祉，没有任何一个人、任何一代人能够规避生态环境恶化所带来的负面影响。绿色发展是为了人民，环境就是民生，良好的生态环境是保障民生、改善民生的基础，坚持绿色发展，推进生态文明建设，就是要为人民提供更多优质的绿色产品，让人民享受到清新的空气、纯净的饮用水、安全卫生的食品，享受到优美舒适的生存环境。绿色发展还要依靠人民，推进生态文明建设，建设"美丽中国"关乎每一个人。实现绿色发展，人民不仅是受益者，也是真正的参与者、践行者，要开展全民教育，鼓励和倡导人民树立生态意识，发挥他们的积极性、主动性、创造性，践行绿色发展方式和生活方式，参与到生态文明建设中去。

绿色发展的核心要义是坚持人与自然和谐共生。"绿色发展，就其要义来讲，是要解决好人与自然和谐共生问题。人类发展活动必须尊重自然、顺应自然、保护自然，否则就会遭到大自然的报复，这个规律谁也无法抗拒。"② 人是自然这个整体中的一部分，与自然及其各要素相互联系，不可

① 习近平：《决胜全面建成小康社会　夺取新时代中国特色社会主义伟大胜利——在中国共产党第十九次全国代表大会上的报告》，人民出版社，2017，第 21 页。
② 《习近平谈治国理政》第二卷，外文出版社，2017，第 207 页。

分离，人与自然是生命共同体。人与自然相互依赖，人类依赖自然为自身的生存与发展提供所需要的物质生活资料和生产资料；人类社会通过实践不断地认识和改造自然，使自然本身所蕴含的资源发挥其应有的价值，自然得以延续和发展。人与自然相互制约，人类的可持续发展受到生态环境与自然资源的制约，自然的可持续发展也受到人类实践活动的制约。所以，人类的一切发展活动必须尊重自然、顺应自然、保护自然。自然是人类的朋友，要像尊重母亲、尊重老师、尊重朋友一样尊重自然，尊重自然的内在价值和规律，善待自然、合理利用和改造自然，承担起保护自然的责任，促进人与自然和谐发展。绿色发展的核心要义是坚持人与自然和谐共生，"我们既要绿水青山，也要金山银山。宁要绿水青山，不要金山银山，而且绿水青山就是金山银山。"[①] 不能无视自然环境的承载能力，违背自然规律，以牺牲自然为代价追求物质财富的增加和经济的发展。坚持绿色发展，要像对待生命一样对待生态环境，实现人与自然和谐共生，为子孙后代留下一个可持续发展的"绿色银行"。

绿色发展的理论体系是指绿色发展理念融入政治、经济、文化、社会、生态等各领域。第一，绿色经济理念。绿色经济理念是一种以可持续发展观为基础的协调经济发展与环境保护关系的发展理念。改革开放以来，我国经济建设取得历史性突破，人民生活水平大幅提升。但是传统的经济发展方式是粗放型的，高投入、高能耗、高污染、低效益，这不仅破坏了生态环境，也制约了中国经济的可持续发展。生态环境孕育万物，是人类生存与发展的基础，保护生态环境就是保护生产力。必须协调好经济发展与环境保护的关系，绿水青山就是金山银山，绝不能为了经济的一时发展而牺牲生态环境。因此，需要转变传统的发展方式为绿色发展方式，调整和优化产业结构，发展节能环保的绿色产业，变生态优势为经济优势，大力发展循环经济，变废为宝，实现有限资源的可持续性利用。第二，绿色政治理念。"自然生态要山清水秀，政治生态也要山清水秀。严惩腐败分子是保持政治生态山清水秀的必然要求。党内如果有腐败分子藏身之地，政治

---

① 《习近平关于社会主义生态文明建设论述摘编》，中央文献出版社，2017，第21页。

生态必然会受到污染。因此，必须做到有腐必反、除恶务尽。"① 风清气正的政治生态是落实各项工作的基础，良好的政治生态可以为经济发展提供政治保证，关系着党和国家的长远发展。中国共产党是中国特色社会主义建设的领导核心，应加强党的自身作风建设，坚决遏制腐败问题的滋生，营造良好的绿色政治生态环境。第三，绿色文化理念。文化是一个国家一个民族的灵魂，是一个国家软实力的体现。绿色文化不同于传统文化，它与生态意识、环保意识密切相关。应大力弘扬绿色文化，树立绿色价值观，尊重自然、亲近自然、顺应自然、保护自然，与自然和谐相处；形成科学合理的绿色消费观，适度消费、健康消费、低碳消费，减少对自然资源的过度消耗，保护生态环境。第四，绿色社会观。绿色发展是富国惠民的重大战略，是建设"美丽中国"、全面建成小康社会的必由之路。中国社会发展特别是城市化建设也需要绿色发展理念。第五，绿色环境观。从生态环境层面看，绿色发展是可持续性的发展。绿色发展就是要在尊重、顺应和保护自然的基础上，发展循环经济，使自然资源利用率达到最优化，协调好经济发展与环境保护之间的关系，实现人与自然的和谐共生。习近平曾说过："绿色生态是最大财富、最大优势、最大品牌，一定要保护好，做好治山理水、显山露水的文章，走出一条经济发展和生态文明水平提高相辅相成、相得益彰的路子。"② 新时代，机遇与挑战共存，中国要坚决推进生态文明建设，解决好发展与绿色之间的关系，建设天蓝地绿水净的"美丽中国"。

本章执笔人：孙银东

① 《习近平：政治生态也要山清水秀》，人民网，http://politics.people.com.cn/n/2015/0306/c1024-26651686.html，最后访问日期：2018年9月10日。
② 《习近平关于社会主义生态文明建设论述摘编》，中央文献出版社，2017，第33页。

第三章 像对待生命一样 对待生态环境

一 绿水青山就是金山银山

"绿水青山就是金山银山"重要思想，从 2005 年 8 月 15 日提出到现在，已经过去了整整 12 个年头。12 年来，在这一重要思想的发源地——安吉余村，干部群众高举"两山"旗帜，绿色发展路也越走越宽广。

12 年前，潘春林办起了余村第一家农家乐。说起这些年的变化，潘春林说："以前整个山上都是光溜溜的石头，我们家后面是猪圈还有养鸡养鸭的小平房，后来 2005 年盖起了小洋楼，以前这里纯粹是住人，现在是我们全家人的希望。"

2005 年 8 月 15 日，时任浙江省委书记的习近平在安吉考察农村工作时，在余村首次提出了"绿水青山就是金山银山"的重要思想。沿着这条康庄大道一路走来，潘春林一家的生活一天比一天富裕。潘春林拿出账本告诉记者，一年要用掉两本账本，账本体现了收入在不断地增加，自己的人生价值也在账本上体现了出来。

昔日的水泥厂、矿山变身公园，去年余村接待游客超 30 万人，获评国家 3A 级旅游景区，全村年经济总收入达 2.52 亿元，村民人均年收入 35895 元。

……

"这十二年来，余村坚定不移地按照习总书记给我们指引的'绿水青山就是金山银山'的道路走下来，而且这条道路越走越宽广。接下来我们要把余村全力打造成村强、民富、景美、人和的中国最美县域村庄样板，把余村建设美丽乡村取得的成果向全国人民分享。"①

走进浙江湖州市安吉县天荒坪镇余村，这里三面青山环绕，竹海碧波，溪水潺潺，入眼皆是美景。村口矗立着一块石碑，上面刻有习近平在2005年8月15日到余村时说过的一句话——"绿水青山就是金山银山"。2003年，浙江省委、省政府做出全面建设"生态省"，打造"绿色浙江"的战略决策，余村发展生态旅游、农家乐，走上了绿色发展之路。党的十九大乡村振兴战略的提出，为余村描绘了更清晰的发展蓝图——村强、民富、景美、人和的中国最美县域村庄样板，为此，余村人更加努力，把绿水青山的文章做到了极致。

余村的经济、生态、法治和谐统一，离不开"绿水青山就是金山银山"这一科学论断的指引。早在2005年，时任浙江省委书记习近平在余村考察时就对余村探寻绿色发展新模式给予了高度评价："一定不要再去想走老路，还是要迷恋过去那种发展模式。所以刚才你们讲到下决心停掉一些矿山，这个都是高明之举，绿水青山就是金山银山。我们过去讲既要绿水青山，也要金山银山，实际上绿水青山就是金山银山，本身，它有含金量。"②这是习近平首次明确提出"绿水青山就是金山银山"的论断。同年8月24日，习近平在《浙江日报》"之江新语"专栏发表了题为《绿水青山也是金山银山》的文章，2006年3月23日，他又发表了《从"两座山"看生态环境》一文，系统论述了绿水青山与金山银山之间的辩证统一关系。此后，特别是党的十八大以来，习近平无论是在国内主持重要会议，还是到各地考察调研，无论是出国访问，还是出席国际会议，他都在多个重要场合阐释了"绿水青山就是金山银山"的科学论断。2013年9月7日，习近平在哈萨克斯坦纳扎尔巴耶夫大学发表演讲时，再次阐述了"两座山"之间的辩证关系："我们既要绿水青山，也要金山银山。宁要绿水青山，不要金山银山，而且绿水青山就是金山银山。我们绝不能以牺牲生态环境为代价换

---

① 《践行"两山理论"十二载 安吉余村绿色发展路越走越宽广》，新蓝网，http://n.cztv.com/news/12636912.html，最后访问日期：2018年9月15日。

② 姚茜、景玥：《习近平擘画"绿水青山就是金山银山"：划定生态红线 推动绿色发展》，人民网-中国共产党新闻网，15http://cpc.people.com.cn/n1/2017/0605/c164113-29316687.html？from=groupmessage，最后访问日期：2018年9月3日。

取经济的一时发展。"① 2014 年 3 月 7 日，习近平在参加十二届全国人大二次会议贵州代表团审议时再次强调："我说过，既要绿水青山，也要金山银山；绿水青山就是金山银山。绿水青山和金山银山决不是对立的，关键在人，关键在思路。为什么说绿水青山就是金山银山？'鱼逐水草而居，鸟择良木而栖。'如果其他各方面条件都具备，谁不愿意到绿水青山的地方来投资、来发展、来工作、来生活、来旅游？从这一意义上说，绿水青山既是自然财富，又是社会财富、经济财富。"② 2015 年 3 月 24 日，习近平主持召开中央政治局会议，审议通过了《关于加快推进生态文明建设的意见》，这是中央就生态文明建设做出专题部署的第一个文件，其最突出的亮点是通篇贯穿了"绿水青山就是金山银山"的理念。

2016 年 5 月，联合国环境规划署发布了《绿水青山就是金山银山：中国生态文明战略与行动》的报告，充分认可中国生态文明建设的举措和成果，"绿水青山就是金山银山"理论的理念和经验为全球可持续发展提供了中国智慧和中国方案。2017 年 1 月，在联合国日内瓦总部，习近平发表了题为《共同构建人类命运共同体》的主旨演讲，他说道："我们不能吃祖宗饭、断子孙路，用破坏性方式搞发展。绿水青山就是金山银山。我们应该遵循天人合一、道法自然的理念，寻求永续发展之路。"③ 跨越时空的"中国声音"，昭示了中国生态文明建设的新理念。2017 年 10 月 18 日，习近平在党的十九大报告中再次强调："建设生态文明是中华民族永续发展的千年大计。必须树立和践行绿水青山就是金山银山的理念，坚持节约资源和保护环境的基本国策，像对待生命一样对待生态环境。"④ 2017 年 10 月，中国共产党第十九次全国代表大会通过了《中国共产党章程（修正案）》，"增强绿水青山就是金山银山的意识"被写入党章。

从在余村首次提出，到撰写主题文章，从发表系列重要讲话，到写进党章，习近平的"绿水青山就是金山银山"理论日臻完善，深入人心，逐

---

① 《习近平关于社会主义生态文明建设论述摘编》，中央文献出版社，2017，第 21 页。
② 《习近平关于社会主义生态文明建设论述摘编》，中央文献出版社，2017，第 23 页。
③ 《习近平主席在出席世界经济论坛 2017 年年会和访问联合国日内瓦总部时的演讲》，人民出版社，2017，第 29 页。
④ 习近平：《决胜全面建成小康社会　夺取新时代中国特色社会主义伟大胜利——在中国共产党第十九次全国代表大会上的报告》，人民出版社，2017，第 23~24 页。

渐成为全党全国生态文明建设的共同理念，引领着中国迈向生态文明建设新时代，体现了我国发展理念和发展方式的深刻变革。新中国成立初期，为了改变"一穷二白"的贫穷落后面貌，党和国家全力发展经济，利用自然资源的客观优势，通过生产劳动创造物质财富满足人们生活的需要，实现了经济快速增长。当时无视自然环境的承载能力，违背自然规律，过度开发，以牺牲自然为代价追求物质财富的增长和经济的发展。改革开放之初，中国的基本国情是将长期处于社会主义初级阶段，社会主义的本质是解放和发展生产力，为了解决人民温饱问题和满足人民物质生活的需要，坚持以经济建设为中心，大力发展生产力，于是工业化发展迅速，GDP 增速显著，但是当时中国经济的发展主要是依靠增加生产要素的投入来增加产量的粗放型经济增长模式，这种经济增长模式虽然推动了生产力的发展，但是也使环境压力不断加大，人与自然的矛盾与日俱增。生态环境恶化不仅仅是我国发展过程中遇到的问题，也是全球经济快速增长面临的难题。1992 年，联合国环境与发展大会通过了《里约环境与发展宣言》，人类社会发展与保护环境相协调的可持续发展观得到了全世界的认同。

从改革开放伊始到 21 世纪初期，我国在发展国民经济、提高综合国力、提升国际地位等方面取得了显著成就，那时的经济发展、政绩考核主要以GDP 为依据，加之自然资源相对匮乏、人口基数大，经济发展与资源匮乏、环境恶化之间的矛盾凸显出来。如果不转变发展方式，将会制约我国经济可持续发展。党和国家日益认识到不能以牺牲环境为代价追求经济的发展，强调要转变经济发展方式，变粗放型为集约型，走可持续发展道路。综合国内外保护生态环境的经验，我国提出了预防为主、防治结合，建设资源节约型、环境友好型社会的生态思想，这一阶段是既要金山银山，也要保住绿水青山。究竟实现什么样的发展、怎样发展？党的十八大以来，为了正确处理生态环境保护和经济发展的关系，党和国家把生态文明建设纳入推进中国特色社会主义事业的"五位一体"总体布局中。习近平用"绿水青山就是金山银山"生动诠释了生态文明建设的新理念，绿水青山为我们的生存提供丰富的自然资源，具有不可替代的重要性和有限性，人类应积极发挥主观能动性适度地改造和合理利用自然，保护和恢复绿水青山，才能拥有金山银山，不能以牺牲绿水青山为代价换取一时的经济增长。党的十九大报告指出，中国特色社会主义进入新时代，必须树立和践行"绿水青山就是金山银山"的理念,尊重、顺应和保护自然,真正实现绿水青山与金山银山的辩证统一,从而实现中华民族的永续发展。

在人类社会发展进程中,工业革命高歌猛进,一方面极大地提高了生产力,人类运用科学技术从自然中获取了更多的物质财富,推动了人类社会的进步,另一方面人类对自然进行无限制也无节制的索取,造成了人与自然的分化对立,严重的生态危机随之而来。于是在人们的认识中,生态环境保护与经济发展之间往往是对立的,发展就不能有保护,要保护就不会有发展,鱼和熊掌不可兼得。习近平提出要正确处理生态环境保护与经济发展之间的关系,用绿水青山和金山银山的关系进行了形象的表述。绿水青山指的是美好河山,现在指向人类赖以生存和发展的优良的生态环境,包括清洁安全的水源、优质的土壤、丰富的森林矿产资源、植被覆盖率高、生物具有多样性等,强调的是生态优势。金山银山则指向经济发展或经济收入,意味着财富的充裕,强调的是经济优势。绿水青山与金山银山不是对立的,而是辩证统一的,这体现了经济社会发展与生态环境保护之间相互促进,协调发展的理念。

绿水青山与金山银山的辩证统一,也是生态经济化和经济生态化的辩证统一。一方面,人类社会的发展追求经济增长,获取所需要的物质财富要遵循自然规律,保护生态环境,防止环境恶化;另一方面,自然地理环境能为人类的生存与发展提供所需要的物质资料,其优劣状况可以加速或延缓人类社会的发展,在人类社会发展过程中,要充分利用优质的生态环境资源,将其转化为人类的经济收益,让人们的生活更富足。因此,"经济发展不应是对资源和生态环境的竭泽而渔式的掠夺,生态环境保护也不应是舍弃经济发展的缘木求鱼式的退却,而是要坚持在发展中保护、在保护中发展,实现经济社会发展与人口资源环境相协调,不断提高资源利用水平,加快构建绿色生产体系,大力增强全社会的节约意识、环保意识、生态意识。因此,我们要坚持发展是硬道理的战略思想,而发展必须是绿色发展、循环发展、低碳发展,必须是可持续发展,实现发展与保护的内在统一、相互促进、相互提高"①。

"绿水青山就是金山银山"理论是对马克思主义生态观的发展。马克思

---

① 张云飞:《"绿水青山就是金山银山"的丰富内涵和实践途径》,《前线》2018年第4期。

主义生态观的核心问题是人与自然的关系，马克思主义认为人是自然界的一部分，"人本身是自然界的产物，是在自己所处的环境中并且和这个环境一起发展起来的……"①，人类的生存和发展离不开自然，人与自然是互为对象性的关系，自然和人类的活动息息相关。在人与自然的物质交换过程中，人类不能无条件地对自然进行掠夺，而是应该认识和尊重自然，把遵循自然规律与人自身的需求相结合，即在遵循生态系统的平衡规律的前提下，人类的生产和消费应控制在生态系统的承受范围之内，人与自然才能和谐共生。绿水青山与金山银山体现的是经济社会发展与生态环境保护之间相互促进、协调发展的关系，本质上就是谋求人与自然的和谐发展。马克思主义认为世界可以分为自在世界与人类世界，实践是自在世界与人类世界分化与统一的基础。绿水青山是天然自然，属于自在世界，金山银山属于人类世界，人类通过生产实践将绿水青山变成金山银山，这个过程就是人化自然的过程。只有充分尊重自然中的绿水青山，才能获得人类社会的金山银山，人类应发挥其智慧将绿水青山变成金山银山，通过利用、维护和修复绿水青山，进而拥有金山银山，最终实现人和自然的和谐共生。另外，马克思主义生态观包含着循环经济理论，马克思在《资本论》中批判了生产浪费和消费浪费，并指出每一种物质都有很多种属性和用途，通过科学技术进行一系列的转化，废弃物可以循环再利用，进而节约资源。习近平认为绿水青山带来金山银山，生态优势可以变成经济优势，体现了发展循环经济、建设资源节约型和环境友好型社会的理念，这正是对马克思主义循环经济理论的全新阐释。

"绿水青山就是金山银山"理论不仅是对马克思主义生态观的发展，还是马克思主义中国化的智慧结晶。改革开放以来，一些地区对自然资源过度开采，盲目开发、不合理利用，加之持续增长的人口压力，生态环境不断恶化，土地沙漠化、植被破坏、水源污染、物种减少等阻碍了国民经济的可持续发展。这归根结底是经济发展方式的问题，当熊掌和鱼不可兼得的时候，就要知道放弃和选择。正确解决生态环境保护与经济发展之间的矛盾，变绿水青山为金山银山，就要坚持绿色发展理念，把生态环境优势转化为生态农业、工业、旅游业等生态经济优势，发展循环经济，建设节

―――――――
① 《马克思恩格斯选集》第三卷，人民出版社，1995，第374~375页。

约型社会是我国生态文明建设的重要理念。"绿水青山就是金山银山"理论基于我国生态特点，总结了我国生态建设的历史发展趋势，深刻诠释了人与自然的辩证关系，坚持循环经济的绿色发展理念，实际上就是马克思主义生态观与中国生态文明建设具体实践相结合的产物，是马克思主义中国化的智慧结晶。

"绿水青山就是金山银山"理论具有马克思主义唯物辩证法的方法论意义。唯物辩证法揭示了自然、人类社会和思维发展的普遍规律，其中对立统一规律，即矛盾规律，是唯物辩证法的实质和核心。坚持两点论和重点论的矛盾分析方法是唯物辩证法重要的方法论。2013 年习近平在哈萨克斯坦纳扎尔巴耶夫大学发表演讲时说过"我们既要绿水青山，也要金山银山。宁要绿水青山，不要金山银山，而且绿水青山就是金山银山"①。这段话言简意赅，体现了两点论和重点论，以及在对立中把握统一的唯物辩证法的方法论意义。"既要绿水青山，也要金山银山"体现了坚持两点论的方法论意义。坚持两点论就是要一分为二地看问题，事物是由多种矛盾构成的，矛盾即对立统一，在分析矛盾时，既要看到矛盾双方的对立关系，也要看到矛盾双方的相互依存、相互转化的统一关系；既要看到主要矛盾，也要看到次要矛盾；既要看到矛盾的主要方面，也要看到矛盾的次要方面。绿水青山和金山银山都是关乎人类更好地生存与发展的重要方面，人类社会发展应追求经济社会发展与生态环境保护的"双赢"，决不能为了经济高速发展而竭泽而渔式地掠夺资源，也不能为了保护环境因噎废食而舍弃经济发展，既要绿水青山，也要金山银山，才能使人与自然实现真正的和谐共生。"宁要绿水青山，不要金山银山"体现了坚持重点论的方法论意义。矛盾的两个方面绝不是半斤八两、主次不分的，事物的性质是由主要矛盾的主要方面所决定的，坚持重点论就是要着重把握主要矛盾，把握矛盾的主要方面。当经济发展与生态环境保护冲突时，特别是经济发展导致生态环境恶化时，绝不能为了经济的一时发展而牺牲生态环境，我们要学会放弃和选择：宁要绿水青山，不要金山银山，把握住矛盾的主要方面。"绿水青山就是金山银山"体现了在对立中把握统一的方法论意义。同一性和斗争性是矛盾的基本属性，二者相互联结、相辅相成，在对立中把握统一，在

---

① 《习近平关于社会主义生态文明建设论述摘编》，中央文献出版社，2017，第 21 页。

统一中把握对立，才能正确处理各种矛盾，推动事物的发展。绿水青山是天然自然，金山银山是人化自然，二者不仅相互区别，而且相互依存，可以相互贯通，绿水青山就是金山银山，转变发展模式，变生态优势为经济优势，生态环境保护与经济发展之间就可以协调发展。

"绿水青山就是金山银山"内涵丰富，生动地诠释了生态环境保护与经济发展的辩证关系。人民至上是马克思主义的政治立场，马克思主义政党——中国共产党坚持以人民为中心，在生态文明建设中，把生态环境优势转化为生态经济优势，打造良好生态环境，为人民提供优质的生态产品，让人们享受绿色福利，给子孙后代留下天更蓝、山更青、水更绿的美好家园，把绿水青山变成造福于人民的金山银山。要绿水青山，也要金山银山，坚持绿色发展理念，结合各地生态环境的特点，因地制宜，确定合理的产业结构，宜林则林，宜渔则渔，宜草则草，进行生态修复和治理，并把自然优势转化为产业优势，坚决摒弃破坏生态环境的发展模式，实现生产方式向资源消耗低和环境污染少的产业结构转变，用最严格的制度、最严密的法治保障生态文明建设，"让良好生态环境成为人民生活的增长点、成为经济社会持续健康发展的支撑点、成为展现我国良好形象的发力点，让中华大地天更蓝、山更绿、水更清、环境更优美"①。

"绿水青山就是金山银山"理论作为习近平生态文明思想的核心内容，继承和发展了马克思主义的生态观，蕴含着适合中国时代发展需要的绿色发展理念，是破解当代中国环境保护和经济协调发展难题，全面建成小康社会，建设"美丽中国"的重要指引，要树立和践行绿水青山就是金山银山的理念，发展生态经济和循环经济，建设资源节约型和环境友好型社会，为人民创造良好生产生活环境，实现人与自然的和谐发展。

二　人与自然是生命共同体

党的十九大提出——人与自然是生命共同体，人类必须尊重自然、顺应自然、保护自然。人类只有遵循自然规律才能有效防止在开发利用自然上走弯路，人类对大自然的伤害最终会伤及人类自身，这是无法抗拒的规律。

---

① 《习近平谈治国理政》第二卷，外文出版社，2017，第395页。

　　我们要建设的现代化是人与自然和谐共生的现代化，既要创造更多物质财富和精神财富以满足人民日益增长的美好生活需要，也要提供更多优质生态产品以满足人民日益增长的优美生态环境需要。必须坚持节约优先、保护优先、自然恢复为主的方针，形成节约资源和保护环境的空间格局、产业结构、生产方式、生活方式，还自然以宁静、和谐、美丽。

　　党的十九大将"坚持人与自然和谐共生"作为新时代坚持和发展中国特色社会主义的基本方略，提出到 2035 年"生态环境根本好转，美丽中国目标基本实现"，部署了"加快生态文明体制改革，建设美丽中国"的四项具体任务，即推进绿色发展、着力解决突出环境问题、加大生态系统保护力度、改革生态环境监管体制。①

　　20 世纪 40 年代，美国著名生态学家和环境保护主义的先驱阿尔多·李奥帕德在他的被誉为土地伦理学开山之作的《沙郡年记》中，用优美的文字记录了威斯康星州农场的自然风光，也描述了一些乡土故事，提出了生命共同体思想："通过直觉，我们认识到了地球——它的土壤、山脉、河流、森林、气候、植物和动物——的不可分割性，并且把它作为一个整体来尊重，不是作为有用的仆人，而是作为有生命的存在物。"② 他认为自然不是孤立存在的，而是与人类构成了一个共生体，人类是自然演化的一部分，与共生体中的其他生命地位是等同的。从前人类在自然面前是支配者和征服者，肆意剥夺自然中生物的存在权利，破坏了自然的生态平衡，这种做法是错误的，人与土壤、山脉、河流、森林、气候、植物和动物等应当是相互尊重、和谐共生的生命共同体，他们在相互制约中寻求和谐。自阿尔多·李奥帕德提出人类与自然之间和谐共处的共同体思想后，越来越多的生态学者倡导回归自然，尊重生命、善待生命。

　　党的十九大以来，我们党将习近平新时代中国特色社会主义思想确立为党的指导思想写入了党章，并作为全党全国人民长期坚持的，为实现中

---

① 孙秀艳：《美丽中国，盯着目标加油干（绿色焦点·砥砺共建美丽中国②）》，《光明日报》2017 年 11 月 4 日。

② 〔美〕阿尔多·李奥帕德：《沙郡年记》，岑月译，上海三联书店，2011，第 4 页。

华民族伟大复兴而奋斗的行动指南。习近平新时代中国特色社会主义思想准确把握中国社会主义发展的历史方位，明确了中国特色社会主义事业包括经济建设、政治建设、文化建设、社会建设、生态文明建设在内的"五位一体"的总体布局。实际上从党的十八大以来，关于生态文明建设，习近平总书记就提出了一系列新思想、新观点、新论断，习近平生态文明思想更是内涵丰富、思想深刻，对正确处理经济发展与生态环境保护的关系，推动形成绿色发展方式，建设美丽中国，实现中华民族永续发展，具有重要的指导意义。在习近平生态文明思想中，"人与自然是生命共同体"的思想是一个重要组成部分。

2013 年 11 月 15 日，习近平总书记在《关于〈中共中央关于全面深化改革若干重大问题的决定〉的说明》中提出了"山水林田湖是一个生命共同体，人的命脉在田，田的命脉在水，水的命脉在山，山的命脉在土，土的命脉在树。用途管制和生态修复必须遵循自然规律，如果种树的只管种树、治水的只管治水、护田的单纯护田，很容易顾此失彼，最终造成生态的系统性破坏"[①]，认为人与自然中的田、水、山、树等命脉相连，必须统筹治理。2016 年 1 月 18 日，在省部级主要领导干部学习贯彻党的十八届五中全会精神专题研讨会上，习近平总书记指出："绿色发展，就其要义来讲，是要解决好人与自然和谐共生问题。"[②] 所以大家应"像保护眼睛一样保护生态环境，像对待生命一样对待生态环境"[③]，强调了人与自然是和谐共生的关系，我们对待自然就应像对待生命一样，应尊重和保护。在党的十九大报告中，习近平总书记再次强调："人与自然是生命共同体，人类必须尊重自然、顺应自然、保护自然。"[④] "人类只有遵循自然规律才能有效防止在开发利用自然上走弯路，人类对大自然的伤害最终会伤及人类自身，这是无法抗拒的规律。"[⑤] "我们要建设的现代化是人与自然和谐共生的现代化，既要创造更多物质财富和精神财富以满足人民日益增长的美好生活需

---

① 《习近平关于全面深化改革论述摘编》，中央文献出版社，2014，第 109 页。
② 《习近平关于社会主义生态文明建设论述摘编》，中央文献出版社，2017，第 32 页。
③ 《习近平关于社会主义生态文明建设论述摘编》，中央文献出版社，2017，第 8 页。
④ 《十九大以来重要文献选编》中，中央文献出版社，2021，第 500 页。
⑤ 习近平：《决胜全面建成小康社会　夺取新时代中国特色社会主义伟大胜利——在中国共产党第十九次全国代表大会上的报告》，人民出版社，2017，第 50 页

要，也要提供更多优质生态产品以满足人民日益增长的优美生态环境需要。必须坚持节约优先、保护优先、自然恢复为主的方针，形成节约资源和保护环境的空间格局、产业结构、生产方式、生活方式，还自然以宁静、和谐、美丽。"①"人与自然是生命共同体"的思想初步形成。

"共同体"是一个社会学概念，英文是"Community"，具有一起承担之意，在现代汉语中，共同体通常指人们在共同条件下结成的集体或由若干国家在某一方面组成的集体组织，任何共同体本质上都是利益关系体。"生命共同体"属于环境伦理学范畴，生命指所有具体的生命主体，包含人类的与非人类的，生命共同体就是多种生命构成的一个整体。"人与自然是生命共同体"意思就是说人与自然都是有生命的，在相互依存、相互制约中结成了一个整体。自然本身就是一个包括空气、水、土壤、山脉、河流、森林、矿藏、动植物等在内的整体，每一个要素都有自己的特点和发展规律，它们之间相互依存，相互影响，相互制约。人也是自然这个整体中的一部分，与自然及其各要素相互联系，不可分离，结成了一个统一整体。当然，人与自然结为生命共同体，他们之间存在利益关系，一方面，人类依赖自然，自然能够为人类的生存和发展提供所需要的物质资料，离开自然，人类既无法生存，也无法发展，人类的可持续发展受到生态环境与自然资源的制约。另一方面，自然依存于人类，在人类产生之前，自然是人类活动尚未扩展和深入的天然自然，人类社会通过实践不断地认识和改造自然，形成了"人化自然"，给自然打上了人的烙印，使自然本身所蕴含的资源发挥其应有的价值，自然得以延续和发展，自然的可持续发展也受到人类实践活动的制约。人与自然相互依存、相互影响、相互制约，形成了一个"生命共同体"，这个生命共同体包含人与自然共同的生存利益。

习近平生态文明思想源于中华优秀传统文化，继承了马克思主义关于人与自然关系的理论，根植于中国生态文明建设的伟大实践。中国传统文化中的儒家、道家、墨家和佛教的生态思想及生态整体观，对习近平生态文明思想极具启发意义。

中国传统文化博大精深，在儒家、道家、墨家和佛教的传统思想中，

---

① 习近平：《决胜全面建成小康社会 夺取新时代中国特色社会主义伟大胜利——在中国共产党第十九次全国代表大会上的报告》，人民出版社，2017，第50页。

都蕴含着尊重自然，人与自然和谐相处的生态思想。"天人关系"是中国哲学的基本问题，主要解决的就是人与自然的关系。儒家认为人和自然是本质同源、和谐共存的。孟子就认为人是自然的一部分，人与自然息息相通，自然是人类的忠诚朋友，人要爱护自然万物，并与之保持均衡、和谐与统一。孟子曾对梁惠王说："不违农时，谷不可胜食也；数罟不入洿池，鱼鳖不可胜食也；斧斤以时入山林，材木不可胜用也。"① 意思是说自然界中的万物有其生存繁衍的法则，人在利用自然资源时不能竭泽而渔、杀鸡取卵，应顺应万物生长规律，这体现了可持续发展的自然理念。荀子认为天地万物都是自然界变化的产物，人也不例外，人与自然紧密联系，不可分割，他提出"制天命而用之"，强调人必须顺应自然法则，认识和掌握自然规律，发挥人的主观能动性利用和改造自然。道家更加关注人与自然的和谐关系。老子主张"道法自然"，从宇宙万物生成揭示人与自然普遍共生的规律，而且"道大、天大、地大、人亦大"②，认为人与自然具有同等重要的地位，人与自然万物之间是平等的关系，因此"以辅万物之自然而不敢为"③，意为人应该以自然万物为重，不妄加扰乱破坏，辅助自然万物成就其自然本性，由此达到无为的境界。庄子认为天地是一个充满生命活力的有机整体，自然万物相生相克，"天地与我并生，万物与我合一"④。强调人与自然具有统一性和整体性，人与万物各有其不同的生存和发展方式，人不能为满足自己的生存和发展，而剥夺或破坏其他自然物种的生存和发展。墨家致力于解决社会上出现的种种难题，提出"兼爱""非攻"的观点，对于生态问题的思考，墨家有自己独到的视野，与现代许多环境保护理论具有相通之处。"兼爱"是墨家的核心思想，指人与人之间不分你我、不分亲疏的无差别之爱，以此为基础，衍生出对所有生命，包括动物、自然乃至整个宇宙的爱，蕴含了人与自然和谐共处、相互爱护的思想。墨家极力反对侵略战争，提出"非攻"，认为战争中为了取胜，各诸侯国大肆砍伐树木，杀戮动物，采用水攻、火攻等战争手段，直接或间接破坏了国家民生和自然环境。因此人与人相爱，就不会发生战争，也就不再会破坏自然生

---

① 《孟子·梁惠王》上。
② 《道德经》。
③ 《道德经》。
④ 《庄子·齐物论》。

态环境。在此基础上，墨家又提出了"节用""节葬"的生态实践主张，认为人如果不加节制地从自然中获取资源，将会导致资源枯竭，所以要节约，杜绝浪费，人们在生活中不必穿着华丽的衣物，不必吃过于精细的食物，房屋与车船不必过多装饰。特别是要节葬，奢华的葬礼浪费大量社会财富。墨家的"节用""节葬"思想主张节约资源，体现了可持续发展理念。在佛教的思想体系中，众生平等是最基本的理念，佛教所谓的"平等"指宇宙间一切事物没有高低贵贱之分，都是平等的，具体体现在佛与众生的平等、人与人的平等、人与动物的平等、有情与无情的平等，既然众生是平等的，那么就要以慈悲为怀，以亲切的友爱关怀众生，不杀生。并且佛教认为宇宙万物共同生存在自然中，由此形成了一个相互依赖、相互作用的整体，所有生命主体依赖于自然的存在，人类只有和自然融合，才能与自然共存并获益。佛教主张生死轮回，认为生死轮回与因果报应相关联，并把人与动物的前世和来生联系在一起，人如果此生行恶太多，死后有可能转生为动物，动物死后可能转生为人，人如果以慈悲为怀，爱惜和挽救其他生命，就会得到好报。佛教提倡众生平等、生死轮回的生命观，并将关爱和保护生命作为日常生活的行为准则，内在蕴含了生命共同体的生态思想。

中华优秀传统文化中关于人与自然平等和谐共处的生态思想为习近平生态文明思想提供了理论渊源。此外，习近平生态文明思想继承和发展了马克思主义关于人与自然关系的理论。习近平在纪念马克思诞辰200周年大会上指出："学习马克思，就要学习和实践马克思主义关于人与自然关系的思想……自然是生命之母，人与自然是生命共同体，人类必须敬畏自然、尊重自然、顺应自然、保护自然。我们要坚持人与自然和谐共生，牢固树立和切实践行绿水青山就是金山银山的理念，动员全社会力量推进生态文明建设，共建美丽中国，让人民群众在绿水青山中共享自然之美、生命之美、生活之美，走出一条生产发展、生活富裕、生态良好的文明发展道路。"①

马克思恩格斯并未明确提出"生态"命题，但是在他们的经典著作《1844年经济学哲学手稿》《关于费尔巴哈的提纲》《德意志意识形态》《资本论》中，关于"人与自然的辩证统一""资本主义社会人与自然关系异

①　习近平：《在纪念马克思诞辰200周年大会上的讲话》，人民出版社，2018，第21~22页。

化""生态环境问题及社会根源"等问题的真知灼见为后世生态哲学的形成留下了宝贵的思想财富，为中国生态文明建设中的生态思想提供了重要的理论基础。关于人与自然的关系，马克思主义认为自然具有先在性，其发展具有客观规律性，人类源于自然界并依赖自然界生存和发展。马克思说过："人作为自然存在物，而且作为有生命的自然存在物，一方面具有自然力、生命力，是能动的自然存在物；这些力量作为天赋和才能、作为欲望存在于人身上；另一方面，人作为自然的、肉体的、感性的、对象性的存在物，同动植物一样，是受动的、受制约的和受限制的存在物……"① 可见，人对自然非常依赖，人作为自然界的组成部分，具有能动性，可以认识和改造自然，同时在某种程度上人会受其制约。人与自然是相互联系、辩证统一的，而实现二者对立统一的中介就是人的实践活动。实践的观点是马克思主义首要的基本观点，马克思主义在实践的基石上考察人与自然的关系，认为实践是人与自然进行物质变换的桥梁。在《1844年经济学哲学手稿》中，马克思提出人在实践中改造自然，使自然发生了变化，自然带有人的属性，因此在人与自然的关系中，人不仅受到自然的制约，自然也受到人的实践活动的制约。

近代工业文明时期，在人类欲望的支配下，自然界变成人的占有物，人与自然的关系异化使二者对立起来，马克思恩格斯认为导致人与自然界关系异化的根源是资本主义的生产方式。在资本主义社会，科技的进步不但大大提高了生产力的发展水平，也开始了对自然的无节制的征服和利用，使自然遭到破坏，人与自然的矛盾不断被激化，对此，恩格斯是这样说的："我们不要过分陶醉于我们对自然界的胜利。对于每一次这样的胜利，自然界都报复了我们。"② 人与自然对立，也经历过被自然惩罚，马克思恩格斯在揭示人与自然界关系异化根源的基础上提出了人与自然的和解："社会是人同自然界的完成了的本质的统一，是自然界的真正复活，是人的实现了的自然主义和自然界的实现了的人道主义。"③ 而实现人的全面自由发展的共产主义社会为人与自然的和解提供了可能。马克思主义强调人是自然界

①　《马克思恩格斯文集》第一卷，人民出版社，2009，第209页。
②　《马克思恩格斯全集》第二十卷，人民出版社，1971，第519页。
③　《马克思恩格斯全集》第四十二卷，人民出版社，1979，第122页。

的一部分，人与自然本质上是统一的，因此人类应该尊重自然，遵循自然规律，实现人与自然和谐共生。习近平生态文明思想与马克思主义关于人与自然关系的理论不正是一脉相承的吗？

回顾人类社会发展的历史进程，人与自然的关系随着人类社会的进步和发展发生了变化。在原始文明时期，人与自然之间是一种朴素的原始和谐的关系，人类受自然支配，因此敬畏自然，被动地适应自然；农耕文明时期，随着生产工具不断更新，人类改造自然的能力不断提高，但是生产力水平依然较低，人类对自然的利用与改造有限，因此自然在人与自然的关系中占主导地位，二者在整体上维持相对的稳定和谐的状态；近代工业文明时期，伴随着科技的进步和生产方式的变革，人与自然的关系彻底改变，人类沉浸在"征服自然""控制自然"的自满中，人与自然的矛盾日益加深，由和谐统一转变为分化对立；到了现代生态文明阶段，人类不断反思如何科学合理地对待人与自然的关系，实现人类文明永续发展，答案就是坚持可持续发展理念，建设生态文明，实现人与自然和谐共生。

"人与自然是生命共同体"，实现人与自然和谐共生，就要树立"尊重自然、顺应自然、保护自然"的生态文明理念。尊重自然实际上是承认人是自然的一部分，人类的生存和发展受自然规律的制约。人类与自然中的空气、水、土壤、山脉、河流、森林、矿藏、动植物等相互依赖、相互制约，是生命共同体。自然是人类的母亲，人是自然界发展到一定阶段的产物，自然就像母亲一样，为人类提供衣食住行等全部物质资料和生存环境，不管生活在什么时代，优质的自然环境都是人类生存和发展的根基；自然是人类的老师，人之所以区别于其他一切生物，就在于人可以通过实践活动认识和运用自然规律，调动自然界的力量为自己服务，一部自然科学发展史就是一部人类向自然学习的历史；自然是人类的朋友，人与自然是生命共同体，互相依赖、互相促进，人类通过实践利用科学技术改造自然，不但满足人类自身的发展，推动了人类社会的进步，也使自然所蕴含的资源发挥出其应有的价值，自然得以发展。我们要像尊重母亲、尊重老师、尊重朋友一样尊重自然，尊重自然就是尊重人类自己，破坏自然环境就等于毁灭人类自己。我们要尊重自然，尊重自然的内在价值和规律，不滥用科学技术伤害自然。

顺应自然就是要遵循自然规律，按照自然规律顺势而为，减少对自然的干扰和损害，趋利避害地合理利用和改造自然，而不是被动地受制于自然。自然界是一个由各要素构成的复杂的生态系统，有其固有的发展规律，不可否认的是人类的认识和实践能力是有限的，人类对自然的认识只是片面和局部的，恩格斯在一个半世纪之前就提醒我们不能违背自然规律肆意妄为。而在工业文明时期，人类利用现有的科技手段无节制地对自然进行利用和改造，破坏了自然生态，同时也遭到了自然的"报复"。人类应按自然规律进行规划，对自然资源的利用不能超过自然的限度，要善待自然，推进绿色、循环和低碳发展，节约、集约利用土地、水、能源等资源。顺应自然是正确处理人与自然关系的策略选择，尊重自然规律，并不意味着人类在自然面前无能为力，被动地受制于自然，人类遵循自然规律，应该因天材、就地利，发挥主观能动性顺势而为，促进人与自然和谐发展。

保护自然是人类的责任，习近平提出，必须"坚持节约优先、保护优先、自然恢复为主的方针"[①]。人类对自然资源过度开采、浪费以及不合理利用导致土地沙漠化、地表植被减少、水源污染、物种减少、气候异常，生态环境不断恶化，严重阻碍了社会经济的可持续发展。自然界本身具有自我恢复的能力，但是人类破坏的速度远超过自然界自我恢复的速度，导致生态系统被严重破坏，恢复起来会很艰难甚至无法恢复，这就迫切要求人们改变传统的生活和发展方式，承担起保护自然的责任。保护自然要树立"节约优先、保护优先、自然恢复为主"的理念，合理开发和利用自然资源，以保持自然生态的平衡和稳定，而且要有长远规划，考虑子孙后代发展的需求。尊重自然、顺应自然、保护自然是统一的，就其具体内在联系而言，尊重自然是前提，顺应自然是策略，而保护自然是目标。

改革开放以来，党和国家非常重视经济发展与环境保护的协调，重视生态文明建设，提出了"保护生态平衡""坚持走可持续发展道路""统筹人与自然和谐发展"等发展理念。党的十八大以来，习近平提出"人与自然是生命共同体"，要"尊重自然，顺应自然，保护自然"的理念，以系统论和整体论的辩证思维揭示了人与自然之间和谐共生、荣辱与共的共同体关系，内容广博、意义重大，极大地丰富了中国特色社会主义生态文明建

---

① 《习近平谈治国理政》第四卷，外文出版社，2022，第362页。

设理论，为我国生态文明建设提供了重要的理论指南，引导人民建设生态文明社会、建设"美丽中国"。坚持"人与自然是生命共同体"，尊重自然、顺应自然、保护自然不仅是党和国家的责任，也是每个公民的责任，每个公民应正确理解人与自然的关系，树立尊重自然、顺应自然、保护自然的理念，节约不浪费，从微小处做起，切实履行保护生态环境的责任。

三 统筹山水林田湖草系统治理

组建自然资源部。为统一行使全民所有自然资源资产所有者职责，统一行使所有国土空间用途管制和生态保护修复职责，着力解决自然资源所有者不到位、空间规划重叠等问题，实现山水林田湖草整体保护、系统修复、综合治理，方案提出，将国土资源部的职责，国家发展和改革委员会的组织编制主体功能区规划职责，住房和城乡建设部的城乡规划管理职责，水利部的水资源调查和确权登记管理职责，农业部的草原资源调查和确权登记管理职责，国家林业局的森林、湿地等资源调查和确权登记管理职责，国家海洋局的职责，国家测绘地理信息局的职责整合，组建自然资源部，作为国务院组成部门。自然资源部对外保留国家海洋局牌子。其主要职责是，对自然资源开发利用和保护进行监管，建立空间规划体系并监督实施，履行全民所有各类自然资源资产所有者职责，统一调查和确权登记，建立自然资源有偿使用制度，负责测绘和地质勘查行业管理等。①

随着社会经济的高速发展，人类对自然资源过度开采、浪费以及不合理利用，还有持续增长的人口压力，导致生态环境不断恶化，水土流失、土地沙漠化、森林破坏、湿地萎缩、水资源短缺、物种减少、气候变异、自然灾害频发等，整个生态系统结构被破坏，功能衰退，生态失衡。一旦生态系统遭到破坏，恢复起来就会非常艰难，甚至有些破坏不可逆转，这必将严重阻碍社会经济的可持续发展。因此，生态系统的退化以及生态系统的恢复与重建，成为各国学者广泛关注和着重研究的热点问题之一。

---

① 《关于国务院机构改革方案的说明》，中华人民共和国中央人民政府网站，http://www.gov.cn/guowuyuan/2018-03/14/content_5273856.htm，最后访问日期：2018年9月19日。

　　目前全球共有十大陆地生态系统类型，中国就有其中的九类，是全球生态系统类型最多的国家。但是，中国生态系统处在不同程度的退化中，部分地区生态系统退化严重，生态系统退化也导致各种生态灾难频发，使国家蒙受重大损失，阻碍国民经济的持续发展，甚至会加剧贫困，影响社会安定。很长一段时期，针对生态退化问题，国家加大了生态保护力度，相继组织开展了一系列有针对性的生态保护与建设的重大工程，在生态恢复与重建的各个方面也取得了突破性的积极成果。但是"头疼医头，脚疼医脚""各扫门前雪"的做法导致生态恢复与重建的各个工程之间缺乏整体性和系统性的运作，结果局部效果较好而整体效应弱，生态系统整体功能并没有得到有效的恢复和提升。

　　党的十八大以来，习近平从生态文明建设的视域出发，提出"山水林田湖是一个生命共同体"①。2013 年 11 月 15 日，习近平在《关于〈中共中央关于全面深化改革若干重大问题的决定〉的说明》中说道："山水林田湖是一个生命共同体，人的命脉在田，田的命脉在水，水的命脉在山，山的命脉在土，土的命脉在树。用途管制和生态修复必须遵循自然规律，如果种树的只管种树、治水的只管治水、护田的单纯护田，很容易顾此失彼，最终造成生态的系统性破坏。由一个部门负责领土范围内所有国土空间用途管制职责，对山水林田湖进行统一保护、统一修复是十分必要的。"②习近平提出"山水林田湖是一个生命共同体"③，认为人、田、水、山、树命脉相连，对山水林田湖进行统一保护和修复，关系着生态文明建设和中华民族永续发展。为了深入贯彻和切实落实习近平的这一理念，2016 年 9 月 30 日，财政部、国土资源部、环境保护部联合印发了《关于推进山水林田湖生态保护修复工作的通知》，对各地山水林田湖生态保护修复工作提出了具体要求。从实施矿山环境治理恢复、推进土地整治与污染修复、开展生物多样性保护、推动流域水环境保护治理、全方位系统综合治理修复等五个方面对山水林田湖生态保护修复进行统筹。

　　2017 年 7 月 19 日，中央全面深化改革领导小组召开了第三十七次会

---

① 《十八大以来重要文献选编》上，中央文献出版社，2014，第 507 页。
② 《习近平关于全面深化改革论述摘编》，中央文献出版社，2014，第 109 页。
③ 《十八大以来重要文献选编》上，中央文献出版社，2014，第 507 页。

议，会议强调"建立国家公园体制，要在总结试点经验基础上，坚持生态保护第一、国家代表性、全民公益性的国家公园理念，坚持山水林田湖草是一个生命共同体，对相关自然保护地进行功能重组，理顺管理体制，创新运营机制，健全法律保障，强化监督管理，构建以国家公园为代表的自然保护地体系"①。由此"生命共同体"多了一棵"草"，"生命共同体"理念有了进一步扩展。2017年10月，党的十九大报告提出了新时代坚持和发展中国特色社会主义的14条基本方略，在"坚持人与自然和谐共生"基本方略中，习近平总书记强调"建设生态文明是中华民族永续发展的千年大计。必须树立和践行绿水青山就是金山银山的理念，坚持节约资源和保护环境的基本国策，像对待生命一样对待生态环境，统筹山水林田湖草系统治理，实行最严格的生态环境保护制度，形成绿色发展方式和生活方式，坚定走生产发展、生活富裕、生态良好的文明发展道路，建设美丽中国，为人民创造良好生产生活环境，为全球生态安全作出贡献"②，再次重申了统筹山水林田湖草系统治理是贯彻绿色发展理念、推进生态文明建设的重要内容和必然要求。

为了实现山水林田湖草整体保护、系统修复和治理，2018年3月17日，第十三届全国人民代表大会第一次会议审议并表决通过了国务院机构改革方案，自然资源部首亮相，统筹山水林田湖草系统治理有了"大管家"。实际上早在2013年习近平在《关于〈中共中央关于全面深化改革若干重大问题的决定〉的说明》中就强调过由一个部门对山水林田湖进行统一保护和恢复，承担领土范围内所有国土空间用途管制职责。2018年3月21日，中共中央印发了《深化党和国家机构改革方案》，明确了自然资源部的主要职责是对自然资源开发利用和保护进行监管，统筹山水林田湖草系统治理，对自然资源管理实现"四统一"，即统一行使全民所有自然资源资产管理、统一行使所有国土空间用途管制和生态保护修复、统一行使所有自然资源的调查和登记、统一行使所有国土空间的"多规合一"。过去，我

---

① 《习近平主持召开中央全面深化改革领导小组第三十七次会议》，中华人民共和国中央人民政府官网，http://www.gov.cn/xinwen/2017-07/19/content_5211833.htm，最后访问日期：2018年9月20日。

② 习近平：《决胜全面建成小康社会　夺取新时代中国特色社会主义伟大胜利——在中国共产党第十九次全国代表大会上的报告》，人民出版社，2017，第23~24页。

国的自然资源包括山岭、河流、森林、耕地、湿地、湖泊、草原等分别由
不同的行政机构管理，没有明确自然资源资产所有者的职责，各自只管各
自管辖的范围，于是自然资源开发、利用及保护的监管存在缺位，而且国
土空间用途管制规划多、乱，又难以真正落地。此次整合组建自然资源部，
由一个部门对山水林田湖草进行统一保护和恢复，统一行使所有国土空间
用途管制职责，从长期来看能更加规范自然资源开发利用和保护，有利于
生态环境系统性修复，有利于自然资源整体性保护。组建自然资源部，统
筹山水林田湖草系统治理有了"大管家"，对自然资源可持续发展和利用大
有裨益。

　　正如马克思主义所揭示的，世界上的一切事物、现象和过程都不是孤
立存在的，都与周围的事物、现象和过程发生着这样或那样的联系，整个
世界是相互联系的统一整体，同时任何事物、现象和过程内部的各个部分、
要素、环节又相互联系、相互作用着。恩格斯是这样描述的："呈现在我们
眼前的，是一幅由种种联系和相互作用无穷无尽地交织起来的画面。"[①] 在
自然界中，从巨大的天体星系到原子核内部的基本粒子，从无机界到有机
界，无不处在普遍联系之中。自然界中的生物与非生物之间、生物与生物
之间、生物与自然环境之间相互联系、相互作用、相互制约，构成了一个
复杂的生态系统，而这个复杂的生态系统又经历了一个有规律的、辩证的、
不以人的主观意志为转移的发展过程。在自然生态系统中，山岭、河流、
森林、耕地、湿地、湖泊、草原是一个生命共同体，它们相互依存、相互
作用、相互制约，与人类有着极为密切的共生关系，成为人类赖以生存和
发展的有机的生命共同体。人的命脉在田，田者出产谷物，使人类的生命
得以维系；田的命脉在水，水者滋润田地，使之永续生长；山的命脉在土，
土者山之基也，积土而为山；土的命脉在树，树者可以防沙固土，涵养水
源，是陆地生态系统的重要资源；草是地球的皮肤，可以净化水体、涵养
土壤，是重要的生态屏障。山水林田湖草密切联系，进行能量流动、物质
循环，共同组成了一个有序的、有机的"生命共同体"，为人类提供普惠的
民生福祉，公平的公共产品。所以对人类来说，山水林田湖草，一个都不
能少。

---

① 《马克思恩格斯选集》第三卷，人民出版社，1995，第 733 页。

　　"山水林田湖草生命共同体"实质上揭示了天地万物和谐共生的关系。马克思主义认为人是自然界的一部分，人的生存和发展离不开自然界，同样山水林田湖草也是自然界的一部分，它们与人类共同构成普遍联系的"生命共同体"。人类通过实践活动作用于自然，与自然进行物质交换，形成人化自然，统筹山水林田湖草系统治理实际上是人类顺应自然、人化自然的过程。因此，生态系统修复，统筹山水林田湖草系统治理根本上是实现人与自然的和解，修复人与自然的关系。

　　统筹山水林田湖草系统治理是环境科学、生态学、系统工程学等原理在生态文明建设实践中的具体运用。环境科学本身就是一个交叉学科，从宏观和微观上研究人与环境之间相互作用和制约的关系，除了要揭示人类社会发展与环境保护之间协调的规律，还要探索区域环境污染的防治技术和管理措施。统筹山水林田湖草系统治理需要以环境科学原理为基础，掌握山、水、林、田、湖、草的发展演化规律及其对人类生存及生活生产活动的影响，探索出山水林田湖草系统治理的模式和管理措施，最终实现人与山水林田湖草和谐共生及协调发展，所以统筹山水林田湖草系统治理首先就是环境科学的具体运用。统筹山水林田湖草系统治理要依赖生态学的研究成果。生态学主要的研究内容就是生物与环境之间的相互关系及其发展变化规律。在生态文明建设中，人类需要运用生态学理论了解生态系统各要素之间的作用机理，进而协调人类社会经济发展和生态环境的关系。山水林田湖草就是一个由山岭、河流、森林、耕地、湿地、湖泊、草原组成的生态系统，这一系统中的各要素相互作用、相互制约，并进行着能量流动，完成物质循环，最终使整个生态系统有序发展。各要素都得到有效的保护、修复必然会改善和优化整个生态环境，但如果其中几个要素遭到破坏，就会直接或间接引发其他要素的恶化，例如水资源短缺会导致湿地萎缩，森林被滥砍滥伐会造成水土流失、土地沙漠化……生态恶化导致自然灾害频发，最终遭殃的还是人类自己。所以统筹山水林田湖草系统治理，对生态系统进行多目标综合管理，需要遵循生态学发展规律。统筹山水林田湖草系统治理也是系统工程学的实际运用，系统工程学主要是运用电子计算机技术及运筹学方法对构成系统的各组成部分进行研究，最后寻求系统最优的结构和功能。在由山水林田湖草构成的生态系统中，各部分相互作用构成了一个生命共同体，正像习近平所言："如果种树的只管种树、治水的只管治水、护田的单纯护田，很容易顾此失彼，最终造成生态的系统性破坏。"① 所以应按照系统工程学的原理，首先分别对山、水、林、田、湖、草的治理进行研究，其后对整个系统统筹规划、综合和全面治理，以期达到最优的治理效果。总之，统筹山水林田湖草系统治理是一个系统工程，需要以环境科学、生态学、系统工程学等多学科原理为理论基础，最终实现山水林田湖草生态保护和修复的良好效果。

统筹山水林田湖草系统治理就是进行生态系统综合治理，而生态系统综合治理在国际生态保护实践中早有先例。一战后，美国大规模移民在南部大草原开荒垦地诱发了大规模的沙尘暴，造成巨大损失，为了控制沙尘暴、土地荒漠化，保护生态系统，美国政府积极立法，鼓励弃耕，建立自然保护区，休牧返林还草。20 世纪 90 年代还开始了生态系统综合治理，通过生态整体性、适应性管理，跨部门合作，并组织生态学、生物学、林学、社会学和经济学等多学科领域专家对生态系统管理进行了评估，从而实现了对空气、土地、水、动物、森林等自然资源有效的综合治理，美国的生态系统综合治理值得我们学习和借鉴。我国在生态文明建设进程中，生态系统治理明显加强，环境状况也得到相应的改善，但各种生态环境问题仍然存在。

"山"，我国是一个多山的国家，山区面积占国土陆地面积的 2/3 以上，由于地壳活动频繁、地震灾害多发的地质特点，大量山体开裂松动，导致植被损毁、泥石流、山体滑坡等次生灾害频发。加上中国经济高速发展加大了对地下矿产资源的开发等人为因素的影响，地表开裂或下沉，导致山体不同程度地出现裂缝和塌陷，平均每年因泥石流、山体滑坡等地质灾害造成的直接经济损失高达几十亿，甚至上百亿元。"水"，水是生命之源，是自然资源的一个重要组成部分，中国干旱缺水严重，水资源的时空分布很不均衡，人均水资源更是贫乏，由于不当开采和利用，地下水位不断下降，水体污染明显加重，多数城市地下水受到一定程度的点状和面状污染，水土流失、水旱灾害严重。《2017 中国生态环境状况公报》显示，全国各大流域当中，海河流域污染最重，为中度污染，黄河、松花江、淮河和辽河流域，为轻度污染。"林"，森林可以调节气候、保持水土、涵养水源，保

---

① 《习近平关于全面深化改革论述摘编》，中央文献出版社，2014，第 109 页。

护生物多样性。第八次全国森林资源清查显示，我国森林面积 2.08 亿公顷，森林覆盖率 21.63%[①]，受到生物灾害、火灾，以及人为的过度砍伐等因素的影响，森林资源遭到破坏，部分地区森林覆盖率降低，生物物种加速灭绝。"田"，耕地是人类的生命得以维系的基础，中国耕地严重不足且质量下降、农田面积减少，南方耕地酸化明显，而北方耕地肥力下降，部分地区出现重金属污染问题，影响农产品质量和安全。由于水力和风力侵蚀，水土流失、荒漠化和沙化加剧。"湖"，湖泊具有供水、养殖、航运、观光等多重价值，是我国经济社会发展的重要资源。近些年，由于高强度的开发利用以及管理不善，我国湖泊出现了湖面萎缩、富营养化、水污染、湖体水生生物多样性锐减以及生态功能退化等问题，直接影响我国湖泊资源的可持续发展。"草"，草是地球的皮肤。草原是我国江河的源头和水源涵养区，也是重要的安全屏障。我国的草原主要分布在北部和西部的干旱、半干旱地区以及青藏高原高寒地区，长期以来，由于受到气候等自然因素的影响，加之鼠害虫灾、人为开垦草原和破坏植被，草原生态不断恶化。总之，我国山、水、林、田、湖、草均存在生态问题，而这些生态资源互为依托、互为基础，不能继续单一治理，需要寻求系统性解决方案，进行多要素综合统筹治理。

如何统筹山水林田湖草系统治理呢？统筹山水林田湖草系统治理要把握其基本特征。一是整体性。山水林田湖草是一个生命共同体，在这个生命共同体中，山、水、林、田、湖、草相互联系、相互影响、相互制约，"人的命脉在田，田的命脉在水，水的命脉在山，山的命脉在土，土的命脉在树"[②]，由此构成了一个不可分割的有机整体。山水林田湖草的保护和修复涉及环境科学、生态学、系统工程学等多门学科，涉及农业、水利、林业、国土资源等多个部门，统筹山水林田湖草系统治理应该涵盖全国，不能留"空地""死角"，并整合多方力量，打破行政边界，将山水林田湖草作为一个整体，总体设计，总体规划，整体推进，优化格局，提升整体的生态功能。二是系统性。山水林田湖草组成一个复杂的生态系统，开展生

---

① 《第八次全国森林资源清查主要结果（2009—2013 年）》，国家林业和草原局网站，http://www.forestry.gov.cn/search/37099，最后访问日期：2018 年 9 月 20 日。
② 《习近平关于全面深化改革论述摘编》，中央文献出版社，2014，第 109 页。

态保护与修复必须着眼于整个生态系统，如果种树的只管种树、护田的单纯护田，头痛医头、脚痛医脚，很容易顾此失彼，最终造成生态的系统性破坏。在生态保护与修复中，应把山水林田湖草纳入统一的系统，充分考虑到各要素之间相互依存、相互制约的辩证关系，进行整体规划、综合治理，采用自然修复与人工治理相结合的方式，开展系统性修复，才能取得预期效果。三是综合性。山水林田湖草是一个生命共同体，不仅要对系统内的各要素分别进行修复和治理，还应在此基础上对整个系统统筹规划，开展综合性治理。所采取的措施不仅仅是某种或某几种，还应该各项措施并进，进行综合评价、综合权衡才能有力度、见成效。四是区域性。中国幅员辽阔，各地自然地理条件和面临的生态环境问题不尽相同，山水林田湖草的种类、分布、特征等具有明显的区域性差异。开展生态保护与修复必须因地制宜，根据不同区域山水林田湖草的具体问题，有针对性地制定差异化方案，采取适宜的对策和措施，避免一刀切，这样才能取得实实在在的效果。

在充分把握基本特征的基础上，统筹山水林田湖草系统治理要采取行之有效的具体措施。首先，树立山水林田湖草是一个生命共同体的理念，充分认识开展山水林田湖草生态保护修复的重要性和紧迫性。山水林田湖草生态保护修复是我国生态文明建设的重要内容，也是破解生态环境难题和贯彻绿色发展理念的重要举措。加快山水林田湖草生态保护和修复，关系到我国生态文明建设的进程，关系到中华民族的永续发展。其次，推广成功模式，因地制宜，合理规划。江西省的"山江湖工程"就是一个综合治理的典型案例，它创新了小流域综合开发、红壤丘陵立体开发、山地生态林业规模经营、大水面综合开发、沙土治理开发等多种模式，取得了良好的成效。这种系统性、综合性的生态环境治理模式值得推广。各地可以借鉴江西省的"山江湖工程"模式，因地制宜，结合本地区的生态功能和突出的生态问题，统筹设计、精心谋划，实现经济发展和生态治理共赢。再次，统筹布局，分区实施。统筹山水林田湖草系统治理具有区域性的基本特征，所以应统筹布局，分区实施，按照山水林田湖草的具体特点，提出"一区一策"实施方案，分区域、分项目、分类治理，宜林则林、宜草则草，把治理工作做实、做好、做出成效。最后，严格执法，长效管理。应以国家大力推进山水林田湖草生态保护修复为契机，建立并完善山水林田湖草系统治理的法律、法规和制度体系，进行长效管理，严格依法、依规办事，对山水林田湖草系统治理中的违法、违规行为，真正做到"执法必严""违法必究"。

总之，山水林田湖草是一个生命共同体，它们相互联系、相互影响、相互制约，共同构成了有机的、复杂的生态系统。统筹山水林田湖草系统治理对于建设山青、水绿、林茂、田沃、湖美、草肥的美丽中国具有重要意义。

四 良好的生态环境是最普惠的民生福祉①

70年来，我们党坚持在保护生态环境中增进民生福祉。特别是党的十八大以来，习近平同志围绕生态文明建设提出一系列新理念新思想新战略，形成习近平生态文明思想，推动我国生态环境保护发生历史性、转折性、全局性变化。

把保护生态环境作为践行党的使命宗旨的政治责任。生态环境是关系党的使命宗旨的重大政治问题，也是关系民生的重大社会问题。70年来特别是党的十八大以来，我国生态环境保护之所以能发生历史性、转折性、全局性变化，最根本的就在于不断加强党对生态文明建设的领导。实践证明，建设生态文明，保护生态环境，必须增强"四个意识"，坚决维护党中央权威和集中统一领导，坚决担负起生态文明建设的政治责任。要全面贯彻党中央决策部署，严格落实"党政同责、一岗双责"，努力建设一支政治强、本领高、作风硬、敢担当，特别能吃苦、特别能战斗、特别能奉献的生态环境保护铁军。

把解决突出生态环境问题作为民生优先领域。70年来，人民群众从"盼温饱"到"盼环保"，从"求生存"到"求生态"，生态环境在人民群众生活幸福指数中的地位不断凸显。不断满足人民日益增长的优美生态环境需要，必须坚持以人民为中心的发展思想，把解决突出生态环境问题作为民生优先领域。当前，不同程度存在的重污染天气、黑臭水体、垃圾围城、农村环境问题依然是民心之痛、民生之患。要从解决突出生态环境问题做起，为人民群众创造良好生产生活环境。

① 《习近平著作选读》第一卷，人民出版社，2023，第113页。

走生产发展、生活富裕、生态良好的文明发展道路。70 年实践经验表明，发展是解决我国一切问题的基础和关键，生态环境问题也必须通过发展来解决。发展经济不能对资源和生态环境竭泽而渔，保护生态环境也不是要舍弃经济发展。绿水青山就是金山银山，改善生态环境就是发展生产力。良好生态本身蕴含着无穷的经济价值，能源源不断创造综合效益，实现经济社会可持续发展。从根本上解决生态环境问题，必须贯彻落实新发展理念，加快形成节约资源和保护环境的空间格局、产业结构、生产方式、生活方式，把经济活动、人的行为限制在自然资源和生态环境能够承受的限度内，给自然生态留下休养生息的时间和空间。

把建设美丽中国转化为全体人民的自觉行动。生态环境是最公平的公共产品，生态文明是人民群众共同参与、共同建设、共同享有的事业，每个人都是生态环境的保护者、建设者、受益者，没有哪个人是旁观者、局外人、批评家，谁也不能只说不做、置身事外。让建设美丽中国成为全体人民的自觉行动，需要不断增强全民节约意识、环保意识、生态意识，培育生态道德和行为准则，构建全社会共同参与的环境治理体系，动员全社会以实际行动减少能源资源消耗和污染排放，为生态环境保护做出贡献，在点滴之间汇聚起生态环境保护的磅礴力量。[1]

"治国有常，而利民为本"[2]，民生问题历来是国家治理、社会发展中的重要问题，关乎民心，关乎国运。民生，简言之就是人民的生命、生活、生计，民生问题是否处理得当，决定了民心所向、社会的稳定和国家的发展。中国历朝历代统治者、思想家都十分重视民生民本问题。孔子以"仁"为核心，强调"仁者爱人"，比较早地提出重民、爱民、安民和富民的思想，认为统治者对人民应有仁爱之心，要爱民恤民。孟子主张"民贵君轻"，提出"得天下有道，得其民，斯得天下矣；得其民有道，得其心，斯

---

[1]　李干杰：《守护良好生态环境这个最普惠的民生福祉》，《人民日报》2019 年 6 月 3 日。
[2]　《淮南子》。

得民矣"①。他认为要给百姓"恒产"使其维持生活，同时对百姓的征用也要有节制。荀子厘清了君对民的依存关系，说道："君者，舟也；庶人者，水也。水则载舟，水则覆舟。"② 提出"开源节流""节用裕民"的富国富民主张。后来荀子的"君舟民水"论成为唐代治国理政的主要思想，唐太宗就实施了诸多休养生息政策，让百姓能够安居乐业，由此形成了富民强国的"贞观之治"。宋代朱熹提出"省赋""重农"的政治主张，强调民心民意的重要性，主张君王应体恤民众，让人民丰衣足食。清代黄宗羲的"天下为主君为客"的观点振聋发聩，他认为君王是为民众服务的，并提倡用法保障人民的根本地位。中国古代的民生民本思想体现了"爱民""重民"的政治文化，但其实际意义都在于维护君王的阶级统治。

近代，中国民主革命的先行者孙中山将民生与民权、民主摆在同等的地位，提出"三民主义"。孙中山理解的民生就是人民的生活，他强调民生是政治、经济、历史活动的中心，因而是建设之首。孙中山以人民生活为中心的民生主义是一个比较完整的思想体系，其主要内容就是平均地权、节制资本、分配公平。土地是人民赖以生存的基础，解决土地问题才是解决民生问题的根本，因此平均地权是民生主义的第一大事。平均地权就是由地主定地价，政府照地价购买和收税，以防止出现过大的贫富差距。平均地权后，孙中山提出节制资本，限制私人资本的经营范围，实现资本国有。最后孙中山认为完全解决民生问题，还要注重分配公平，社会财富应给大家来使用。虽然孙中山的民生思想带有空想的色彩，具有局限性，但是包含了对人民实现富裕生活的期盼。

民生问题与人民的生活、社会的稳定、国家的发展存在不可分割的联系。自成立之日起，中国共产党就始终关注民生、重视民生，将改善民生、提高人民生活水平、让人民过上幸福生活视作无产阶级革命和社会主义建设的目标、价值追求和执政的出发点。中国共产党始终把实现人民群众的根本利益放在首位，把解决好民生问题作为工作的出发点。改革开放以来，伴随着科技的日新月异，我国经济发展突飞猛进。经济的高速增长不仅使人民的物质生活和精神生活不断提升，也使生态环境日益恶化。生态问题

---

① （宋）朱熹集注《孟子》，上海古籍出版社，2013，第95页。
② （唐）杨倞注《荀子》，上海古籍出版社，2014，第90页。

危害着人民的健康，降低了人民的生活质量，人民的生存受到严重威胁。党的十九大指出中国特色社会主义已经进入新时代，我国社会的主要矛盾业已转化为人民日益增长的美好生活需要和不平衡不充分的发展之间的矛盾，人民所向往的美好生活当然也包含对天蓝地绿水净的生存环境的要求。2013 年习近平在海南考察时讲道："良好生态环境是最公平的公共产品，是最普惠的民生福祉。"① 2015 年习近平再次强调："环境就是民生，青山就是美丽，蓝天也是幸福。"② 生态问题和民生问题联系在了一起，生态文明建设与民生建设也就具有了一致性，而且互为前提。

生态问题和民生问题联系在一起，生态民生成为现阶段的热点词语，生态民生问题也成为学者们关注的重要问题。所谓生态民生，"就是生态层面的人民生计，即致力于人民群众生产、生活、生存和发展密切相关的生态文明建设，为人民群众创造良好的生态环境，满足人民群众的生存条件要求，促进人与自然的和谐发展"③。生态民生不是生态与民生的简单相加，而是有其内在的关联，即从生态层面改善民生，从民生层面保护生态，实现生态与民生的和谐统一。因此生态文明建设与民生建设有机结合，互为前提。一方面，生态文明建设是民生建设的前提和保障。关注民生、重视民生、改善民生，要将生态问题纳入民生建设之中。自古以来，人类通过实践活动与自然进行物质交换，维持自身的生存与发展，良好的生态是人民生存和发展的基础，没有一个良好的生态环境，何来民生，谈何发展。"多年快速发展积累的生态环境问题已经十分突出，老百姓意见大、怨言多，生态环境破坏和污染不仅影响经济社会可持续发展，而且对人民群众健康的影响已经成为一个突出的民生问题，必须下大气力解决好。"④ 另一方面，关注和改善民生是生态文明建设的内在要求。民生是生态文明建设的落脚点和价值所在，生态文明建设必须以民生为着力点，改善民生是生态文明建设的目标。"对人的生存来说，金山银山固然重要，但绿水青山是人民幸福生活的重要内容，是金钱不能代替的。"⑤ 发展经济和保护环境是

---

① 《习近平关于社会主义生态文明建设论述摘编》，中央文献出版社，2017，第 4 页。
② 《习近平关于社会主义生态文明建设论述摘编》，中央文献出版社，2017，第 8 页。
③ 曹燕丽：《生态民生：一个历久弥新的民生视角》，《新东方》2011 年第 2 期。
④ 《习近平关于社会主义生态文明建设论述摘编》，中央文献出版社，2017，第 14 页。
⑤ 《习近平关于社会主义生态文明建设论述摘编》，中央文献出版社，2017，第 4 页。

相互促进、相互联系的，最终的落脚点都是以人民为中心，实现人民的根本利益，保障人民的根本权益。总之，生态民生思想的本质是坚持以人为本，实现经济发展、环境保护和民生改善的协调发展，互利共赢。

马克思主义经典作家虽未明确提出"生态民生"的论断，但是著作的字里行间透露出基于生态角度对人文的关怀。马克思主义认为人与自然是辩证统一的关系，人是自然的一部分，人的衣食住行都离不开自然，自然是人类赖以生存和发展的基础，因而自然也是民生的根基。如果自然遭到破坏，人类及人类社会将难以为继，人类的幸福生活更无从说起。作为自然的一部分，人类与自然界中其他的动植物一样受制于自然，马克思就曾告诫过人们，人类的计划如果不以自然规律为依据，那么带给人类的终将是灾难，恩格斯在一个半世纪之前也提醒人们不能违背自然规律肆意妄为。人类的生存与发展、人类的幸福只有建立在与自然和谐共生的基础之上才能实现。因此人类应遵循自然规律，有节制地利用和改造自然，尽可能减少对自然的干扰和伤害。人与动植物一样受到自然的制约，但不同的是人是有意识的存在物，人可以通过实践活动认识和利用自然规律，进而推动人类及人类社会的进步，实现自身的幸福。所以人与自然是相互制约和相互促进的，必须坚持自然、社会、人类的协同发展，坚持人与自然和谐共生。

面对中国特有的国情和时代发展的需要，中国共产党在不同的历史时期，以为实现人民根本利益为己任，将生态文明建设和改善民生有机结合。新中国成立初期，连年的战乱使人民生活极端困苦，生态环境严重恶化，当时党的工作的重中之重就是解决人民的温饱问题。在大力发展农业，加快推进工业发展的进程中，以毛泽东同志为主要代表的中国共产党人提出植树造林，绿化祖国，改善人民的生产生活环境；兴修水利，治理大江大河，修建利国利民的水利工程；反对浪费，节约资源，引导人民树立勤俭节约的美德。改革开放后，我国现代化水平不断提升，人民的生活水平有了大幅度的改善，但是生态环境却急剧恶化。以邓小平同志为主要代表的中国共产党人确立了保护环境的基本国策，提出依靠科学技术保护环境，提升民生质量；协调经济发展与环境保护，实现经济效益、环境保护与改善民生有机统一；加强环境保护法治化建设，以法律规范人民的生态行为，增强人民的环保意识。20世纪末，我国经济发展与人口、资源、环境的矛盾日趋凸显，以江泽民同志为主要代表的中国共产党人提出可持续发展战略，协调经济发展与人口、资源、环境的关系，保障人民的身心健康与正常生产生活；加强国际合作，治理全球性问题，维护人民的环境权益。进入新世纪，生态环境问题严重制约着我国的经济发展，以胡锦涛同志为总书记的党中央确立了科学发展观，坚持"以人为本"，从生态层面关注民生；构建资源节约型和环境友好型社会，实现人与自然、人与人和谐发展，提高人民的生存质量。中国共产党人在中国社会主义建设实践过程中，着眼于改善民生，积极推进生态文明建设，取得了卓越的成就。

党的十八大以来，以习近平同志为核心的党中央更是站在全球视角，坚持为中国人民谋幸福和为中华民族谋复兴的初心与使命，将生态文明建设作为统筹推进"五位一体"总体布局的重要内容，提出包括绿色发展在内的"五大发展理念"，从人民的切身利益出发推进生态文明建设，将改善民生的社会建设和生态文明建设有机融合，提出了一系列新思想、新观点、新论断。习近平关于生态民生的思想包含了丰富的内容，它坚持以人民为中心的价值立场，以良好的生态环境是最普惠的民生福祉、环境就是民生等为核心观点，将生态治理作为根本路径，由此构成了一个科学的逻辑体系。

人民至上是马克思主义根本的政治立场，马克思主义政党把实现最广大人民的根本利益作为一切奋斗的目标。作为无产阶级政党，中国共产党源于人民、根植人民，因此始终致力于服务人民、造福人民，将全心全意为人民服务作为党的根本宗旨，将实现最广大人民群众的根本利益作为衡量党和国家一切工作的最高标准。因此，关注民生、改善民生，为人民创造更多的福祉就成了党的一切工作包括生态文明建设的落脚点。习近平曾非常坚定地说："我的执政理念，概括起来说就是：为人民服务，担当起该担当的责任。"[①] 2012 年，习近平在会见中外记者时更是坚定地承诺："我们的人民热爱生活，期盼有更好的教育、更稳定的工作、更满意的收入、更可靠的社会保障、更高水平的医疗卫生服务、更舒适的居住条件、更优美的环境，期盼孩子们能成长得更好、工作得更好、生活得更好。人民对

---

① 《习近平关于社会主义社会建设论述摘编》，中央文献出版社，2017，第 8 页。

美好生活的向往，就是我们的奋斗目标。"① 新中国成立初期，在生活资料严重匮乏的年代，百姓盼温饱，盼生存。对百姓而言幸福生活就是有饭吃，有衣穿，因此物质民生就是首要的民生问题。改革开放以后，随着中国经济的快速增长，人民的物质和精神生活水平不断提高，日益污染的环境、逐步退化的生态严重影响着人民的生活，百姓开始盼环保，盼生态，对百姓而言美好生活就是有绿水青山，有蓝天白云，因此生态民生就是当前重要的民生问题。解决好生态民生问题，满足人民对美好生活的向往，让人民能够共享社会主义建设的成果，就是我们党的奋斗目标。

生态问题不仅是一个经济问题，更是一个政治问题、民生问题。让人民呼吸上新鲜的空气、喝上干净的水、吃上安全的食物、享有美丽的环境，是生态文明建设根本的出发点。习近平坚持"以人民为中心""以人为本"的价值立场，着力解决与人民相关的最直接最现实的问题。"人民群众关心的问题是什么？是食品安不安全、暖气热不热、雾霾能不能少一点、河湖能不能清一点、垃圾焚烧能不能不有损健康、养老服务顺不顺心、能不能租得起或买得起住房，等等。"② 聚焦人民所关心的生态问题，回应人民对美好生活向往的呼声，习近平强调："环境保护和治理要以解决损害群众健康突出环境问题为重点，坚持预防为主、综合治理，强化水、大气、土壤等污染防治，着力推进重点流域和区域水污染防治，着力推进重点行业和重点区域大气污染治理，着力推进颗粒物污染防治，着力推进重金属污染和土壤污染综合治理，集中力量优先解决好细颗粒物（PM2.5）、饮用水、土壤、重金属、化学品等损害群众健康的突出环境问题。"③ 这充分体现了习近平以人为本的民本情怀以及大国领袖的责任担当。以人民为中心，使生态与民生呈现良性循环，改善民生质量，保障民生权益，切实提升人民群众的幸福感和获得感，是我们党推进生态文明建设所坚持的价值立场和追求。

创造性地把生态文明建设与民生建设有机结合，习近平坚持以人民为中心的价值立场，关注人民群众急切要解决的生态环境问题，让人民

---

① 《习近平谈治国理政》，外文出版社，2014，第4页。
② 《习近平关于社会主义生态文明建设论述摘编》，中央文献出版社，2017，第91~92页。
③ 《习近平关于社会主义生态文明建设论述摘编》，中央文献出版社，2017，第84页。

有更多获得感、幸福感，满足人民对美好生活的诉求，提出了关于生态民生建设的一系列新观点、新论断——"良好的生态环境是最普惠的民生福祉"① "环境就是民生"② 等，拓展了生态文明建设和民生建设理论的新领域。

　　良好的生态环境是最普惠的民生福祉。良好生态环境是"最公平"的公共产品，公共产品是能够满足社会全体成员共同需求的产品和服务，由政府公共部门提供，以公平为原则。从这个意义上来说，生态环境具有典型的公共产品特征，与其他公共产品不同，生态环境不具有排他性和竞争性，它关系到每一个人的生存和生活，人人可以享有，公平地对待每一个人。生态环境问题会影响每一个人的生活，没有任何人能够规避生态环境恶化所带来的负面影响，没有任何人可以在被污染的环境中独善其身。良好的生态环境就是最公平的公共产品，人人都是生态环境的利益攸关者，保护生态环境就是保护每一个人的基本权益。当然，作为公共产品的主要提供者，政府应该在保护生态环境方面尽到更多的责任。"要坚持标本兼治、常抓不懈，从影响群众生活最突出的事情做起，既下大气力解决当前突出问题，又探索建立长久管用、能调动各方面积极性的体制机制，改善环境质量，保护人民健康，让城乡环境更宜居、人民生活更美好。"③ 生态环境事关民生的方方面面，良好的生态环境能够提供优美舒适的人居环境、健康安全的绿色食品，提升人民的生活质量，保障人民的生存权益，满足人民对美好生活的需要。良好的生态环境不仅惠及每一个人，而且惠及每一代人；不仅中国人民可以共享，而且全球也可以共享，是"最普惠"的民生福祉。建设生态文明是关系人民福祉、关乎民族未来的大计，中国的生态文明建设立足当代、放眼未来，立足中国、放眼世界，把解决突出生态环境问题作为民生优先领域，让良好的生态环境成为最普惠的民生福祉。

　　环境就是民生。自然是人类生命之源，有了自然的馈赠和哺育，人类及人类社会才能生生不息。良好的生态环境是人类生存的物质基础，人类通过实践活动与自然进行物质交换，维持自身的生存与发展，人的一切活

① 《习近平著作选读》第一卷，人民出版社，2023，第 113 页。
② 《习近平著作选读》第一卷，人民出版社，2023，第 434 页。
③ 《习近平关于社会主义生态文明建设论述摘编》，中央文献出版社，2017，第 83 页。

动都离不开自然。良好的生态环境是保障民生的基本条件。它为人民提供充足的物质资源、优越的生产生活环境，改善人民的生活质量，提升人民的幸福感和获得感。良好的生态环境是人们生活品质的保证。人民幸福一直是社会发展的永恒追求，所谓的幸福不仅仅是物质上的享受，更是精神上的愉悦，绿水青山的生态环境给人民带来的既有物质上的享受，也有精神上的愉悦，正如习近平所说的"青山就是美丽"①"蓝天也是幸福"②，良好的生态环境是改善民生的重要保障。过去粗放的经济发展模式使我国的生态环境不断恶化，生态环境问题成为我国全面建成小康社会、实现共同富裕、建设"美丽中国"的绊脚石。转变经济增长方式，形成绿色发展方式和生活方式，营造良好生态环境造福于民，这是我们党实现生态民生化和民生生态化的初衷所在。生态安全是民生安全的基石。如果生态不安全，人民的正常生活就得不到保障，民生、经济、政治等的安全也就无从谈起。像对待生命一样对待生态环境、保护生态环境，确保生态安全，让人民享受清新的空气、纯净的饮用水、安全卫生的食品等是生态文明建设和民生建设的十分迫切的任务。习近平在不同场合反复强调"环境就是民生"，不仅表明良好的生态环境是重要的民生需求，也显示了我们党保护生态和改善民生的决心与信心，解决民生问题必须建设良好的生态环境。

怎样让良好的生态环境成为最普惠的民生福祉？加强生态治理是推进生态民生建设的根本路径。生态治理是一项复杂的系统性的工程，也是重大的民生工程。加强生态治理须以解决损害人民健康的重大生态问题为重点。我国的生态环境问题复杂多样，但是最主要的集中在水、空气和土壤等与人的生产生活密切相关的领域。习近平强调："着力解决突出环境问题。坚持全民共治、源头防治，持续实施大气污染防治行动，打赢蓝天保卫战。加快水污染防治，实施流域环境和近岸海域综合治理。强化土壤污染管控和修复，加强农业面源污染防治，开展农村人居环境整治行动。"③为人民提供更多绿色安全产品，保障人民的环境权益。加强生态治理须以严守生态保护红线为措施。2017年，中共中央办公厅、国务院办公厅印发

---

① 《习近平关于社会主义生态文明建设论述摘编》，中央文献出版社，2017，第12页。
② 《习近平关于社会主义生态文明建设论述摘编》，中央文献出版社，2017，第8页。
③ 习近平：《决胜全面建成小康社会 夺取新时代中国特色社会主义伟大胜利——在中国共产党第十九次全国代表大会上的报告》，人民出版社，2017，第51页。

《关于划定并严守生态保护红线的若干意见》，提出明确属地管理责任、确立生态保护红线优先地位、实行严格管控、加大生态保护补偿力度、加强生态保护与修复，建立监测网络和监管平台、开展定期评价、强化执法监督、建立考核机制、严格责任追究等措施，严守生态保护红线，确保生态保护红线制度有效实施。生态保护红线是维护我国生态安全的底线和生命线，保护环境就是改善民生，严守生态保护红线，托底生态民生。加强生态治理须以严格的制度、严密的法治为保障。"保护生态环境必须依靠制度、依靠法治。只有实行最严格的制度、最严密的法治，才能为生态文明建设提供可靠保障。"[1] 2013 年以来，我国相继实施了"大气十条""水十条"，用制度保障生态民生建设，全国整体空气质量和水环境质量明显改善，标志着我国的生态治理工作进入了一个新阶段。

总之，环境就是民生，生态文明建设惠及民生，实现人民对美好生活的向往，就是我们党的奋斗目标。着力解决关系民生的重大生态问题，严守生态保护红线，以法治保障生态民生建设，让良好的生态环境成为最普惠的民生福祉。

五　践行绿色发展方式和生活方式

推动形成绿色发展方式和生活方式是贯彻新发展理念的必然要求，必须把生态文明建设摆在全局工作的突出地位，坚持节约资源和保护环境的基本国策，坚持节约优先、保护优先、自然恢复为主的方针，形成节约资源和保护环境的空间格局、产业结构、生产方式、生活方式，努力实现经济社会发展和生态环境保护协同共进，为人民群众创造良好生产生活环境。

……

推动形成绿色发展方式和生活方式，是发展观的一场深刻革命。这就要坚持和贯彻新发展理念，正确处理经济发展和生态环境保护的关系，像保护眼睛一样保护生态环境，像对待生命一样对待生态环境，坚决摒弃损害甚至破坏生态环境的发展模式，坚决摒弃以牺牲生态环境换取一时一地经济增长的做法，让良好生态环境成为人民生活的增

---

[1] 《习近平关于全面深化改革论述摘编》，中央文献出版社，2014，第104页。

长点、成为经济社会持续健康发展的支撑点、成为展现我国良好形象的发力点，让中华大地天更蓝、山更绿、水更清、环境更优美。

要充分认识形成绿色发展方式和生活方式的重要性、紧迫性、艰巨性，把推动形成绿色发展方式和生活方式摆在更加突出的位置，加快构建科学适度有序的国土空间布局体系、绿色循环低碳发展的产业体系、约束和激励并举的生态文明制度体系、政府企业公众共治的绿色行动体系，加快构建生态功能保障基线、环境质量安全底线、自然资源利用上线三大红线，全方位、全地域、全过程开展生态环境保护建设。①

绿色，是自然界中最为常见的颜色，也是最能代表大自然的颜色。绿色是植物的颜色，与春天有关，代表着青春、清新、希望；绿色有准许通行之意，通行的交通信号灯、安全出口都是绿色的，代表着可行、允许；绿色可以起保护色的作用，世界上大多数国家军队制服以绿色为基调，代表着和平、安全；绿色从视觉上会让人消除疲劳，产生平静的感觉，代表着积极、愉悦；性格色彩中绿色是和平的促进者，代表着开朗、友善、舒适；绿色还有生长和生命的含义，代表着自然、生命、环保、生机……

正是因为绿色有其独有的魅力，并深受人们的喜爱，所以人们给生活中许多事物赋予了绿色的理念，把绿色应用到经济、消费、科技和发展等不同领域，具有独特的意义。"绿色革命"指人类为了实现与环境协同发展的变革活动；"绿色发展"代表着经济、社会与环境相互协调、可持续的发展；"绿色技术"是减少环境破坏，保护生态平衡的无污染技术；"绿色食品"是在无污染的生态环境中种植出来的食品；"绿色消费"倡导节约、保护环境的理性消费理念。此外还有"绿色经济""绿色投资""绿色产业""绿色家居""绿色文学"等，这些被赋予了绿色的理念，无不与保护环境，维护生态平衡相关，蕴含着可持续发展的观念。

发展是人类社会永恒的主题，自工业文明时期以来，人类对为什么发展、怎样发展、实现什么样的发展目标等事关发展的问题进行了思考和探索，形成了诸如经济增长论、平衡发展理论、可持续发展观等发展理论。

---

① 《习近平谈治国理政》第二卷，外文出版社，2017，第394~395页。

为了更好地处理经济发展与生态环境保护的关系，人类提出了绿色发展的理念，这也成为当今世界各国共同面对的重大课题，中国也不例外。改革开放为现代中国经济发展拉开了历史性的序幕，在以经济为中心的发展战略下，中国在政治、经济、文化等各个方面都取得了突破性的发展：综合国力迅速上升，GDP快速增长，人民物质文化生活水平不断提高。但与此同时，由于单一追求经济发展，看重短期利益，不科学、不合理的发展模式和发展理念所带来的环境问题日益突出。长期以来我国经济增长是以自然资源消耗、环境污染为代价的，往往"先污染后治理"，结果不仅浪费了资源、严重破坏生态环境，使经济发展与环境保护矛盾突出，为可持续发展埋下了隐患，也严重影响人民的健康生活。如何在确保一定经济增速的同时，保护自然环境、维护生态平衡，实现健康持续的发展，实现人与自然和谐共生，需要贯彻新发展理念，推动形成绿色发展方式和生活方式，走出一条具有中国特色的绿色发展之路。

2002年，联合国开发计划署发表了题为《2002年中国人类发展报告：让绿色发展成为一种选择》的报告，建议中国选择绿色发展之路。党的十八大以来，习近平总书记着眼于实现中华民族伟大复兴的中国梦想，站在全局和战略的高度，在社会主义生态文明建设的实践中形成了绿色发展理念。党的十八届五中全会强调必须树立并切实贯彻"创新、协调、绿色、开放、共享"①的发展理念，提出"必须坚持节约资源和保护环境的基本国策，坚持可持续发展，坚定走生产发展、生活富裕、生态良好的文明发展道路，加快建设资源节约型、环境友好型社会，形成人与自然和谐发展的现代化建设新格局，推进美丽中国建设，为全球生态安全作出新贡献"②。强调坚持文明发展道路，在绿色发展中节约资源，实现人和自然和谐、健康、持续发展。

2017年5月26日，在中共中央政治局第四十一次集体学习会议中，习近平总书记在主持学习时强调，推动形成绿色发展方式和生活方式是贯彻新发展理念的必然要求，"推动形成绿色发展方式和生活方式，是发展观的一场深刻革命。这就要坚持和贯彻新发展理念，正确处理经济发展和生

---

① 《十八大以来重要文献选编》下，中央文献出版社，2018，第156页。
② 《十八大以来重要文献选编》中，中央文献出版社，2016，第792页。

态环境保护的关系，像保护眼睛一样保护生态环境，像对待生命一样对待生态环境，坚决摒弃损害甚至破坏生态环境的发展模式，坚决摒弃以牺牲生态环境换取一时一地经济增长的做法，让良好生态环境成为人民生活的增长点、成为经济社会持续健康发展的支撑点、成为展现我国良好形象的发力点，让中华大地天更蓝、山更绿、水更清、环境更优美"①。人与自然是生命共同体，对待生态环境就应像对待生命一样，尊重和保护它，不能以自然资源消耗、环境污染为代价换取一时一地经济增长，对自然的伤害最终会伤及人类自身。而且生态文明建设同每个人息息相关，我们不仅要形成绿色发展方式，而且要形成绿色生活方式，保护和恢复我们的绿水青山。

在党的十九大报告中，习近平总书记再次强调："必须树立和践行绿水青山就是金山银山的理念，坚持节约资源和保护环境的基本国策，像对待生命一样对待生态环境，统筹山水林田湖草系统治理，实行最严格的生态环境保护制度，形成绿色发展方式和生活方式，坚定走生产发展、生活富裕、生态良好的文明发展道路。"②"绿水青山就是金山银山"生动地诠释了生态环境保护与经济发展的辩证关系，是习近平生态文明思想的核心内容；山水林田湖草与人命脉相连，统筹山水林田湖草系统治理是贯彻绿色发展理念、推进生态文明建设的重要内容；形成绿色发展方式和生活方式是贯彻新发展理念的必然要求，等等。

绿色的发展方式是与传统的发展方式相对而言的。原始文明时期人类受自然支配，最大的目标是在自然中生存下来，经济发展根本无从谈起，因此发展方式是虚无的；农耕文明时期人类利用铁器从事农业生产，以黄色土地作为主要生产对象，因此发展方式就是对自然有限地利用与改造；工业文明时期人类无节制地对自然进行索取，自然环境遭到破坏，生态失衡。传统发展方式主要指的是工业文明时期所依赖的发展方式，这种发展方式将经济发展作为人类社会发展的唯一目标，认为经济增长就是物质财富的积累，并认为人类社会的进步是以满足人们的物质生活需求为目的的生活水平的提高，从而忽视了人的全面发展、人与自然之间的辩证统一关

---

① 《习近平谈治国理政》第二卷，外文出版社，2017，第395页。
② 习近平：《决胜全面建成小康社会 夺取新时代中国特色社会主义伟大胜利——在中国共产党第十九次全国代表大会上的报告》，人民出版社，2017，第23~24页。

系。传统发展方式更多地注重经济增长的速度，以利益最大化为导向，强调经济总量规模的扩大，形成的是高投入、高能耗、高污染、低效益的粗放型增长模式。为了解决工业文明时期单一追求经济增长而导致的人与自然的矛盾，转变传统的发展方式，生态文明时期人类开始探索人与自然和谐共处的绿色发展方式。

绿色发展方式是实现人与自然和谐共生的发展方式。人与自然是生命共同体，相互依存、相互制约，人类应该遵循自然规律，合理控制自身的欲望，绝不以牺牲生态环境为代价换取一时的经济增长。人与自然中的山水林田湖草命脉相连，应该从人类永续发展的角度发展循环经济，建设资源节约型社会，坚决制止滥砍滥伐滥采行为，真正协调好经济发展与环境保护之间的关系，既不能为了经济增长而掠夺资源，也不能为了保护环境舍弃经济发展，抛弃科学技术返回原始社会，而是在平衡自然和人类社会发展的关系中实现人与自然和谐共生。绿色发展方式是坚持尊重自然、顺应自然、保护自然生态文明理念的发展方式，人类应像尊重母亲、尊重老师、尊重朋友一样尊重自然，尊重自然就是尊重人类自己；人类应遵循自然规律顺势而为，不滥用科学技术干扰和伤害自然，伤害自然就等于毁灭人类自己；保护自然更是人类的责任，要树立节约优先、保护优先、自然恢复为主的理念，转变发展和生活方式，合理开发和利用自然资源。

绿色发展方式和绿色生活方式是相关联的，有什么样的发展理念和发展方式，就有对应的生活方式。绿色生活方式是美好的生活方式，就是在绿色发展理念指导下，人们的日常消费不仅仅是为了满足人的身心健康的基本需要而进行的适度消费，而且要兼顾生态环境保护，达到人与自然和谐相处的一种科学的消费方式。在自然经济社会，人类的生活方式主要是生产型的，一切向生产看齐，所以生产就是生活的全部。到了商品经济社会，在工业化进程中，生产力水平得到了前所未有的提高，人类的生活方式由生产型向消费型过渡，产生了大量生产、大量消费的异化消费的生活方式。伴随着生产力水平的提高，大量物质财富被创造出来，人类开始追求物质享受，于是物欲横流、盲目攀比、过度消费、铺张浪费，人们不再重视节俭的生活方式，甚至有些人为了显示自己的身份、地位、经济实力或者为了装点门面，购买昂贵的奢侈品，大讲排场进行炫耀性消费。这些异化消费的生活方式造成了大量浪费，引发资源危机，污染了环境。绿色生活方式倡导科学消费，在保证人们良好生活质量的基础上，进行适度消费、健康消费、循环消费和低碳消费，减少对自然资源的过度消耗，保护生态环境。

绿色生活方式是一种亲近自然的生活方式。工业化时代，五彩斑斓的都市生活成为人们追求的生活，人们生活在钢筋水泥林立的城市"围墙"中，却离自然越来越远。特别是互联网和智能手机普及后，更是占用了人们大量时间，生活中，家中、单位、学校、餐馆、公园等各种场所，人们随时随地、每时每刻都在使用手机，打电话、发朋友圈、浏览网页、玩手游、购物、追剧……人们越来越依赖手机，这不仅影响了人们的身心健康，也使更多人"宅"着，远离了大自然。绿色生活方式就是要走进自然、亲近自然，呼吸清新的空气，游览自然风光，感受风土人情，这会让人更加热爱自然，产生保护自然的理念，也会使人更加热爱生活。科学消费、亲近自然的绿色生活方式，既有利于人们的身心健康，也有利于减少污染和浪费，保护环境。

绿色发展方式和生活方式是注重人与自然和谐共生，兼顾经济发展与生态环境美美与共的方式。绿色发展方式和生活方式与中国传统文化中蕴含的绿色智慧不谋而合。在中国传统生态思想中，人们应顺应节令，发展生产，用养结合，发展方式符合自然规律，万物才能取之不竭、用之不尽。如管子主张："春仁、夏忠、秋急、冬闭，顺天之时，约地之宜，忠人之和，故风雨时，五谷实，草木美多，六畜蕃息，国富兵强。"[1] 荀子提出"不夭其生，不绝其长也""斩伐养长不失其时""罕兴力役，无夺农时"[2]，强调顺应生物生长规律，把滋养和取用结合起来，以利万物生长，他还建议君王"山林泽梁，以时禁发而不税"[3]，主张通过国家发布政令以有效地保护生态。在生活方式方面，中国传统生态思想倡导适度、节用，人的生活消费不能超过生态环境的限度，做到适可而止，才能有利于自然循环。如老子认为："五色令人目盲，五音令人耳聋，五味令人口爽，驰骋畋猎令人心发狂，难得之货令人行妨。"[4] 因而要知足常乐。墨子主张"节用""节葬"，生活中不必穿着华丽的衣物，不必吃过于精细的食物，房屋与车

---

[1] 《管仲·管子》。

[2] 《荀子·王制》。

[3] 《荀子·王制》。

[4] 《道德经》。

船不必过多装饰，葬礼不必过度奢华，要节约自然资源，杜绝浪费。荀子认为生活中节用不仅对自然有利，而且利国利民："足国之道，节用裕民而善臧其余。节用以礼，裕民以政。彼裕民故多余，裕民则民富，民富则田肥以易，田肥以易则出实百倍。"① 中国传统生态思想中所提倡的绿色富国富民思想对当代形成绿色发展方式和生活方式的理念有很大的借鉴意义。

绿色发展方式和生活方式的形成不是一蹴而就的，习近平强调"要充分认识形成绿色发展方式和生活方式的重要性、紧迫性、艰巨性，把推动形成绿色发展方式和生活方式摆在更加突出的位置"②。推动形成绿色发展方式和生活方式是发展观的一场深刻革命，人们应认识到转变发展方式和形成绿色生活方式是非常重要的。历史发展的经验告诉我们，人类征服自然所谓的"胜利"，实质上是对自然的伤害，而最终自然会对人类进行报复，伤害自然就等于伤害人类自己。党的十八大将生态文明建设加入"五位一体"的总体布局，十八届五中全会提出"创新、协调、绿色、开放、共享"的五大发展理念，在新发展理念的引领下，我国走向了社会主义生态文明新时代。改革开放以来，在党的领导下，我国社会主义现代化建设取得了历史性成就，但是我国正处于经济社会转型的重要时期。从全局来看经济发展模式仍然属于粗放型，资源消耗大，综合利用率低，加之我国人口基数大，资源人均占有量偏低，人与自然的矛盾日趋严重。水资源短缺或遭到污染，草原森林面积大幅度缩小，土地沙漠化严重等诸多生态环境问题成为全面建成小康社会的短板。另外，党的十九大报告提出坚持以人民为中心，人民对美好生活的向往是党的奋斗目标，美好生活是什么样的，每个人的标准不一样，但是大同小异，总的来说包括稳定的工作、满意的收入、良好的教育、舒适的居住条件、愉悦的精神、良好的生态环境等，其中良好的生态环境是最普惠的民生福祉，这一切的落脚点就在于形成绿色发展方式和生活方式。绿色发展方式和生活方式可以使经济发展和生态环境保护协同共进，为人民创造良好生产生活环境，推动人的身心全面健康发展，满足人民对美好生活的向往和需要。因此必须转变传统发展方式，形成绿色发展方式，发展循环经济、低碳经济。民众应改变盲目攀

---

① 《荀子·富国》。
② 《习近平谈治国理政》第二卷，外文出版社，2017，第 395 页。

比、过度消费的不良生活方式，形成绿色生活方式，热爱、亲近自然，保护生态环境。

形成绿色发展方式和生活方式具有紧迫性。绿色发展方式和生活方式的形成不是一蹴而就，但是刻不容缓的。以习近平同志为核心的党中央综合分析了我国的发展条件和国内国际形势，提出了"两个一百年"的奋斗目标："从二〇二〇年到二〇三五年，在全面建成小康社会的基础上，再奋斗十五年，基本实现社会主义现代化。""从二〇三五年到本世纪中叶，在基本实现现代化的基础上，再奋斗十五年，把我国建成富强民主文明和谐美丽的社会主义现代化强国。"① 正如习近平所强调的，"进入全面建成小康社会决胜阶段，不是新一轮大干快上，不能靠粗放型发展方式、靠强力刺激抬高速度实现'两个翻番'，否则势必走到老路上去，那将会带来新的矛盾和问题。我们不仅要全面建成小康社会，而且要考虑更长远时期的发展要求，加快形成适应经济发展新常态的经济发展方式。这样，才能建成高质量的小康社会，才能为实现第二个百年奋斗目标奠定更为牢靠的基础"②。全面建成小康社会，顺利推进中华民族伟大复兴迫切需要形成绿色发展方式和生活方式。2008 年，联合国秘书长潘基文在联合国气候变化大会上提出"绿色新政"，呼吁全球领导人在应对气候变化方面进行投资，促进绿色经济增长和就业，以修复自然生态系统。各国纷纷出台促进绿色发展的战略，以期短期内刺激经济复苏，在新一轮经济发展进程中促进经济转型，抢占未来产业发展制高点，实现自身的可持续发展。在绿色发展浪潮中，中国基本上与世界处在同一起跑线，必须抓住这一千载难逢的"绿色"机遇，抢占绿色科技创新的先机，抢占新一轮全球竞争的"制高点"，从根本上解决经济增长和保护自然生态系统之间的矛盾，因此转变发展方式迫在眉睫。

形成绿色发展方式和生活方式具有艰巨性。推动形成绿色发展方式和生活方式，是发展观的一场深刻革命，涉及发展理念、发展方式、生活方式等的转变，任重而道远。党的十九大报告指出，我国社会主要矛盾发生了变化，但是我国仍处于并将长期处于社会主义初级阶段的基本国情没有

---

① 《习近平著作选读》第二卷，人民出版社，2023，第 23～24 页。
② 《习近平谈治国理政》第二卷，外文出版社，2017，第 73 页。

变，我国是世界最大发展中国家的国际地位没有变，因此发展仍是我们党执政兴国的第一要务。在当前的发展条件下，如何坚持绿色发展，如何协调好经济发展与环境保护的关系，如何形成绿色发展方式和生活方式，我们并没有成功的范式可以借鉴。而且发展方式转变过程中，新旧问题、新旧矛盾交织在一起，更加增加了转变的难度。同时，形成绿色发展方式和生活方式，涉及经济、政治、文化、社会、生态文明等领域，是一项全方位、系统性的变革工程。另外，新形势下我国经济发展方式转变面临着产业结构不完善、企业自主创新能力不强、投资与消费关系失衡导致产能过剩等困境，这些都决定了绿色发展方式和生活方式的形成是一个长期的、艰巨的过程。

形成绿色发展方式和生活方式具有重要性、紧迫性、艰巨性，要完成六项重点任务：加快转变经济发展方式、加大环境污染综合治理、加快推进生态保护修复、全面促进资源节约集约利用、倡导推广绿色消费、完善生态文明制度体系。形成绿色发展方式和生活方式就要把发展的基点放到创新上来，改变传统的过多依赖高能耗高排放产业的发展模式，节约集约利用自然资源，用最小的资源环境代价取得最大的经济效益。要树立和践行绿水青山就是金山银山的理念，发展生态经济和循环经济，坚持保护优先、自然恢复为主，统筹山水林田湖草系统治理，推广成功模式，因地制宜，合理规划。加大环境污染综合治理，主要以解决大气、水、土壤污染等突出问题为重点，持续实施"大气十条""水十条"，打赢蓝天保卫战。强化公民环境意识，推动形成科学消费、亲近自然的绿色生活方式，在日常生活中，鼓励公民绿色出行、绿色消费，自觉做生态文明的践行者、推动者。落实领导干部任期生态文明建设责任制，严肃追责，用最严格的制度、最严密的法治保护生态环境，让中华大地天更蓝、山更绿、水更清、环境更优美。

本章执笔人：孙银东

第四章　建设天蓝地绿水净的美丽中国

一　打赢蓝天保卫战

《打赢蓝天保卫战三年行动计划》将于近期印发实施，总体目标是，经过3年努力，大幅减少主要大气污染物排放总量，协同减少温室气体排放，进一步明显降低PM2.5浓度，明显减少重污染天数，明显改善环境空气质量，明显增强人民的蓝天幸福感。

生态环境部会同有关部门编制的三年行动计划提出，以京津冀及周边地区、长三角地区、汾渭平原等区域为重点，持续实施大气污染防治行动，综合运用经济、法律、技术和必要的行政手段，调整优化四个结构，强化区域联防联控，狠抓秋冬季污染治理，统筹兼顾、精准施策，坚决打赢蓝天保卫战。

三年行动计划提出的具体指标是：到2020年，二氧化硫、氮氧化物排放总量分别比2015年下降15%以上；PM2.5未达标地级及以上城市浓度比2015年下降18%以上，地级及以上城市空气质量优良天数占比达到80%，重度及以上污染天数比例比2015年下降25%以上；提前完成"十三五"目标的省份，要保持和巩固改善成果；尚未完成的省份，要确保全面实现"十三五"约束性目标；北京市环境空气质量改善目标应在"十三五"目标基础上进一步提高。

……

三年行动计划提出了6项具体任务：调整优化产业结构，推进产业绿色发展；加快调整能源结构，构建清洁低碳高效能源体系；积极调整运输结构，发展绿色交通体系；优化调整用地结构，推进面源污染治理；实施重大专项行动，大幅降低污染排放；强化区域联防联控，有效应对重污染天气。

　　三年行动计划提出了 3 项保障措施：健全法律法规体系，完善环境经济政策；加强基础能力建设，严格环境执法督察；明确落实各方责任，动员全社会广泛参与。①

　　2014 年 APEC 会议期间，北京、河北、天津等六省份共同制定了空气质量保障方案，在此期间，北京的空气质量均为优良级别。"APEC 蓝"表达了人们对蓝天的热爱和期待。习近平在 11 月 10 日 APEC 欢迎宴会的致辞中，不无风趣地说道："这几天我每天早晨起来以后的第一件事，就是看看北京空气质量如何，希望雾霾小一些，以便让各位远方的客人到北京时感觉舒适一点。好在是人努力天帮忙啊，这几天北京空气质量总体好多了，不过我也担心我这个话说早了，但愿明天的天气也还好。这几天北京空气质量好，是我们有关地方和部门共同努力的结果，来之不易。我要感谢各位，也感谢这次会议，让我们下了更大的决心，来保护生态环境，有利于我们今后把生态环境保护工作做得更好。也有人说，现在北京的蓝天是 APEC 蓝，美好而短暂，过了这一阵就没了，我希望并相信通过不懈的努力，APEC 蓝能够保持下去。"②

　　继"APEC 蓝"之后，北京民众的微信朋友圈又不断被"阅兵蓝"刷了屏。如果说"APEC 蓝""阅兵蓝"让人们感到欣喜和激动，让人们看到了希望，那么到了 2017 年，当出现更多蓝天的时候，着实让人喜出望外，更确确实实地给人们带来了极大的满足感、幸福感和获得感。不知从什么时候起，蓝天白云成了一种奢侈品，特别是每到采暖季，天空经常是灰蒙蒙的，空气质量下降，严重损害着人们的身体健康。近些年人们也日益关注空气质量，PM2.5 成为非常热门的关键词。PM2.5 的中文名称为细颗粒物，与较粗的大气颗粒物相比，其直径小于等于 2.5 微米，活性强，易附带重金属等有毒有害物质，能较长时间悬浮于空气中，对人体健康影响极大。"据悉，2012 年联合国环境规划署公布的《全球环境展望 5》指出，每年有

---

① 《目标锁定:〈打赢蓝天保卫战三年行动计划〉即将实施》，新华网，http://www.xinhuanet. com/2018-06/21/c_137269991.htm，最后访问日期：2018 年 6 月 26 日。

② 《习近平在 APEC 欢迎宴会上的致辞》，转引自新华网，http://www.xinhuanet.com/world/ 2014-11/11/c_1113191112.htm，最后访问日期：2018 年 6 月 26 日。

70 万人死于因臭氧导致的呼吸系统疾病，有近 200 万人的过早死亡病例与颗粒物污染有关。《美国国家科学院院刊》（PNAS）也发表了研究报告，报告称，人类的平均寿命因为空气污染很可能已经缩短了 5 年半……2013 年10 月 17 日，世界卫生组织下属国际癌症研究机构发布报告，首次指认大气污染对人类致癌，并视其为普遍和主要的环境致癌物。"① 空气污染成为威胁全球环境健康和人体健康的最主要"杀手"。

为了保障民众的身体健康和生活质量，大力推进生态文明建设，建设"美丽中国"，我国积极参与大气治理，体现大国担当，2013 年 9 月，国务院印发了《大气污染防治行动计划》。《大气污染防治行动计划》提出了大气污染防治的十条措施，所以又被称为"大气十条"，其治理目标是经过五年努力，到 2017 年全国空气质量总体改善，重污染天气较大幅度减少。指标具体量化为：一方面，全国地级及以上城市可吸入颗粒物浓度比 2012 年下降 10% 以上，优良天数逐年提高；另一方面，京津冀、长三角、珠三角等区域细颗粒物浓度分别下降 25%、20%、15% 左右，其中北京市细颗粒物年均浓度控制在 60 微克/立方米左右②。在 2017 年在党的十九大报告中，习近平总书记强调要"着力解决突出环境问题。坚持全民共治、源头防治，持续实施大气污染防治行动，打赢蓝天保卫战"③。

总的说来，我国当前的以《环境保护法》为基本依据，以《大气污染防治法》为主要规范，各省、区、市的地方法规相配合的法律法规体系，明确了大气污染防治的目标，理顺了大气污染防治的工作思路，结合我国当前大气污染的新情况、新形势，针对各领域的污染问题做出了较为详细而全面的规定，加大了执法力度，对污染企业产生了极大的震慑作用，这些都体现了我国对于大气污染防治的极大决心和力度，为打赢第一阶段"蓝天保卫战"保驾护航。但是也存在明显的不足：第一，立法相对滞后，立法的价值取向偏向经济发展，因此防治的模式还是以先污染后治理为主，

---

① 见"细颗粒物"词条，https：//baike. baidu. com/item/% E7% BB% 86% E9% A2% 97% E7% B2%92%E7%89%A9/804913? fr=aladdin，最后访问日期：2018 年 6 月 25 日。

② 《国务院关于印发大气污染防治行动计划的通知》，中华人民共和国中央人民政府网站，https：//www. gov. cn/zhengce/content/2013-09/13/content_4561. htm，最后访问日期：2018 年 6 月 25 日。

③ 习近平：《决胜全面建成小康社会 夺取新时代中国特色社会主义伟大胜利——在中国共产党第十九次全国代表大会上的报告》，人民出版社，2017，第 51 页。

在现实中，大多数企业和工厂往往都是优先考虑经济效益，再加上我国经济发展迅猛，随之而来的大气污染问题凸显，问题层出不穷，立法程序又复杂，这导致立法依旧相对滞后，与国际大气污染立法接轨较慢；第二，立法中虽然规定了许多行政措施和法律责任，但有些是宣示性的空泛的制度规定，诸如"国家推行……""国家禁止……""国家鼓励……""县级以上人民政府质量监督部门应当……"等，缺乏细则；第三，立法对重点区域大气污染的联合防治，产业结构的调整等，规定的原则性较强，可实施性较弱，这些都会导致操作中法律的实效大打折扣。

因此，打赢"蓝天保卫战"要健全法律法规体系。在我国的相关法律法规中，多强调经济发展和环境保护的协调统筹发展，应该转变这种理念，现实操作中应该在保护环境的大前提下发展经济，即环境利益优先。为了保证大气污染治理取得更好的效果，我国还应完善雾霾治理专项立法，在这一点上，一些发达国家在大气污染治理方面的立法有值得我们借鉴的地方，如美国先后颁布的《空气污染控制法》《清洁空气法》《机动车空气污染控制法案》等，建立了完善的联防联治系统，整体法律体系比较健全。可以结合我国的大气污染防治情况和实际问题加紧制定一些关于空气质量、工业废气排放等方面的法律法规。另外，还应着重加强联防联控方面的立法。从 2013 年到 2017 年，京津冀、长三角、珠三角等区域防治协作机制建立，成功实现了《大气污染防治行动计划》的目标。可见，联防联控可以更好地解决具有区域性特点的空气污染问题。对此，国家应该建立专门的协调委员会，明确其职责范围，规范工作流程，完善联防联治系统，发挥其重要作用。

除了健全法律法规体系，还要坚持源头防治。大气污染是伴随着经济发展和工业化进程而发生的。我国是世界上第一燃煤大国，大气污染的原因主要是燃煤和燃烧其他能源。要想从根本上解决污染问题，就要从源头着手，即合理地开发和利用能源，提高开发和利用效率，避免资源浪费；大力发展提升能源利用率的新技术，转变经济增长方式，调整产业结构，降低能源的消耗速度和消耗量；大力发展新能源、清洁能源，实现经济与环保的双赢。机动车尾气中的硫化物等物质对大气的污染非常严重，已经成为我国大气污染的重要来源，在这方面需要我们借鉴国外的一些宝贵经验。20 世纪 80 年代，英国大气污染治理的重点就是治理汽车尾气，"政府要求所有新车都必须加装催化剂以减少氮氧化物排放，同时，政府大力推动使用新能源汽车，如果买电动汽车，可享受高额返利，并免交汽车碳排放税。同时，鼓励市民绿色出行"①。还有部分国家给汽车配备催化转换器，要求汽车加装过滤器，限制私人交通工具，鼓励城市拼车等，这些减少机动车尾气污染的措施我们可以参考。

环境问题关乎我们每一个人，公民既是雾霾天气的受害者，同时也是雾霾天气的制造者，打赢"蓝天保卫战"还需要公民参与，实现全民共治。2018 年 6 月 24 日，《中共中央国务院关于全面加强生态环境保护坚决打好污染防治攻坚战的意见》公布，《意见》提出："坚持建设美丽中国全民行动。美丽中国是人民群众共同参与共同建设共同享有的事业。"② 全民参与、全民共治在国外是有迹可循的，例如日本把每年 6 月第一周定为"环保周"，政府鼓励民众参与大气污染治理，参加环保活动，还对一些效用性强的合理化建议进行着重奖励。在我国，《大气污染防治法》就明确规定，对举报人的相关信息予以保密，并对举报人进行奖励，从而保护举报人的合法权益，鼓励公众参与治理，国家还鼓励和倡导文明、绿色祭祀，倡导减少烟花爆竹燃放等。民众广泛参与对大气环境的保护会产生积极作用。

行百里者半九十，大气污染防治是一项长期任务，保卫蓝天，实现生态环境质量总体改善的目标，必然面临许多艰难险阻，我国的生态文明建设依然在路上。在习近平生态文明思想的指引下，攻坚克难，打赢"蓝天保卫战"，蓝天白云将不再遥远。

二 水污染防治行动计划

25 日上午，习近平从荆州港码头登上轮船，沿长江进行考察。总书记来到甲板，凭栏眺望。看到江面上过往的货船，总书记问：每天都是这样忙碌吗？晚上也通航吧？航道里危险的暗礁清除了没有？船上的生活用水还是直排吗？他结合展板，详细了解了长江干线航道治

---

① 张庆阳、郭家康：《打赢蓝天保卫战——国外大气污染防治及其借鉴》，《世界环境》2017 年第 6 期。

② 《建设美丽中国，在习近平生态文明思想引领下》，中国新闻网，http：//www.chinanews.com/gn/2018/06-26/8547132.shtml，最后访问日期：2018 年 6 月 30 日。

理、荆江大堤保护等情况，并听取了国家发展改革委、交通运输部、水利部和湖北省负责同志的汇报。习近平强调，人与水的关系很重要。世界几大文明都发源于大江大河。人离不开水，但水患又是人类的心腹大患。人类在与自然共处、共生和斗争的进程中不断进步。和谐是共处平衡的表现，但达成和谐需要有很多斗争。中华民族正是在同自然灾害做斗争中发展起来的伟大民族。现在，水患仍是我们面对的最严重的自然灾害之一。要认真研究在实现"两个一百年"奋斗目标的进程中，防灾减灾的短板是什么，要拿出战略举措。

……

25 日下午，习近平乘船考察长江，抵达石首港。随后，驱车一个多小时来到湖南岳阳，考察了位于长江沿岸的岳阳市君山华龙码头。这里曾经是非法砂石码头，如今已经整治复绿，尽显生机。习近平走进一处巡护监测点，通过实时监控察看了东洞庭湖国家级自然保护区生态保护状况。总书记勉励大家继续做好长江保护和修复工作，守护好一江碧水。习近平还考察了被誉为洞庭湖及长江流域水情"晴雨表"的城陵矶水文站。①

"你从雪山走来，春潮是你的风采；你向东海奔去，惊涛是你的气概。你用甘甜的乳汁，哺育各族儿女；你用健美的臂膀，挽起高山大海。我们赞美长江，你是无穷的源泉；我们依恋长江，你有母亲的情怀……"一首《长江之歌》表达了人们对长江的热爱和赞美。长江是我国第一大河，也是中国水量最丰富的河流，发源于唐古拉山各拉丹冬雪山沱沱河，跨峻岭险滩，纳千湖百川，流经 11 个省、自治区、直辖市，注入东海。长江源远流长，与黄河一起孕育着中华文明，哺育了一代又一代中华儿女。然而传统粗放型发展方式下，对长江过度开发和索取，使长江承受着巨大的生态环境压力。相关数据显示，与 20 世纪 50 年代相比，长江上游地区森林覆盖率下降，填湖造陆、围湖造田使长江中游地区的湖泊面积减少了上万平方公里，长江流域重化工密布，生产生活污水粗放型排放，违法排污、水质恶

---

① 《习近平乘船考察长江》，新华网，http://www.xinhuanet.com/2018-04/25/c_1122741011_3.htm，最后访问日期：2018 年 7 月 5 日。

化、河湖湿地萎缩……长江不堪重负。

多年来，习近平一直心系长江，2001 年、2004 年 5 月、2007 年 5 月、2013 年 7 月、2016 年 1 月、2018 年 4 月……他的足迹遍及大江上下，召开推动长江经济带发展座谈会，把脉长江经济带发展。同时，习近平还勉励大家守护好一江碧水。在这样的努力下，长江发生着日新月异的变化，长江两岸垂柳依依、水清河晏、草长莺飞、江豚腾跃，习近平带领人们谱写出新时代雄浑壮美的"长江之歌"。

水是生命之源，水孕育着无数生命也包括人类，在地球上，哪里有水，哪里就有生命。生命本身也是由水组成的，植物含有大量的水，约占自重的 80%，其中水生植物含水 98% 以上，人体的含水量，约占体重的 65%，人体一旦缺水，后果很严重甚至是致命的。科学研究发现，人体缺水 5% 会意识不清，缺水 20% 会晕倒甚至死亡，如果没有食物，人可以存活 3 周，而没有水，人顶多能活 3 天。不仅人的生命离不开水，在日常生活中，食品蒸煮腌制、衣物家居净化、工业生产制造、农作物种植、家禽水产养殖等都离不开水。

水对生命如此重要，但是在人类社会发展进程中，水污染却日益严重，不仅危害人类的生存，而且破坏生态环境。1984 年颁布的《中华人民共和国水污染防治法》对水污染进行了明确的界定："水体因某种物质的介入，而导致其化学、物理、生物或者放射性等方面特征的改变，从而影响水的有效利用，危害人体健康或者破坏生态环境，造成水质恶化的现象。"[①] 水污染的污染源包括矿山、工业、农业和生活四大污染源：在矿山开采过程中，矿石及废石堆会产生淋滤水，矿山生产中还会产生工业和生活废水，这些都会造成水体污染；工业生产中的废水、废物对水域的污染尤为严重，具有量大、毒性大、不易净化和处理等特点；农业污染源包括农药、化肥、牲畜粪便等；生活污染源主要包括居民生活中的垃圾、粪便、各种洗涤剂和污水等。这些矿山、工业、农业和生活污染源污染过的水体，通过食物链进入人体，会使人急性或慢性中毒，或引发多种疾病。污染水进入农田会降低土壤质量，而湖泊或海洋受污染，会造成海鸟和鱼类等海洋生物死

---

① 见"水污染"词条，https://baike.so.com/doc/3433902 - 3613860.html，最后访问日期：2018 年 7 月 8 日。

亡。世界权威机构调查显示，每年全球至少有 2000 万人因饮用水不卫生而死亡，因此有专家把水污染称作"世界头号杀手"。

中国是一个水资源短缺、水污染严重、水灾害频繁的国家，水资源总量居世界第六位，人均水资源占有量仅为世界平均水平的 1/4，被联合国列为 13 个贫水国家之一。近些年，随着我国工业化、城镇化的快速发展，矿山、工业、农业和生活污染排放量巨大，加上对水资源过度开发利用，水环境负担极大，水资源质量不断下降，水环境持续恶化。生态环境部公布的《2014 环境统计年报》显示，2014 年我国废水排放总量达到 716.2 亿吨，其中，工业废水排放量 205.3 亿吨，城镇生活污水排放量高达 510.3 亿吨，废水中化学需氧量排放量总计 2294.6 万吨，氨氮排放量 238.5 万吨，远远超过水环境承载能力。国际公认的水资源开发利用率为 40%，而我国海河、黄河、辽河流域水资源开发利用率分别为 106%、82%、76%，远远超过国际公认的生态警戒线。[1]"据'水十条'背景数据统计，全国地表水国控断面中，仍有近十分之一（9.2%）丧失水体使用功能（劣于 V 类），24.6% 的重点湖泊（水库）呈富营养状态；不少流经城镇的河流沟渠黑臭。饮用水污染事件时有发生。全国 4778 个地下水水质监测点中，较差的监测点比例为 43.9%，极差的比例为 15.7%。全国 9 个重要海湾中，6 个水质为差或极差。全国近八成的化工、石化企业项目建设在江河沿岸，人口密集区等敏感区域，对水体的保护和污染防治构成潜在威胁。"[2] 水环境质量差、水生态受损重、水资源不合理开发、水环境隐患多等业已成为我国水污染防治工作中的重大问题，严重影响人民群众生产生活。

中国自古以来十分重视治水，中华民族的发展史同时也是一部治水史。鉴于我国水污染形势严峻、水资源分配不均和短缺严重、水生态遭受破坏等水环境问题，治水，特别是水污染预防和治理显得尤为重要。早在"九五"期间，我国就把淮河、海河、辽河和太湖、巢湖、滇池这些涉及我国人口稠密地区的水域作为水污染防治工作的重中之重，集中力量对"三河三湖"进行综合治理。过去十几年来，为了保护水环境，我国出台了一系

---

① 中华人民共和国生态环境部：《2014 环境统计年报》，2016 年 6 月 4 日。

② 王悠、易伟斌：《论"水十条"对中国水体污染防治的意义》，《环境科学与管理》2016 年第 8 期。

列治理水污染的法律法规，如《水污染防治法》《饮用水水源保护区污染防治管理规定》等，但是由于那时追求经济发展优先于环境保护，所以一些法律法规并未发挥实际效用。党的十八大提出"大力推进生态文明建设"的战略决策，明确提出加强水环境保护："加强水源地保护和用水总量管理，推进水循环利用，建设节水型社会……要实施重大生态修复工程，增强生态产品生产能力，推进荒漠化、石漠化、水土流失综合治理，扩大森林、湖泊、湿地面积，保护生物多样性。"①

2015 年 2 月，中央政治局常务委员会会议审议通过《水污染防治行动计划》，同年 4 月发布实施。《水污染防治行动计划》全文共 10 条，与已经出台的"大气十条"相对应，因此也被称为"水十条"，是全国水污染防治的行动指南。"水十条"首先明确了水污染防治的总体要求主要是以改善水环境质量为核心，系统推进水污染防治、水生态保护和水资源管理。针对我国水环境形势，"水十条"的工作目标明确，即"到 2020 年，全国水环境质量得到阶段性改善，污染严重水体较大幅度减少，饮用水安全保障水平持续提升，地下水超采得到严格控制，地下水污染加剧趋势得到初步遏制，近岸海域环境质量稳中趋好，京津冀、长三角、珠三角等区域水生态环境状况有所好转。到 2030 年，力争全国水环境质量总体改善，水生态系统功能初步恢复。到本世纪中叶，生态环境质量全面改善，生态系统实现良性循环"②。主要指标具体包括："到 2020 年，长江、黄河、珠江、松花江、淮河、海河、辽河等七大重点流域水质优良（达到或优于Ⅲ类）比例总体达到 70% 以上，地级及以上城市建成区黑臭水体均控制在 10% 以内，地级及以上城市集中式饮用水水源水质达到或优于Ⅲ类比例总体高于 93%，全国地下水质量极差的比例控制在 15% 左右，近岸海域水质优良（一、二类）比例达到 70% 左右。京津冀区域丧失使用功能（劣于Ⅴ类）的水体断面比例下降 15 个百分点左右，长三角、珠三角区域力争消除丧失使用功能的水体。到 2030 年，全国七大重点流域水质优良比例总体达到 75% 以上，城市建成区黑臭水体总体得到消除，城市集中式饮用水水源水质达到或优

---

① 《十八大以来重要文献选编》上，中央文献出版社，2014，第 31~32 页。
② 《国务院关于印发水污染防治行动计划的通知》，中华人民共和国中央人民政府网站，https://www.gov.cn/gongbao/content/2015/content_2853604.htm，最后访问日期：2018 年 7 月 6 日。

于Ⅲ类比例总体为95%左右。"① 水环境质量从2020年得到阶段性改善，到2030年总体改善，再到21世纪中叶全面改善。目标指标清晰明确，直指水环境质量。

为了实现既定的目标指标，"水十条"提出了10条35款共238项具体措施。第一条，全面控制污染物排放。主要是针对工业、农业、生活、船舶港口等污染源，提出相应的控制排放措施。第二条，推动经济结构转型升级。把产业结构调整、空间布局、循环发展等作为水污染防治的重要手段。第三条，着力节约保护水资源。通过控制用水总量、提高用水效率、科学保护水资源等方式节约保护水资源。第四条，强化科技支撑。提出推广示范适用技术、攻关研发前瞻技术、大力发展环保产业，主要从绿色科技创新寻求水污染防治的支撑。第五条，充分发挥市场机制作用。包括理顺价格税费、促进多元融资、建立激励机制、发挥市场机制作用等。第六条，严格环境执法监管。完善法规标准、加大执法力度、提升监管水平，建立和完善最严格的制度打击环境违法行为，保护水资源。第七条，切实加强水环境管理。强化环境质量目标管理、深化污染物排放总量控制、严格环境风险控制，通过实施有效的管理防治水体污染。第八条，全力保障水生态环境安全。保障饮用水水源安全、深化重点流域污染防治、加强近岸海域环境保护、整治城市黑臭水体、保护水和湿地生态系统，从水源到水龙头保障水源安全、水生态环境安全。第九条，明确和落实各方责任。强化地方政府水环境保护责任、加强部门协调联动、落实排污单位主体责任、严格目标任务考核，落实"一岗双责"，督促各方履职到位。第十条，强化公众参与和社会监督。依法公开环境信息、加强社会监督、构建全民行动格局，国家每年"晒"出最差、最好的10个城市名单和各省（区、市）水环境状况，强化公众参与和社会监督。

"水十条"可谓集体智慧的结晶。从2013年4月起，当时的环保部会同水利部、国家发改委等12个部门，开展专题调研、召开座谈会、借鉴国内外成功经验、征求相关部门意见、30易其稿，最终编制完成。1.5万多字

---

① 《国务院关于印发水污染防治行动计划的通知》，中华人民共和国中央人民政府网站，https://www.gov.cn/gongbao/content/2015/content_2853604.htm，最后访问日期：2018年7月6日。

的"水十条",提出了238项具体措施,"有136项是改进强化,有90项是改革创新,如对超标企业实施'红黄牌'管理,还有12项是研究探索性的,比如研究建立国家环境监察专员制度等。所有措施坚持问题导向的方针,其中,65项是针对水环境质量改善的措施,有55项是修复保护水生态的措施,有48项是防范环境隐患的措施,还有70项综合措施。包括健全自然资源用途管制制度、健全水节约集约使用制度,以及在划定生态保护红线、建立资源环境承载能力监测预警机制方面实行资源有偿使用制度、实行生态补偿制度等"①。作为中国环境保护领域,特别是水环境保护方面的一项重大创新性举措,"水十条"明确了水污染防治的新方略,体现了党和国家全面实施水污染防治战略,保护水环境的决心。

"水十条"实施当年,水污染防治取得积极进展,《2015中国环境状况公报》显示,2015年作为"十二五"规划的收官之年,与2014年相比,主要污染物总量减排年度任务顺利完成,其中化学需氧量排放量下降了3.1%、氨氮排放量下降了3.6%、二氧化硫排放量下降了5.8%、氮氧化物排放量下降了10.9%。截至2015年底,我国城镇污水日处理达1.82亿吨,城市污水处理率高达91.97%,已成为全球污水处理能力最大的国家之一②。2016年,"水十条"全面落实,水污染防治特别是长江保护和修复工作取得突破性进展。《长江经济带沿江取水口、排污口和应急水源布局规划》和《长江经济带生态环境保护规划》出台,开展沿江饮用水水源地环保执法专项行动,加大了长江经济带环境保护力度。《2016中国环境状况公报》显示,1940个国考断面中,Ⅰ类、Ⅱ类、Ⅲ类、Ⅳ类、Ⅴ类和劣Ⅴ类分别占2.4%、37.5%、27.9%、16.8%、6.9%和8.6%,与2015年相比,Ⅰ类、Ⅱ类水质断面比例分别上升0.4个、4.1个百分点,劣Ⅴ类下降1.1个百分点。长江流域水质良好,与2015年相比,510个国考断面中,Ⅰ类占2.7%,上升0.5个百分点,劣Ⅴ类占3.5%,下降2.6个百分点③。2017年,"水十条"深入实施,水污染防治和治理力度加大,全国地表水优良水质断面比例不断提升,大江大河干流水质稳步改善。据《2017中国生态环

---

① 周永:《"水十条"铁腕治理水污染》,《生态经济》2015年第6期。
② 中华人民共和国生态环境部:《2015中国环境状况公报》,2016年6月1日。
③ 中华人民共和国生态环境部:《2016中国环境状况公报》,2017年6月5日。

境状况公报》显示，全国地表水 1940 个水质断面中，与 2016 年相比，Ⅰ～Ⅲ类水体比例达到 67.9%，上升 0.1 个百分点，劣Ⅴ类水体比例占 8.3%，下降 0.3 个百分点。长江流域 510 个水质断面中，Ⅰ类水质断面占 2.2%，下降 0.5 个百分点，劣Ⅴ类占 2.2%，下降 1.3 个百分点[①]。

　　"水十条"的实施不仅提升了地表水优良水质断面比例，使大江大河干流水质稳步改善，推进了水污染防治工作，而且在促进产业发展、推动就业增长等方面具有积极的作用。"水十条"中第二条"推动经济结构转型升级"，提出调整产业结构，结合水质改善要求及产业发展情况，依法淘汰落后产能，一些高能耗、高污染的企业面临巨大的改革压力，企业必须进行绿色科技创新，转变发展方式。此外，依法取缔不符合国家产业政策的严重污染水环境的生产项目，着重发展污染较小、科技含量较高的产业，对注重技术研发的产业进行重点培育。"水十条"的实施还会推动就业增长，环境保护部环境规划院副院长、"水十条"主要起草人之一的吴舜泽博士表示："实施'水十条'，预计可拉动 GDP 增长约 5.7 万亿元，累计增加非农就业约 390 万人，使服务业占 GDP 的比重增加 2.3%，实现环境效益、经济效益与社会效益的多赢。另一方面，'水十条'的实施，将带动环保产业新增产值约 1.9 万亿元，其中直接购买环保产业产品和服务约 1.4 万亿元，环保产业将成为新的经济增长点。"[②] 就业受益行业包括建筑业、交通运输及仓储业、住宿和餐饮业等，"水十条"的实施间接推动了这些行业的就业增长。"水十条"明确提出对水价的高效调整，到 2020 年底，要全面实行非居民用水超定额、超计划累计加价制度，通过"谁污染谁买单"倒逼企业实现节能环保的循环产业转型，对水资源进行高效利用。

　　"水十条"实施以来，重点流域水污染防治工作取得明显成效，全国水质特别是地表水水质明显改善，但是部分区域排放仍不达标，部分水体水环境质量差、水生态受损严重，水环境形势依然严峻。随着经济的发展和人口的增加，经济社会用水量也不断增长，水资源过度开发利用，其程度已超出了部分地区的承载能力；部分饮用水水源保护区内仍存在偷排漏排

---

① 中华人民共和国生态环境部：《2017 中国生态环境状况公报》，2018 年 5 月 31 日。

② 孙秀艳：《从水源地到水龙头 全管！》，人民网，http：//politics. people. com. cn/n/2015/0417/c1001-26858146. html，最后访问日期：2018 年 7 月 12 日。

现象，水污染突发环境事件频发；湿地、湖滨、河滨、海岸带等自然生态空间不断缩小。水污染防治工作仍然具有复杂性、艰巨性和长期性，水环境保护仍面临巨大压力。

为了细化落实"水十条"目标要求和任务措施，推进水污染防治工作，2017年10月12日，环境保护部、国家发展和改革委员会、水利部联合印发《重点流域水污染防治规划（2016—2020年）》，《规划》将"水十条"水质目标分解到各流域，全国共划分为341个水生态控制区、1784个控制单元，在此基础上，筛选了580个优先控制单元进一步细分，实施分级分类精细化管理，《规划》的出台对于促进落实"水十条"具有十分重要的意义。

从"水十条"实施到《重点流域水污染防治规划（2016—2020年）》出台，我国水污染防治工作取得积极进展，但是我们要认识到未来相当长一段时期，水污染防治工作仍然是复杂的、艰巨的，水环境质量从2020年得到阶段性改善，到2030年总体改善，再到21世纪中叶全面改善，还需要政府、企业、民众共同努力。首先要因地制宜实行协作机制，推广成功案例防治水污染。我国不同地区地理和气候环境是不同的，区域用水习惯及用水量存在较大的差异，因此要合理使用财政资金，污水处理设施的建设要因地制宜，不要重复建设，避免浪费投资，劳民伤财。可以推广因地制宜防治的成功案例，如浙江省从治污水、防洪水、排涝水、保供水、抓节水五方面出发，设立统一管理机构，环保、城管、农业等多个部门协作，实现水污染有效防治。其次要坚决遵守水污染防治的法律法规。虽然"水十条"强调要健全法律法规，加大执法力度，严格环境执法监管，但是一些地区"地方保护主义"依然存在，少数地方政府充当排污企业的"保护伞"，因此要切实贯彻"水十条"，严厉打击违法排污行为，增强水污染防治的执法实效。明确和落实各方责任，特别要强化地方政府水环境保护责任，为新时期水污染防治工作提供有力保障。最后要借鉴国外关于水污染防治立法、水环境管理经验与创新、水污染跨域治理等方面的经验。如为了保护水资源、防范水污染，美国制定并多次修改相关法规，其中排污权转让、污染物排放许可等制度使美国水污染治理工作取得显著效果；法国为保证水环境安全，设立项目管理式水务管理机构，建立水行政许可与水环境影响评价机制；日本琵琶湖水污染治理过程中，政府制定实施了一系列相关政策法律，引导动员非营利组织、社会公众等治理主体积极参与，经过 30 年的持续治理，琵琶湖整体生态环境明显改善……深入贯彻和落实"水十条"，推进水污染防治工作，这些经验都是可以借鉴的。

"人与水的关系很重要"，"人离不开水，但水患又是人类的心腹大患"，"做好长江保护和修复工作，守护好一江碧水"①，我们要牢记习近平总书记的话，严格落实"水十条"的各项措施，确保水污染防治、水环境治理与保护目标如期实现，让生命之源更干净清澈。

三　生态移民工程

将生态环境与移民政策联系起来，认识到生态环境因素是启动移民工程的重要原因，同时也认识到移民工程的实施将从根本上改善生态环境，是形成与生态移民工程相关的生态环境意识的核心内容。从调查结果看，人们普遍认识到移民政策与生态环境有着密切的联系。迁移人群中 96.2% 的人认为"应该根据环境破坏程度制定相应的移民政策"，77% 的人认为"移民政策的实施是摆脱贫困和改善环境的根本途径"；而在待迁人群中，很赞同或比较赞同上述两种观点的比例分别为 92.3% 和 77.7%（见表 6-2）。总体来看，人们认同以改善和恢复生态环境为重要目标的移民政策。但同时我们也可以发现，人们对于移民政策的实施在帮助人们摆脱贫困和改善环境的效果预期及现实评价上有所保留，有 22.4% 的待迁居民和 22.9% 的迁移居民不认为移民政策的实施是帮助人们摆脱贫困和改善环境的根本途径。待迁居民对移民政策持保守预期是可以理解的，而迁移居民对移民政策持保守态度则是需要我们进一步分析的。②

---

① 《习近平乘船考察长江》，新华网，http://www.xinhuanet.com/politics/leaders/2018-04/25/c_1122741011_3.htm，最后访问日期：2018 年 7 月 5 日。

② 李培林、王晓毅主编《生态移民与发展转型——宁夏移民与扶贫研究》，社会科学文献出版社，2013，第 114~115 页。

表 6-2　对生态环境与移民政策的关系的看法

单位：人，%

		待迁人群		迁移人群	
		频数	百分比	频数	百分比
应该根据环境破坏程度制定相应的移民政策	很不赞成	0	0.0	3	0.4
	不太赞成	30	7.7	27	3.4
	比较赞成	194	49.6	469	59.0
	很赞成	167	42.7	296	37.2
	合计	391	100.0	795	100.0
移民政策的实施是摆脱贫困和改善环境的根本途径	很不赞成	18	4.6	13	1.6
	不太赞成	70	17.8	169	21.3
	比较赞成	152	38.6	391	49.3
	很赞成	154	39.1	220	27.7
	合计	394	100.0	793	100.0

当前，生态环境问题与贫困问题是人类面临的两大世界性挑战，环境污染、能源危机、雾霾袭城、物种灭绝、人口膨胀、极端贫困、疾病饥饿等现象业已成为国际社会普遍关注的问题。特别是当生态环境问题与贫困问题交织在一起更是成为威胁人类生存的世界性难题，长期影响着各个国家和地区经济和社会的可持续发展。

党的十八大确立了包括经济、政治、文化、社会和生态等方面的全面建成小康社会的各项目标，习近平从人民利益出发，提出了"精准扶贫"的战略思想，强调扶贫要实事求是，因地制宜。2017~2020 年是全面建成小康社会的决胜期，党的十九大提出了扶贫攻坚的新任务、新要求，明确要求"按照十六大、十七大、十八大提出的全面建成小康社会各项要求，紧扣我国社会主要矛盾变化，统筹推进经济建设、政治建设、文化建设、社会建设、生态文明建设，坚定实施科教兴国战略、人才强国战略、创新驱动发展战略、乡村振兴战略、区域协调发展战略、可持续发展战略、军民融合发展战略，突出抓重点、补短板、强弱项，特别是要坚决打好防范化解重大风险、精准脱贫、污染防治的攻坚战，使全面建成小康社会得到人民认可、经得起历史检验"[1]。可见，生态文明建设与扶贫开发始终是我们全面建成小康社会的重要方面，当然也是一项非常艰巨的任务。

在中国，生态环境脆弱与贫困往往是共生的，中国农村贫困人口分布具有区域特征，大都分布在中、西部的 18 个集中连片贫困地区。从自然条件上看，这些地区多是深山区、石山区、高原区、高寒区，或是干旱缺水、水土流失，或是山高陡峭、高寒阴冷，或是生态失衡、灾害频发，或是生活能源短缺、生产手段落后。其中典型的极贫困地区是中国西南部的喀斯特（KARST）地貌区和西北部的"三西"（甘肃中部的河西、定西、宁夏南部西海固）地区，恶劣的生态环境使这些地区严重贫困，而贫困又加剧了生态环境破坏。多年的实践证明，对居住在自然资源贫乏、生存条件恶劣地区的贫困人口实行生态移民工程是一项改善他们的生存环境和解决他们的脱贫致富问题的重要举措。

自 20 世纪 70 年代后期以来，由于全球气候和环境发生急剧变化，大量的人口进行迁移，于是学术界开始深入研究生态移民问题。而生态移民（ecomigration）这一概念的提出，最早可以追溯到 1900 年，当时美国植物生态学家考尔斯首次提出"生态移民"的概念，认为生态移民是出于保护生态环境的目的而进行的群落迁移。生态移民最早被称为环境难民，联合国环境规划署研究员、埃及学者埃尔欣纳维曾对环境难民及相关问题进行了较系统的研究，认为环境难民是"由于环境破坏（自然的或人为引起的），威胁到人们的生存或严重影响到其生活质量，而被迫临时或永久离开其家园的人们"[2]。但是许多学者认为"环境难民"一词使用不妥，为了避免和难民概念混淆，后来政府部门和学术界开始转用"环境移民"或"生态移民"。在我国，关于人口迁移、移民，早在明代就有"移民就宽乡"的政策，"生态移民"一词则最早出现在任耀武、袁国宝和季凤瑚 1993 年撰写的《试论三峡库区生态移民》一文中，认为生态移民是生态农业思想在移民中的应用。此后，越来越多的学者开始尝试从不同的角度对这一概念加以界定。

---

① 习近平：《决胜全面建成小康社会　夺取新时代中国特色社会主义伟大胜利——在中国共产党第十九次全国代表大会上的报告》，人民出版社，2017，第 27~28 页。
② 杜发春：《国外生态移民研究述评》，《民族研究》2014 年第 2 期。

为加快贫困地区脱贫致富的进程，也为了保护生态环境，2001 年，我国提出在西部大开发中，以宁夏、内蒙古、云南、贵州四省区为试点，对一部分生活在自然资源贫乏、生态环境脆弱地区的贫困人口实行搬迁移民，异地安置，使扶贫开发和生态环境建设有效结合。这种有计划、有组织、有规模，有政策和资金扶持，以脱贫致富和改善生态环境为目的，实现经济与环境协调发展的异地搬迁移民就是生态移民。我国的生态移民工程以县内移民为主，坚持整村或整乡搬迁，集中安置。在建设中，主要围绕水源、生态、开发、特色、转移等五个重点，优先将居住在生态失衡、干旱缺水、分散偏远地区的贫困人口搬迁到公路沿线和城郊，发展特色产业、设施农业和节水农业，从根本上解决中部干旱带贫困问题。同时，坚持"人退林进"，恢复和保护当地的生态环境，加快农民脱贫致富，从而实现全面建设小康社会的奋斗目标。

地处黄河上游地区的宁夏回族自治区由于自然地理环境的差异，区域发展不平衡，形成了三个不同的地区，北部引黄灌区农业生产条件较好，中部干旱带和南部山区常年干旱，自然条件恶劣。宁夏中南部地区包括红寺堡区、盐池县、同心县、彭阳县、海原县、泾源县、隆德县、西吉县、原州区等 9 个国家级重点扶贫开发县区，属于宁夏的低温区，海拔较高，水资源长期缺乏，干旱、大风、冰雹等自然灾害频繁，经济发展缓慢，人们长期处于贫困状态。其中南部的西海固地区更是我国极贫困地区的典型，2011 年开始被国家确定为六盘山连片扶贫的重要组成区域之一。从 20 世纪 80 年代开始，尽管国家持续地在宁夏中南部地区进行扶贫，贫困状况也得到了一些改善，但是经济发展仍然缓慢，水资源匮乏是制约该地区经济发展的最主要因素。另外，由于多年的过度砍伐、耕作和放牧，宁夏中南部地区水土流失、生态环境恶化严重，其中南部山区水土流失面积竟占区域总面积的 80% 以上，沟壑以每年 10 米的速度延伸，每年破坏耕地 500 亩左右，水土严重流失破坏了土地资源，对农业生产极为不利，更是延缓了地区经济的发展。

为了打破贫困与生态恶化的恶性循环，在政府的政策主导下，宁夏实施了扶贫开发、生态修复以及区域经济发展多元目标融合的生态移民工程。在过去的 30 多年中，宁夏先后实施了五次大规模移民工程，其中"吊庄移民 19.8 万人，扶贫扬黄灌溉工程移民 30.8 万人、国家易地扶贫搬迁工

14.72 万人、中部干旱带县内移民 15.36 万人、'十二五'生态移民 32.96 万人，累计搬迁移民 113.64 万人，截至 2016 年末，宁夏 9 个贫困县区建档立卡贫困人口还有 41.8 万人"①。特别是"十二五"期间，宁夏规划对中南部地区 7.9 万户 34.6 万人实施生态移民，涉及原州区、西吉县、海原县、同心县等 9 个县区 91 个乡镇 684 个行政村 1655 个自然村。批复建设移民安置区 161 个，搬迁安置移民 7.65 万户 32.9 万人，累计投资 123 亿元②。多年的移民历史表明，生态移民促进了移出地区的生态恢复和移入地区的经济发展，以及实现扶贫开发与生态建设的双赢。

宁夏生态移民工程运行的 30 多年来，面对中南部地区贫困人口规模大、贫困程度高、发展难度大的特点，国家和宁夏政府采取多种灵活方式搬迁安置移民，目标由单纯扶贫走向多元，特别是从 2001 年易地扶贫搬迁工程阶段到"十二五"期间的中南部地区生态移民阶段，目标转变为扶贫、发展与生态修复并进，生态移民建设成效显著。

移民观念实现较大转变，对生态移民建设满意程度较高。生态移民建设中，政府建设移民安置区，在新的生存环境下，移民的视野得到了开阔，把"等、靠、要"思想转变为自力更生、奋发图强的观念，务工就业，改变生活、生产方式，同时更加重视生态环境。2012 年，中国社会科学院社会学研究所与北方民族大学社会学与民族学研究所对宁夏生态移民进行过问卷调查。数据显示，移民非常重视生态环境，人们普遍认识到生态环境的恶化严重威胁自身的生存，也是自身生活贫困的主要原因。移民们还把生态环境与移民政策联系起来，认识到生态移民工程实施的重要原因主要是生态环境问题。"从调查结果看，人们普遍认识到移民政策与生态环境有着密切的联系。迁移人群中 96.2% 的人认为'应该根据环境破坏程度制定相应的移民政策'，77% 的人认为'移民政策的实施是摆脱贫困和改善环境的根本途径'；而在待迁人群中，很赞同或比较赞同上述两种观点的比例分

---

① 李文庆：《2017 宁夏西部扶贫攻坚报告——宁夏生态移民绩效研究》，《新西部》2018 年 Z1 期。

② 李文庆：《2017 宁夏西部扶贫攻坚报告——宁夏生态移民绩效研究》，《新西部》2018 年 Z1 期。

别为92.3%和77.7%"①。而且调查中90%以上的迁入地移民对住房条件、生活和生产条件满意，认为移民工程使西部人民受益，绝大部分移民还认为在搬迁后生活变得更加幸福，总之，移民对生态移民工程总体满意度较高。

移民生产生活得到改善，致富渠道明显拓宽。为从根本上解决移民在原居住地水资源匮乏、基础设施差、教育条件差等生产生活中的难题，改善移民生产生活条件，政府加大了移民安置区基础设施建设，为移民新村实施了通水、电、邮、路、广播电视的"五通"工程，配套建设了学校、超市、文化活动场所、医疗站等公共基础服务设施，移民搬进了宽敞明亮的平房，喝上了安全卫生的井水或者自来水，生活水平普遍提高。为了保证移民搬得出、稳得住、能致富，政府还因地制宜地在移民区大力发展特色产业，建设高效节水灌溉系统，鼓励移民发展红枣、枸杞、西甜瓜、马铃薯等特色农业，支持移民发展奶牛肉牛等特色养殖业，对移民进行劳务产业技能培训，鼓励移民依托临近较发达城镇、沿路居住的便利条件进行劳务输出，从事运输、旅游服务、商贸以及餐饮等二、三产业，增加移民工资性收入。这些举措彻底改变了过去广种薄收、靠天吃饭、家庭收入主要来源单一的生产方式，形成了现如今以特色种养收入为基础、劳务收入为主体的新格局，发展了地区经济，移民增收途径明显拓宽，年人均纯收入节节攀升。

水资源利用率提高，区域收入不平衡性相对减弱。水资源匮乏、水土流失严重是导致宁夏的中南部地区人们长期处于贫困状态，制约地区经济发展的最主要因素。为了满足移民的生产生活用水，促进水资源的合理开发和有效利用，政府加大了对移民安置区的水利设施改造，并通过项目合作，引进国内外先进的节水技术，实行综合配水、定额管理，采取小管出流、滴灌和喷灌等高效节水模式，在所有生态移民村发展高效节水农业，使有限的水资源得到了充分利用，也提高了农业产出和经济效益。宁夏"十二五"期间，区域收入不平衡性相对减弱，数据显示，沿黄灌区农民的可支配收入由2010年的6222.0元，提高到2015年的10821.0元。中南部

---

① 李培林、王晓毅主编《生态移民与发展转型——宁夏移民与扶贫研究》，社会科学文献出版社，2013，第114~115页。

地区农民可支配收入由 2010 年的 3612.0 元增至 2015 年的 6818.0 元。虽然沿黄灌区农民与中南部地区农民的可支配收入差距明显，呈现不平衡的态势，但是这种不平衡性相对减弱，沿黄灌区农民与中南部地区农民的收入比由 2010 年的 1.72∶1，逐年下降至 2015 年的 1.59∶1，差距呈现出相对缩小的态势。①

社会管理不断加强，民族关系更加和谐稳定。在宁夏生态移民工程中，通过异地搬迁建设移民安置区，不仅要妥善安置移民，更需要加强移民新村社会管理，各移民安置地都建立了村党支部委员会和村民委员会，以及移民新村的各类基层组织，并配备了有能力的村干部，和谐稳定的移民新村逐渐形成。据统计，自 2008 年以来，新建成的 34 个生态移民新村全部建立了村级党组织，按建制村管理，为加强移民安置区社会管理提供了有效的组织保证。另外，民族关系也更加和谐稳定。宁夏中南部地区是回族聚居区，回族人口约占全区回族人口的 60%，该地区多数回族群众也是生态移民工程的受益者，生态移民工程的实施增强了他们对党和政府的信任和拥护。移民搬迁打破了原来的居住格局，在移民新区，来自不同地区的回、汉族群众杂居在一起，彼此之间更加了解和尊重，大多数移民认为原居地的民族关系比较和谐，移民搬迁后没有太大变化，甚至有些移民认为移民搬迁后民族关系更加和谐。总之，回、汉移民在共同脱贫致富，共建移民新村中建立了深厚的友谊，维护了社会稳定，也促进了民族和谐。

宁夏生态移民工程最显著的成效就是迁出地区生态环境得到极大改善，生态修复状况良好，有效遏制了生态环境的恶化。从 20 世纪 80 年代开始，宁夏先后实施了五次大规模移民工程，根据实施目标的差异，大致可以分为两个阶段：从吊庄移民到扶贫扬黄灌溉工程移民是第一个阶段，主要目标是扶贫开发；从 2001 年的易地扶贫搬迁工程到"十二五"中南部地区生态移民则是第二个阶段，主要目标是在扶贫开发的基础上对迁出地区进行生态修复和生态建设。生态移民建设中山区贫困群众向灌区迁移，极大地减轻了中南部山区的人口压力，松解了中南部山区的生存空间和环境空间，这也意味着减轻了生态脆弱地区的环境压力，保障了退耕还林取得的阶段

---

① 李文庆：《2017 宁夏西部扶贫攻坚报告——宁夏生态移民绩效研究》，《新西部》2018 年第 Z1 期。

性成果。"通过实施固原和中部干旱带黄土丘陵地区坡耕地水土流失综合治理工程，在葫芦河、茹河、洪河流域和海原、同心、盐池南部划定水土流失重点治理区域，实施封禁养育，加快了植被恢复。实施海原、同心、灵武、盐池北部沙漠化治理工程，进一步完善和落实退牧还草政策，综合治理退化草原、恢复草地植被，有效遏制了生态环境的恶化。"① 这些类型的生态治理工程取得了良好的效果，罗山自然保护区、六盘山林区、南华山林区等地区形成了局地小气候，出现了野生动物，植被的覆盖度提高。生态移民工程改善了生态环境也得到了移民们的认可，中国社会科学院社会学研究所与北方民族大学社会学与民族学研究所对宁夏生态移民进行的问卷调查显示，90%的移民认为原居地生态环境确实得到改善，部分移民认为改善效果比较明显，此外，绝大多数移民对当前居住的安置区的生态环境评价较高。

为了更好地做好生态移民迁出区生态修复工作，推进宁夏生态文明建设和建设美丽宁夏，从 2013 年起，宁夏回族自治区人民政府先后出台了《关于加强生态移民迁出区生态修复与建设的意见》《宁夏生态移民迁出区生态修复工程规划（2013—2020 年）》和《宁夏生态移民迁出区生态修复工程年度实施方案》，着力对生态移民迁出区 1272.1 万亩土地进行生态修复和保护。遵循的基本原则是以自然修复为主，坚持生态优先，生态、经济、社会效益兼顾、因地制宜、宜林则林、宜草则草，计划在 2013~2020 年完成人工生态修复 358.5 万亩，水保工程 1051 处（座）。建设的目标是到 2017 年移民迁出区土地退化和水土流失得到初步控制，林草覆盖度较 2012 年提高 25 个百分点，达到 56%，森林覆盖率较 2012 年提高 3.1 个百分点，达到 16%；到 2020 年，移民迁出区植被覆盖度较 2012 年提高 39 个百分点，达到 70%左右，森林覆盖率较 2012 年提高 5.1 个百分点，达到 18%，明显改善生态环境质量，增强水源涵养、水土保持和防风固沙的生态功能，把生态移民迁出区建设成国家级生态修复示范区②。为了确保 2020 年实现生态移民迁出区生态修复与建设的目标，自治区政府还要求严守两条"红

---

① 李文庆：《2017 宁夏西部扶贫攻坚报告——宁夏生态移民绩效研究》，《新西部》2018 年第 Z1 期。

② 宁夏回族自治区人民政府办公厅：《自治区人民政府办公厅关于印发宁夏生态移民迁出区生态修复工程年度实施方案的通知》，《宁夏回族自治区人民政府公报》2014 年第 11 期。

线"，即将生态移民迁出区土地全部收归国有和 2020 年之前对移民迁出区土地不得进行任何经营性开发建设。

遵循自治区政府发布的生态移民迁出区生态修复的相关规划和实施方案，宁夏中南部地区多地对迁出区土地进行整体规划，将自然修复与人工治理相结合，加快迁出区生态修复和建设进程。以固原市为例，市林业部门制定了生态移民迁出区生态恢复具体细则，计划到 2020 年完成移民迁出区林业工程治理面积 72 万亩，营造生态林 30.6 万，涉及西吉、隆德、泾源、彭阳、原州四县一区。原州区位于宁夏南部六盘山东麓，贫困人口约占总人口的 20%，是宁夏扶贫攻坚的重点县区。移民迁出区基本上都处于山大沟深、植被稀少、资源匮乏、生态脆弱的贫困偏远山区，同时各生态移民迁出区自然地理环境具有较大差别，基础条件也不一样，因此，移民搬迁安置，以及迁出区的生态修复和建设任务均比较艰巨。基于原州区生态移民的基本情况，政府统一收回移民原居住地的耕地，进行管理保护和修复规划，并坚持因地制宜的区域布局，构筑南部和东北部生态屏障，其中南部土石山区以六盘山自然保护区为核心，主要以营造水源涵养林为重点，东北部黄土丘陵区则以云雾山自然保护区为核心，以退耕还林和退牧还草为重点，结合小流域综合治理，争取到 2020 年，迁出区林草覆盖率达到 50%，森林覆盖率达到 40%，治理水土流失面积 54 万亩，完成生态移民迁出区生态修复工程规划任务。彭阳县位于黄土高原西部的黄河中上游地区，属黄土丘陵沟壑区，沟壑纵横，地形破碎，被认为是世界上最不适宜人类生存的地区之一，生态移民迁出区土地总面积约为 69.6 万亩，生态修复任务重、难度大。彭阳县因势利导，实行山、水、林、田、湖、草综合治理，宜林则林，宜草则草，做到建设一片，保护一片，治理一片，见效一片。"全县共投入资金 2011 万元建成白阳镇姬山、小岔乡卷槽、冯庄乡茨湾、孟源乡高岔、冯庄乡雅石沟、交岔乡大坪、王洼镇尚台等生态修复示范区，完成围栏封育 3533.33 公顷，造林整地工程 8153.33 公顷，栽植针叶树和绿化大苗 15 万株、山桃山杏等苗木 1400 万余株，发展优质经果林 366.67 公顷。"[1] 移民迁出区生态修复和建设向好发展。

---

① 杨虎、许畴、许浩：《宁夏彭阳县生态移民迁出区主要生态修复技术》，《宁夏农林科技》2016 年第 8 期。

在宁夏生态移民建设中，生态移民迁出区虽然生态修复状况良好，生态环境得到极大改善，但是仍然存在不少问题。诸如生态修复资金投入有限导致林业建设经费不足，欠账多、压力大；生态修复区域面积大，管护经费不足，后期缺乏有效管护，使部分生态修复区域林木保存率低等。应大力争取国家各项财政资金和相关政策支持，将宁夏生态移民迁出区纳入新一轮退耕还林还草工程，巩固现有生态修复和治理成果。另外要树立生态优先的发展理念，坚持节约优先、保护优先、自然恢复为主，立足生态移民迁出区自然地理环境特点，发展生态修复后续产业，整合各种资源，将精准扶贫与退耕还林还草、生态修复有效结合，改善生态环境，将生态移民地区建设得更加富裕、美丽。

四 弘扬塞罕坝精神

55年来，河北塞罕坝林场的建设者们听从党的召唤，在"黄沙遮天日，飞鸟无栖树"的荒漠沙地上艰苦奋斗、甘于奉献，创造了荒原变林海的人间奇迹，用实际行动诠释了绿水青山就是金山银山的理念，铸就了牢记使命、艰苦创业、绿色发展的塞罕坝精神。他们的事迹感人至深，是推进生态文明建设的一个生动范例。

全党全社会要坚持绿色发展理念，弘扬塞罕坝精神，持之以恒推进生态文明建设，一代接着一代干，驰而不息，久久为功，努力形成人与自然和谐发展新格局，把我们伟大的祖国建设得更加美丽，为子孙后代留下天更蓝、山更绿、水更清的优美环境。①

2017年12月5日，联合国环境规划署宣布，中国塞罕坝林场建设者获得2017年联合国环保最高荣誉——"地球卫士奖"。"地球卫士奖"创立于2004年，是联合国环境规划署为在环境保护和提高环境质量方面有特殊贡献及成绩的组织和个人颁发的一个国际奖项，也是联合国表彰世界各地杰出环保人士和组织的最高奖。"地球卫士奖"每年评选一次，在2017年的评选中，塞罕坝林场建设者获得了其中的"激励与行动奖"。联合国环境规划署执行主任埃里克·索尔海姆在接受新华社记者采访时高度赞誉道："他

---

① 《习近平谈治国理政》第二卷，外文出版社，2017，第397页。

们筑起的‘绿色长城’，帮助数以百万计的人远离空气污染，并保障了清洁水供应……塞罕坝林场的建设证明退化的环境是可以被修复的，而修复生态是一项有意义的投资。"① 塞罕坝林场场长刘海莹表示，"地球卫士奖"是对塞罕坝林场建设者50多年艰苦创业的肯定，也是激励和鞭策。"我相信，只要我们继续推动生态文明建设，经过一代又一代的努力，中国可以创造更多像塞罕坝这样的绿色奇迹，实现人与自然的和谐共处。"②

此外，在国内，塞罕坝林场还先后荣获过"时代楷模""全国绿化先进集体""国有林场建设标兵""国土绿化突出贡献单位""全国五一劳动奖状""生态文明建设范例""绿水青山就是金山银山实践创新基地""全国文明单位"等诸多荣誉称号。在土地荒漠化日益严重的今天，塞罕坝人坚守"牢记使命、艰苦创业、绿色发展"的塞罕坝精神，攻坚克难，以百折不挠的苦战精神，用汗水浇灌绿色，谱写了一部绿色史诗，创造了一个人间奇迹，为世界生态文明建设贡献了中国方案和中国经验。

塞罕坝是蒙古语和汉语的组合，"塞罕"是蒙语，意思是"美丽"，"坝"是汉语，可以理解为"高岭"，合起来，塞罕坝意为"美丽的高岭"。塞罕坝位于河北省承德市围场满族蒙古族自治县北部坝上地区，地处内蒙古高原与大兴安岭余脉、阴山余脉交接处，境内是滦河、辽河的发源地之一。塞罕坝地区原本生长着茂密的原始森林，我国的辽、金时期，塞罕坝作为皇帝狩猎之所，被称作"千里松林"，到了清代，康熙看中了这块"南拱京师，北控漠北，山川险峻，里程适中"的风水宝地，在此建立了"木兰围场"，进行哨鹿设围狩猎。可见，塞罕坝自古以来就是一处森林茂密，水壤丰盈，禽兽繁集，生态宜人的地方。到了近代，由于人为的滥砍滥伐，加之山火频发，森林植被被破坏，原始森林荡然无存，塞罕坝退化为高原荒丘。曾经"山高林茂、秀美壮丽"的天然胜境变成了"飞鸟无栖树，黄沙遮天日"的荒凉之地。

1962 年，林业部在原塞罕坝机械林场、大唤起林场、阴河林场的基础上组建了塞罕坝机械林场总场；1993 年，在河北省塞罕坝机械林场总场的

① 《塞罕坝林场建设者获联合国"地球卫士奖"》，新华网，http：//www.xinhuanet.com/politics/2017-12/06/c_1122066594.htm，最后访问日期：2018 年 8 月 2 日。
② 《塞罕坝林场建设者获联合国"地球卫士奖"》，新华网，http：//www.xinhuanet.com/politics/2017-12/06/c_1122066594.htm，最后访问日期：2018 年 8 月 2 日。

基础上又批准建立了华北地区面积最大的塞罕坝国家森林公园；2007年，塞罕坝经国务院批准被列为国家级自然保护区。"目前，林区内有森林7.47万 hm²，草原、湖泊、湿地等面积2.17万 hm²。林内有自生维管植物81科、312属、659种；有野生动物100余种，珍稀动物有豹、鹿、天鹅、黑琴鸡、细鳞鱼等。"①

塞罕坝平均海拔为1500米，属温带大陆性季风气候，长冬无夏，年均积雪天为7个月，因此全年大部分时间偏寒冷。年均6级以上的大风天气多，当地有句谚语，"一年一场风，年始到年终"。昼夜温差大，气温最大日较差26.6℃，降水主要集中于6~8月份，塞罕坝地区"春旱"明显。可见塞罕坝的自然环境比较恶劣，集高海拔、高寒、大风、少雨等极端环境于一体。60年代刚刚建场的塞罕坝交通闭塞，气候环境恶劣，生活条件艰苦，尤其到了冬季大雪封山时，人们更是"与世隔绝"，啃窝头、喝冷水、睡窝棚，在流沙中植树等是人们生活的常态。就是在这样的条件下，塞罕坝三代人，用了50多年的时间，艰苦奋斗，无私奉献，成功营造了112万亩人工林，成为世界上面积最大的人工林。林木总蓄积量达到1012万立方米，林木价值40多亿元，森林覆盖率由60年代建场初期的11.4%提高到现在的80%，完成了一个变荒原为林海、由沙漠成绿洲的绿色接力。有效阻滞了浑善达克沙地南侵，每年为京津地区输送净水1.37亿立方米、释放氧气55万吨，可供199.2万人呼吸一年，为京津地区构筑起一道坚实的生态屏障。带动了区域经济发展，每年为地方创造上万个就业岗位，每年可产生高达120亿元的生态服务效益。

塞罕坝人为什么能够在高寒沙地上书写沙漠成绿洲的绿色传奇？为什么能够创造荒原变林海的人间奇迹呢？从精神层面而言，靠的就是"牢记使命、艰苦创业、绿色发展"的塞罕坝精神。2018年8月14日，习近平对塞罕坝林场建设者们的事迹做出了重要批示——弘扬塞罕坝精神。

习近平曾说过："在几千年的历史流变中，中华民族从来不是一帆风顺的，遇到了无数艰难困苦，但我们都挺过来、走过来了，其中一个很重要的原因就是世世代代的中华儿女培育和发展了独具特色、博大精深的中华

---

① 敖楠、程涛：《塞罕坝森林公园发展历史、现状及存在问题对策》，《安徽农学通报》2018年第2期。

文化，为中华民族克服困难、生生不息提供了强大精神支撑。"① 中华文化博大精深，蕴含着丰富的民族精神，特别是红色精神。在我国的革命战争年代、社会主义建设和改革时期，有许多红色精神如红船精神、井冈山精神、长征精神、大庆铁人精神、"两弹一星"精神、红旗渠精神、载人航天精神、工匠精神……这些红色精神都是在实践中形成的中华民族薪火相传的伟大资产、精神支柱，为社会发展提供凝聚力量，发挥了巨大的精神动力作用，是我们党、国家、军队和人民的宝贵精神财富，值得大力弘扬。"牢记使命、艰苦创业、绿色发展"的塞罕坝精神是塞罕坝三代人花了50多年的时间，在"飞鸟无栖树，黄沙遮天日"的荒凉之地，用"理想坚定骨头硬"的满腔赤诚铸就的红色精神。它激励着人们在困难面前不退缩，坚定不移地走生态文明之路，建设美好家园，建设美丽中国。

塞罕坝精神的核心是牢记使命，对党绝对忠诚。塞罕坝人始终不忘初心，牢记着保护生态、服务于民的伟大使命，肩负着党的重托。他们把个人理想与国家需要、个人追求与人民利益紧密结合，用汗水和心血，甚至生命践行着对党的绝对忠诚。听从党的召唤，完成党的任务，是塞罕坝人始终坚守的信念。1962年塞罕坝林场组建时，正值国民经济困难时期，可捍卫京津冀生态安全意义重大，369名平均年龄不到24岁的塞罕坝第一代建设者从全国18个省市完成集结，来到这个高寒沙地，挑战荒地造林的极限。其中有林业系统选调的干部、专家，林业专业学校的应届毕业生，还有原塞罕坝机械林场、大唤起林场、阴河林场的200多名普通职工。他们中有在林场始建初期，机械化造林需要人手时，放弃高考加入塞罕坝造林队伍，谱写"六女上坝"青春之歌的六个风华正茂的高中女学生。有完成越冬防火瞭望护林工作任务返回场部途中，大雪天迷路失去双腿，终身与轮椅相伴的孟继芝……现如今还有见证了父辈们在塞罕坝艰苦奋斗，为改善生态环境战天斗地的创业史，毕业后远离繁华都市，重返塞罕坝，用爱为塞罕坝的明天增添美丽色彩的塞罕坝儿女闫晓娟……他们把国家交给塞罕坝林场的任务铭刻在心，时时不忘，视林场为家乡，将绿化当事业，用自己的青春、热血甚至生命，谱写了可歌可泣的绿色赞歌。更为可贵的是，他们还把牢记使命，对党绝对忠诚的红色基因一代代传承了下去，影响和

---

① 习近平：《在文艺工作座谈会上的讲话》，人民出版社，2015，第2页。

带动了一批又一批塞罕坝人。党的十八大以来，新一代塞罕坝人牢固树立"四个意识"，坚决贯彻习近平生态文明思想，"以强化资源管护巩固生态建设成果，以科技创新推进增林扩绿，以优化结构促进林业永续发展，不断提升林场建设的现代化水平"①。他们用实际行动牢记使命，践行着对党绝对忠诚。

塞罕坝精神的重要品质是艰苦创业，攻坚克难。人类社会现有的文明成果都是人类在长期的实践中，克服困难，努力奋斗的结果，而中华民族发展的历史，正是中华儿女为了创造美好生活奋斗的历史。解放初期的塞罕坝是林木稀疏、人迹罕至的茫茫荒原，也是阻断平均海拔 1000 多米的浑善达克沙地南侵北京的最近、最重要的一道风沙屏障。如果浑善达克沙地这个离北京最近的沙源堵不住，有人打过形象的比方，就好比站在屋顶上向院子里扬沙子。塞罕坝人攻坚克难，开始艰苦创业。建场初期，塞罕坝气候恶劣，偏远闭塞，平均海拔 1500 米，极端最低气温 -43.3℃，年均积雪 7 个月，昼夜温差极大，气温最大日较差 26.6℃，在这样恶劣的生存环境中，塞罕坝人凭着坚韧的毅力，以苦为乐，以苦为荣，创造了人间奇迹。从茫茫荒原到人工林海，这是塞罕坝人艰苦奋斗的伟大成果。

当然，塞罕坝人创业的过程，并不是一帆风顺，而是充满了坎坷的。林场首任党委书记王尚海带领一家人从承德坝上开始了植绿之旅，由于缺乏在高寒地区造林的成功经验，1962 年、1963 年连续两年造林失败。1964 年春天，塞罕坝人开展了"马蹄坑大会战"，大干三天，造林 516 亩，成活率达到了 90% 以上，极大地提振了士气，坚定了大家的信心，这被写进了塞罕坝的造林史，开创了国内机械种植针叶林的先河。如今王尚海长眠在马蹄坑，为了悼念这位造林英雄，林场将这片林地命名为"王尚海纪念林"。病虫害的防治对于塞罕坝来说是天大的事，有一年，松毛虫大举来袭，林场虫病防治专家朱凤恩每天凌晨一点半带领技术人员和喷药工人灭虫，连续作战两个月，最终将松毛虫全部消灭，而朱凤恩和同事们都褪了一层皮。1977 年 10 月，塞罕坝遭遇了一次罕见的雨凇灾害，20 万亩树林被毁，林场 15 年的造林成果损失过半。1980 年，林场又遭遇了百年难遇的大

① 中共河北省委理论学习中心组：《大力弘扬塞罕坝精神 扎实推进生态文明建设》，《新疆林业》2018 年第 2 期。

旱，12万亩树林旱死。塞罕坝人没有气馁，依靠自己的双手，从头再来，经过两年的奋斗，1982年林场超额完成了既定的造林任务，在沙地荒原上造林96万亩，保存率达到70.7%，创下当时全国同类地区保存率之最。到2017年，林场林地面积达到112万亩，林木总蓄积量1012万立方米，森林覆盖率达到80%，生物多样性得到有效恢复，野生植物超过600种，成为阻滞浑善达克沙地南侵的绿色屏障，涵养净化了京津水源和空气，被誉为"华北绿肺"。同时有效改善了区域小气候，促进了当地农牧业的发展。此外，塞罕坝林场的苗木产业、旅游业带动了周边相关产业的发展，每年实现社会总收入6亿多元，富裕了一方百姓，也为助推脱贫攻坚发挥了积极作用。这一切都是一代又一代塞罕坝人艰苦创业的成果。

塞罕坝精神的支撑是科学求实，技术攻关。1988年9月，邓小平根据当代科学技术发展的趋势和现状，提出了"科学技术是第一生产力"[1]的论断，现代社会中生产力的发展主要是依靠科学技术取得的，科学技术能提高劳动者的素质，扩大劳动范围，推动先进工具的运用，有效地提高劳动生产率，推动人类社会的进步。人工造林更需要科学技术的支撑，塞罕坝林场的发展史，也是一部科技兴林史。建场初期，高寒、高海拔地区造林技术几乎一片空白，塞罕坝人坚持科技引导，大胆探索，反复实践，先后攻克了高寒地区育苗、造林等一系列技术难题，取得了多项科技成果。创业者们发现外地苗木在调运中成活率不高，也适应不了塞罕坝的气候，他们决定自己育苗，经过反复摸索和实践，掌握了培育"大胡子""矮胖子"等优质壮苗的技术要领，大大增加了育苗数量，彻底解决了苗木的供应问题。生长在内蒙古红花尔基的樟子松耐寒性强，能忍受-40℃～-50℃低温，不苛求土壤水分。如果能把它引种在塞罕坝，正好可以解决坝上的绿化问题。从1965年开始，技术人员尝试用雪藏法贮藏种子，用大粪做底肥育苗，经过三年努力，樟子松落户塞罕坝。1977年的雨凇灾害后，林场技术人员认识到人工纯林密植度高，枝干长势较弱，难以抵抗雨凇灾害，于是，他们研制了"人工异龄复层混交林"培育模式，通过"抚育间伐"伐掉霸王树、过密树以及干枯、死亡木，腾出空间，以人工纯林为顶层，在高层树下植入低龄云杉、灌木、草、花混合共生，由此形成了复层异龄混交结构，

---

[1] 《邓小平文选》第三卷，人民出版社，1993，第274页。

这种结构也为野生动物的繁衍提供了食物和栖身之地，生态系统得以逐渐修复。塞罕坝人还发明了"苗根蘸浆保水法""三锹半人工缝隙植苗法""越冬造林苗覆土防寒防风法"等技术，研发改进了机具，使造林工作效率提高了3~6倍。

石质阳坡是攻坚造林中最难啃的"硬骨头"。从2011年开始，林场尝试把石质阳坡作为绿化重点，挖石培坑，然后选用培育2年以上、大规格樟子松良种容苗器，种好后覆膜保墒，使石质阳坡造林成活率达到98%以上，实现了造林技术的新突破。为了加快现代林场建设，林场投资500余万元，完成了全场通信网络光纤改造工程，利用云计算、大数据、移动互联网等新一代信息技术，为形成智慧林业协同管理的新型林业发展模式打下基础，促使林业智能化发展。为加快林场的发展，塞罕坝林场累计投入500多万元，完成了育苗、造林、有害生物防治等60多项科研课题，其中《樟子松经营技术的研究》等20多项科研成果获国家、省部级奖励，5项成果达到国际先进水平。编写了《塞罕坝林业生产技术与管理》《塞罕坝植物志》等林业生产技术和管理方面的专著5部，发表相关论文630余篇。这一项项科技成果使塞罕坝精神"不驰于空想，不骛于虚声"，书写了沙漠成绿洲的绿色传奇，造福一方，泽被京津。

塞罕坝精神的理念是生态优先、绿色发展。一代代塞罕坝人接力传承，植绿荒原，建成了百万亩的人工林海，塞罕坝每棵树的年轮里，都记载着生态文明建设的进程，诠释着生态优先、绿色发展的理念。2013年4月2日，习近平在参加首都义务植树活动时强调，森林"是人类生存发展的重要生态保障。没有森林，地球和人类会是什么样子"[①]。森林在习近平心目中有多重要，塞罕坝人觉得自己身上的担子就有多重。塞罕坝林场场长刘海莹说："不能逾越生态红线的雷池，全力提高生态服务功能，保障京津冀生态安全。这是国家顶层设计对张承地区提出的功能定位，也是新时期塞罕坝人必须扛起的政治责任。"[②] 这也是塞罕坝人向党和人民做出的承诺。在生态优先、绿色发展的理念指引下，一代代塞罕坝人在平均海拔1500米

---

① 《习近平关于社会主义生态文明建设论述摘编》，中央文献出版社，2017，第115页。

② 武卫政、刘毅、史自强：《塞罕坝：美丽高岭重现生机》，《人民日报》（海外版）2017年8月4日。

的高原上，种下了一棵棵樟子松、落叶松、云杉幼苗，也种下了恢复绿水青山，让美丽高岭重现生机的理想和信念。

2013 年 9 月 7 日，习近平在哈萨克斯坦纳扎尔巴耶夫大学回答学生问题时指出："我们既要绿水青山，也要金山银山。宁要绿水青山，不要金山银山，而且绿水青山就是金山银山。"① 在党的十九大报告中，习近平总书记再次强调："建设生态文明是中华民族永续发展的千年大计。必须树立和践行绿水青山就是金山银山的理念，坚持节约资源和保护环境的基本国策，像对待生命一样对待生态环境，统筹山水林田湖草系统治理，实行最严格的生态环境保护制度，形成绿色发展方式和生活方式，坚定走生产发展、生活富裕、生态良好的文明发展道路，建设美丽中国，为人民创造良好生产生活环境，为全球生态安全作出贡献。"② 塞罕坝人用"牢记使命、艰苦创业、绿色发展"的塞罕坝精神践行了"绿水青山就是金山银山"理论，他们将绿水青山变成了金山银山。早些年人为的滥砍滥伐使塞罕坝退化为高原荒丘，人们看到了一味索取资源，用绿水青山去换金山银山，最终的结果是"两山"皆失，而恢复和重建需要更大的代价、更漫长的过程。塞罕坝三代人用了 50 多年时间坚持生态优先、绿色发展，艰苦创业、攻坚克难，科学求实、技术攻关，不仅创造了绿水青山，也带来了金山银山。美丽的高岭现在是林场生产生活发展和地方脱贫致富的"绿色银行"。塞罕坝林场已建设了 8 万多亩苗木基地，培育云杉、樟子松等优质绿化苗木，销往京津冀、甘肃、内蒙古、辽宁等地，年收入超过 1000 万元，成为华北地区重要的园林树种培育基地。森林旅游也顺势发展，1993 年，在塞罕坝林场的基础上建立了塞罕坝国家森林公园，林地面积达到 112 万亩，森林覆盖率为 80%，清澈的河水，烂漫的百花，魅力的山林等引来八方游客，塞罕坝成为华北地区著名的生态旅游胜地，一年门票收入超过 4000 万元，综合效益上亿元，极大地带动了区域经济的发展。

塞罕坝人建造了绿水青山，将绿水青山变成了金山银山，为全国生态文明建设贡献了成功的经验，这得益于生态优先、绿色发展的理念。塞罕

---

① 《习近平关于社会主义生态文明建设论述摘编》，中央文献出版社，2017，第 21 页。
② 习近平：《决胜全面建成小康社会　夺取新时代中国特色社会主义伟大胜利——在中国共产党第十九次全国代表大会上的报告》，人民出版社，2017，第 23～24 页。

坝林场建立的初衷就是为京津地区构筑起一道坚实的生态屏障，积累高寒地区造林经验，把沙漠变绿洲。党的十八大以来，塞罕坝人坚持绿色发展战略，充分发挥生态环境在发展生产力中的重要作用，从建场初期单纯的机械造林，到现在培育特色苗木、发展生态旅游、生产风电清洁能源……多元化的产业带动区域经济发展，把生态环境优势转化为经济社会发展优势，促进了绿色可持续发展的良性循环。塞罕坝人深知生态环境没有替代品，所以始终坚守一条底线：只要影响到树，只要影响到绿，眼前有大钱也不挣！在发展森林旅游的同时，塞罕坝注重生态资源的涵养，为了森林的防火安全，永续繁衍，塞罕坝人把每年的游客量控制在 50 万人以内。坚持生态优先、绿色发展，使塞罕坝自然生态系统得到修复重建，生态优势得以转化为经济优势。

　　一棵棵高大挺拔的落叶松，见证了塞罕坝由沙漠变绿洲的伟大过程，塞罕坝人用青春、汗水和智慧铸就了"牢记使命、艰苦创业、绿色发展"的塞罕坝精神，他们为大地披上了绿装，创造了生态文明建设史上的奇迹。弘扬塞罕坝精神，"持之以恒推进生态文明建设，一代接着一代干，驰而不息，久久为功，努力形成人与自然和谐发展新格局，把我们伟大的祖国建设得更加美丽，为子孙后代留下天更蓝、山更绿、水更清的优美环境"①。

本章执笔人：孙银东

---

① 《习近平谈治国理政》第二卷，外文出版社，2017，第 397 页。

第五章　用最严密的制度、法治
保护生态环境

一　《生态文明启示录》

人类的历史性转向大多时候是在我们不察觉间发生的。比如我们正在走进的生态文明新时代。我们从哪里来？如何一步步走到今天？又将置身何处？这是本书试图为您解答的几个问题。

《生态文明启示录》由同名电视纪录片脚本改编，共分为《历史的回望》《人类的家园》《增长的极限》《路径的选择》四部分，四个篇章既独立成章又有层层递进的联系。全书围绕什么是生态文明、为什么要建设生态文明、怎样建设生态文明的主线，深刻剖析了当今全球性生态危机产生的根源，揭示了走生态文明之路是历史的必然选择，并探讨了生态文明在我国的实现路径。主线之下，从生态学范畴揭示了全球性生态危机产生的根源：人类赖以生存的地球家园为人类提供了资源、环境、生态三个服务功能，三者一荣俱荣，一损俱损；人类消耗了过多的资源，必然排出的废弃物就多，废弃物多了必然造成环境的污染，环境污染反过来又使人类可以利用的有效资源相应减少，资源减少和消失的同时其环境功能、生态功能也随之减少和消失。今天全球性生态危机的根源在资源，解决途径也在资源，节约资源是解除生态危机的根本之策，途径就是绿色发展、循环发展、低碳发展。这构成了本书的又一条内在逻辑主线。[①]

作者在这本书的封面上题写了这样一句话："解读人类文明的演进，揭

---

① 范溢娉、李洲：《生态文明启示录：危机中的嬗变》，中国环境出版社，2016，序言。

示中国正在发生的重大历史性转向。"无论是从现实的迫切性来看，还是从整个人类的发展转型来看，生态文明建设都具有无可替代的重要性。可以说，人类已经到了发展的十字路口。工业文明的快速发展无可避免地给全人类带来史无前例的生态危机。

"生态兴则文明兴，生态衰则文明衰。"[①] 绿色既是生命的本色，也构成了人类生生不息发展的底色。因此，绿色发展是人类实现永续发展的必要条件，也构成了人民群众对美好生活的需求。可以说，绿色发展必然是实现中华民族伟大复兴中国梦的有机组成部分。经过改革开放40余年的经济高速增长，中国成为世界第二大经济体。这一"中国奇迹"背后是人和自然之间矛盾的累积。我们提出在建党100周年的2020年全面建成小康社会，而全面建成小康社会的关键在于绿色发展和生态文明建设。绿色发展和生态文明建设关系到我国经济发展模式的转型。"当前，中国模式正发生下述重要变革：从出口导向型经济增长模式转向内需拉动型经济增长模式，从传统成本优势转向技术优势和新成本优势，在资源与环境问题的巨大压力下形成环境友好型与节约型社会，在资本化进程中有效控制资产泡沫化问题，在激发经济活力中有效解决贪婪和信息不对称的问题。"[②] 由此可见，绿色发展和生态文明建设，这是我国在2050年全面建成富强民主文明和谐美丽的社会主义现代化强国的题中应有之义。由于长期的高投入、高能耗、高密集人力资源投入所导致的经济高速发展，我国资源约束趋紧，环境污染严重，生态系统变弱乃至退化，发展与资源之间的矛盾日益凸显。老百姓对生态恶化、环境污染等问题越来越深感不满。如果从深层次和长远发展来考虑，生态环境问题越来越成为制约经济社会整体发展的短板，生态环境问题最终要求我们的经济发展要转型。

面对必须推动整个经济社会发展转型的严峻形势，以及人民群众对美好生活的期盼与向往，党的十八届五中全会提出了"创新、协调、绿色、开放、共享"的五大发展理念。其中，绿色发展理念居于"发展的价值中心"位置。党的十八届五中全会确立了绿色发展的理念，坚持了绿水青山

---

① 《习近平外交演讲集》第二卷，中央文献出版社，2022，第189页。
② 魏杰：《中国经济发展模式的变革》，人民网，http://theory.people.com.cn/GB/12041592.html，最后访问日期：2018年9月21日。

就是金山银山的发展理念，也把坚持节约资源和保护环境确立为基本国策。我国的生态文明建设，坚持走生产发展、生活富裕、生态良好的文明发展道路，这既是我国步入 21 世纪以来的文明发展转型，也是站在人类未来发展的高度对资本主义文明发展的反思。我国要在现代化建设新格局上加快建设资源节约型、环境友好型社会，形成人与自然和谐发展的新格局，着力打造美丽中国。

将绿色作为我国"十三五"乃至更长时期经济社会发展的一个基本理念，是各种问题"倒逼"的结果。坚持绿色发展，倒逼转型升级，必须对准重点难点，对环境污染"零容忍"。习近平指出："良好的生态环境是人类生存与健康的基础。要按照绿色发展理念，重点抓好空气、土壤、水污染的防治，切实解决影响人民群众健康的突出环境问题。"[1] 环境就是民生，蓝天就是幸福。从全球来看，温室气体的排放促使全球升温，巴黎气候大会的召开将降低碳排放作为全球共识。随着新技术革命不断深入，资源能源已经不再是国际竞争的唯一要素，越来越多的新技术手段应运而生，保证人类在良好的生态环境下拥有持续竞争力。突出绿色发展，也体现了我们党对经济社会发展规律的正确认识，将指引我们更好地实现人民富裕、国家富强、天人和谐，开创社会主义生态文明新时代，从而早日实现中华民族伟大复兴的中国梦。

纵观人类所经历的几个文明发展阶段，从狩猎文明、游牧文明、农耕文明、工业文明到生态文明，生态文明是人类在对自然的适应和改造过程中所建立起来的一种人与自然高度和谐共生的生产与生活方式。应该说，这是一个人类文明发展的新时代。生态文明绝不仅仅意味着人与自然的和谐相处，而且是人与人的和谐相处。在这个时代，出现了新的文明范式和未来文明的新形态，人类由此真正进入文明时代。在这个时代，全人类真正建立起了结构复杂、秩序优良的社会制度，准确说来就是建立起如中国所强调的富强民主文明和谐美丽的全面发展的现代化制度。在这个时代，我们衡量社会发展进步有了新的标准，即社会发展生态文明观。在这个时代，从生态公正、生态安全的价值观确立，到新能源与新技术革命的全面涌来，产生了全球性的生态化运动。

---

[1] 《习近平谈治国理政》第二卷，外文出版社，2017，第 372 页。

生态文明正是中华民族伟大复兴的中国梦的重要组成部分和判断标准，习近平强调："走向生态文明新时代，建设美丽中国，是实现中华民族伟大复兴的中国梦的重要内容。中国将按照尊重自然、顺应自然、保护自然的理念，贯彻节约资源和保护环境的基本国策，更加自觉地推动绿色发展、循环发展、低碳发展，把生态文明建设融入经济建设、政治建设、文化建设、社会建设各方面和全过程，形成节约资源、保护环境的空间格局、产业结构、生产方式、生活方式，为子孙后代留下天蓝、地绿、水清的生产生活环境。"① 由此可见，生态文明时代也就是经济建设、政治建设、文化建设、社会建设全面发展和全过程发展的时代，是人类在使用资源、环境空间的方式以及产业结构、生产方式和生活方式全面变革和整体升级的时代，是关系到人类子孙后代的福祉的人类文明新时代。

党的十九大报告庄严宣布："生态文明建设功在当代、利在千秋。我们要牢固树立社会主义生态文明观，推动形成人与自然和谐发展现代化建设新格局，为保护生态环境作出我们这代人的努力！"② 党的十九大从中国特色社会主义新时代的历史方位出发，确证了生态文明新时代的到来。这个新时代必将是有利于大多数人的，也将开辟人与自然和谐发展的现代化建设新格局。

地球上的生命史是生物与其周围环境相互影响的历史。地球上动植物的物理形式与生活习性在很大程度上是由环境塑造的。而另一方面，在地球的整个生命中，生物对于环境的影响则微乎其微。只有在本世纪为代表的这段时间内，才有一个物质——人类——有改变他周围的环境的异常能力。

在过去的二三十年中，这种能力不仅发展到了令人不安的地步，在质上也起了变化。在人类对于环境的种种破坏行为中，最令人担忧的就是他们用危险的甚至是致命的物质污染了空气、土壤、河流与海洋。这种污染大部分都是无法挽回的；污染在生物的生存环境以及活

---

① 《习近平关于社会主义生态文明建设论述摘编》，中央文献出版社，2017，第 20 页。
② 习近平：《决胜全面建成小康社会 夺取新时代中国特色社会主义伟大胜利——在中国共产党第十九次全国代表大会上的报告》，人民出版社，2017，第 52 页。

体组织中形成了有害的生物链，其中大部分是不可逆转的。现今全世界对于环境的污染中，化学药物与辐射共同作用，改变了世界的本质，改变了地球上生命的本质。化学药物凶险异常，人们却很少认识到它的危害性。

　　喷洒在耕地、森林以及花园中的化学药物也会长时间地停留在土壤中，进入生物体内，依此运输到其他生物体内，造成污染并形成死亡之链。它们或许会随着地下水源悄悄流淌，而后因为阳光与空气的神奇作用组合成新的形式重新出现，杀死植物，病倒牲畜，让井水不再纯净，对喝水人施加不明的危害。阿尔伯特·施韦泽说过："人类甚至无法认出自己一手创造的恶魔。"

　　这还是一个工业主导的时代，只要能挣一块钱，无论付出什么代价都是合情合理的。公众清楚地看到有证据表明杀虫剂的使用带来了危害，因而为此进行抗议时，人们就塞给他们一丁点半真半假的消息当镇静剂。我们迫切地需要中止这种虚假的保证，拒绝裹在难堪事实外部的糖衣。昆虫治理者造成的风险最终是由公众来承担的。必须要由公众去决定他们是否愿意继续当前的道路，而只有在他们获知了全部事实的情况下，才能够做出上述决定。如同让·罗斯丹所说："既然我们不得不忍受，我们就当有知情权。"①

工业主导的时代并不必然是一个坏的时代。《寂静的春天》正式出版于1962年，至今已过去了半个多世纪。蕾切尔·卡逊女士虽然反思了工业时代，但并没有真正反思为什么工业时代必然造成人与自然的紧张。如果真是工业时代必然造成的，人类为什么要千辛万苦从农业文明进入工业文明呢？一定是我们找错了原因。国家主席习近平出席了世界经济论坛2017年年会开幕式，并发表主旨演讲，他说："'这是最好的时代，也是最坏的时代'，英国文学家狄更斯曾这样描述工业革命发生后的世界。今天，我们也生活在一个矛盾的世界之中。一方面，物质财富不断积累，科技进步日新月异，人类文明发展到历史最高水平。另一方面，地区冲突频繁发生，恐怖主义、难民潮等全球性挑战此起彼伏，贫困、失业、收入差距拉大，世

---

　　① 〔美〕蕾切尔·卡森：《寂静的春天》，庞洋译，台海出版社，2015，第4～11页。

界面临的不确定性上升。对此，许多人感到困惑，世界到底怎么了？要解决这个困惑，首先要找准问题的根源。有一种观点把世界乱象归咎于经济全球化。经济全球化曾经被人们视为阿里巴巴的山洞，现在又被不少人看作潘多拉的盒子。国际社会围绕经济全球化问题展开了广泛讨论。今天，我想从经济全球化问题切入，谈谈我对世界经济的看法。我想说的是，困扰世界的很多问题，并不是经济全球化造成的。比如，过去几年来，源自中东、北非的难民潮牵动全球，数以百万计的民众颠沛流离，甚至不少年幼的孩子在路途中葬身大海，让我们痛心疾首。导致这一问题的原因，是战乱、冲突、地区动荡。解决这一问题的出路，是谋求和平、推动和解、恢复稳定。再比如，国际金融危机也不是经济全球化发展的必然产物，而是金融资本过度逐利、金融监管严重缺失的结果。把困扰世界的问题简单归咎于经济全球化，既不符合事实，也无助于问题解决。"① 工业时代问题的产生，除了人类认识自然和改造自然的能力得到了极大提高，最为主要的原因就是旧的世界经济政治秩序。进一步讲，那就是以资本为导向的工业时代造成了人与自然关系的恶化。

无论资本主义国家还是社会主义国家，也无论发达国家还是发展中国家，环境污染问题、资源短缺问题、气候变暖问题，这些都是横亘在整个人类社会面前的共同问题。归根结底，任何国家和民族都无法逃脱这些问题的影响，都本着平等协商、沟通协作、勇于担当的精神和原则才可能有效做出应对。面对自然界对人类行为的报复，面对越来越有着广泛破坏性的灾难，人类是否可以拥有真正改变他周围环境的异常能力开始招致普遍怀疑。其实应该这样来表述，只有当人类真正学会去尊重自然、了解自然、亲近自然，才能真正拥有改变周围环境的异常能力。换言之，改变自然和改善自然是一致的，人改变自然和人与自然和谐相处是一致的。马克思本人在谈到自己的哲学纲领时说："哲学家们只是用不同的方式解释世界，问题在于改变世界。"② 为了更好的生活，人类必须更好地改变周围的环境。由于受到了资本利益的驱动，人类不能正确地认识自然、认识自己，进而

---

① 《习近平主席在出席世界经济论坛 2017 年年会和访问联合国日内瓦总部时的演讲》，人民出版社，2017，第 2~3 页。
② 《马克思恩格斯文集》第一卷，人民出版社，2009，第 502 页。

不能正确地改变自然。随着人类遭受到的自然的惩罚越来越多、越来越严重，以及随着人类改变自身的能力越来越高，越来越摆脱掉社会制度的束缚，从资本主义社会进入社会主义社会，从私有制走向公有制，进而走向没有任何所有制的共产主义社会，人和自然最终会实现和谐相处。到那时候，也能如卡逊女士所愿，昆虫治理者同公众实现了和解，公众再也不需要承担昆虫治理者造成的风险，我们普通大众既不需要忍受，也拥有着充分的知情权。有一句环保主义者和动物保护人士的广告词说得很好，"没有买卖，就没有杀戮！"，没有了利润的驱使，不再受短期利益的蒙蔽，人类和自然界就比较容易实现和谐相处。党的十九大报告强调，中国特色社会主义进入了新时代，"意味着中国特色社会主义道路、理论、制度、文化不断发展，拓展了发展中国家走向现代化的途径，给世界上那些既希望加快发展又希望保持自身独立性的国家和民族提供了全新选择，为解决人类问题贡献了中国智慧和中国方案"①。以往的社会发展证明，只有今天中国特色社会主义制度有能力实现人与自然和谐相处，顺利推进生态文明建设，真正引领好符合全人类利益的生态文明新时代。

　　全球气候谈判始于1990年。在1/4个世纪之后，终于达成一项明确将全球温升幅度控制在相对于工业革命前不高于2℃、尽快达到碳排放峰值、并在21世纪后半叶实现净的零排放目标的国际协定。但从目前各国提交的国家自主贡献（INDCs）看，巴黎目标的实现几乎无可能。温室气体减排，谁该减、减多少，难以达成共识。戈尔在北京出席第二届绿色经济与应对气候变化国际会议上，引用"如果你想走得快，那么你就一个人走；如果你想走得远那么就大家一起走"的格言，说："全球减排，我们既要走得快，又要走得远。"如何才能做到呢？20多年的谈判没有结果，历史性的"巴黎协定"，也只有目标，没有路径。显然，这是一个悖论。由于涉及气候变化，戈尔又因倡导减排而获得诺贝尔和平奖，姑且称为"戈尔悖论"。如何破解"戈尔悖论"，是国际社会亟待解决的难题。

---

① 习近平：《决胜全面建成小康社会　夺取新时代中国特色社会主义伟大胜利——在中国共产党第十九次全国代表大会上的报告》，人民出版社，2017，第10页。

实际上，这一难题的破解，已经有认知上的突破和实践经验的支撑。在工业革命初期马尔萨斯提出传统农业文明下自然生产力不足以支撑人口增长的魔咒，该魔咒随后被工业文明成功消除。但随工业文明而来的大量资源消耗和环境污染，使人类生存环境受到严峻威胁。20世纪50年代欧美城市的严重雾霾和60年代日本、美国化学污染物对人体健康和生态系统的毒害，使人们渴求回归自然的春天。环境问题已经超出了一个人、一个社区、一个国家的范畴。环境问题不是单打独斗就可以解决的问题，而是需要人类社会共同努力，"大家一起走"。①

破解"戈尔悖论"，需要国际社会的合力应对。正如工业革命初期的马尔萨斯提出工业文明可以破解传统农业文明下自然生产力不足以支撑人口增长的魔咒，全球减排和气候治理的"戈尔悖论"也必然会随着生产力的发展和人类文明特别是生态文明转型而得到破解。生态文明转型的到来，必然意味着经济、政治、文化、社会、生态文明建设的全面进步，也意味着国家治理能力和治理体系的现代化。在今天，环境问题已经超出了一个人、一个社区、一个国家的范围，具有世界普遍性意义，是关系到全球治理的总体性问题。要解决好环境问题，推进生态文明新时代的到来，无法离开全球治理的顶层设计，而不能头痛医头脚痛医脚。

环境问题已经跨越国界，并渗透到政治、安全、经济、社会等各个层面和领域。只有构建起国际环境合作新平台、新机制，倡导建立起国际合作与全球战略伙伴关系，加强政府与各种国际组织的有效沟通与协调，把环境问题切实纳入各国国际合作、多边合作的战略计划中，通过环境立法来规范和调整各国的行为，才能实现世界的可持续发展、科学性发展、现代化发展。

要制定环境与资源保护的法律体系，制定相应的环境政策，发挥好政府管理与治理的职能。用法律和经济手段来引导社会的有序活动，把节约资源作为基本国策，鼓励发展循环经济，保护好生态环境，加快建设资源节约型、环境友好型社会，促进经济发展与人口、资源、环境三者的相互

---

① 中国生态文明研究与促进会编《生态文明·共治共享 谱写美丽中国新篇章：中国生态文明论坛海口年会资料汇编·2016》，中国环境出版社，2017，第169~170页。

协调。还要加强培育新型环境文化，构建全民参与、全民监督、全民共享的生态文明体系。在经济上，积极引导和大力发展低碳能源技术，推动经济发展方式的转变。

面对全球性的环境问题，作为社会经济政治发展有机构成部分的企业，应该担当起环境保护的职责。企业应该成为遵守环境法规、严格执行环境标准的典范。要使节约资源成为全面的自觉行动和积极共识，需要发挥民间组织、媒体和居民的作用，参与政府规划、方针、政策、措施的制定和实施，参与对企业经营的监督，参与废弃物回收和垃圾减量等。确实，环境问题不是单打独斗就可以解决的问题，而是需要全人类和全社会每个人、每个细胞的共同努力，"大家一起走"。

二　体制机制的推动力

加强环境保护、推进生态文明建设，关键是处理好各方面的重要关系，建立健全各项体制机制建设，向体制机制要推动力。党的十九大报告在第九部分"加快生态文明体制改革，建设美丽中国"中强调了体制改革的方针，即"必须坚持节约优先、保护优先、自然恢复为主的方针，形成节约资源和保护环境的空间格局、产业结构、生产方式、生活方式，还自然以宁静、和谐、美丽"[①]。这告诉我们，生态文明建设切合人与自然的和谐共生，经济社会的健康发展，生产和生活的有序推进，也从根本上要求我们创新相关体制机制和政策，充分发挥国家、地方、部门、单位、企业、家庭和个人的积极性、主动性和创造性，从而形成对生态文明建设的强大推动力。

2018 年 5 月 7 日，在生态环境部组织召开的部务会议上审议并原则通过了《环境污染强制责任保险管理办法（草案）》。会议表示，在环境高风险领域建立"环境污染强制责任保险制度"是贯彻落实党的十九大精神的有力措施和具体行动，是建立健全绿色金融体系的必然要求和重要内容。环境污染强制责任保险又称为"绿色保险"，是以企业发生污染事故对第三者造成的损害依法应承担的赔偿责任为标的的保险。它是一种特殊的责任

---

① 习近平：《决胜全面建成小康社会　夺取新时代中国特色社会主义伟大胜利——在中国共产党第十九次全国代表大会上的报告》，人民出版社，2017，第 50 页。

保险，是在二战以后经济迅速发展、环境问题日益突出的背景下诞生的。在环境污染责任保险关系中，保险人承担了被保险人因意外造成环境污染的经济赔偿和治理成本，使污染受害者在被保险人无力赔偿的情况下也能及时得到赔偿给付。我国《环境污染强制责任保险管理办法（草案）》的出台是在前期试点实践经验基础上的总结提升，进一步规范健全了环境污染强制责任保险制度，丰富了生态环境保护市场手段，对打好打胜污染防治攻坚战，补齐全面建成小康社会生态环境短板具有积极意义。

国务院发展研究中心金融研究所保险研究室副主任朱俊生表示："我国环境污染事故频发，环境污染责任保险可以补偿环境高风险领域污染事故中受害人的经济损失，并通过风险与费率相匹配的市场化费率机制，帮助实现环境污染的外部成本内部化，引导企业加强污染风险管理，提高环境风险监管、损害赔偿等的效率。"①

当前，我国已经进入环境污染事故高发期，利用保险工具处理环境污染事故，具有很多优点。第一，有利于经济补偿的及时到位，对环境污染事故的处理比较迅速；第二，有利于发挥保险机制的社会管理功能，利用费率杠杆机制促使企业加强环境风险管理；第三，有利于较好地分散企业的经营风险，维护社会的和谐稳定；第四，有利于运用市场机制进行环境污染治理，提升环境保护与管理水平；第五，有利于减轻政府的社会负担，促进政府服务型职能完善；第六，有利于培育大众的环境保护意识，塑造和培育社会的守法、诚信的价值观。

时间回溯到 2007 年 12 月，国家环保总局和中国保监会联合印发《关于环境污染责任保险工作的指导意见》，我国开始在部分地区开展环境污染责任保险试点。六年后的 2013 年 1 月，环保部和保监会联合印发《关于开展环境污染强制责任保险试点工作的指导意见》，将试点范围扩大到全国。第二年（2014 年 5 月）新修订的《环境保护法》规定，"国家鼓励投保环境污染责任保险"。在政策的鼓励下，环境污染责任保险得到了一定程度的发展。

数据显示，截至 2017 年，环境污染责任保险为 1.6 万余家企业提供风

---

① 《〈环境污染强制责任保险管理办法（草案）〉通过，环境污染责任保险覆盖面将扩大》，搜狐网，https://www.sohu.com/a/231007621_618588，最后访问日期：2018 年 9 月 30 日。

险保障 306 亿元。尽管环境污染责任险的实施有诸多好处，但目前在我国仍发展缓慢。由于现阶段环境污染赔偿制度十分不完善，污染事故罚款总额及污染事故赔偿总额远远不足以覆盖事故造成的直接经济损失，所以国家和社会承担了大部分环境危害及相应的经济损失。

缺乏法律保障是推行这项制度的主要制约因素，对企业是否参保没有制度约束，对侵权主体缺乏有效的责任追究制度。与此同时，政策的支持力度也不足。环境污染事故影响巨大，在我国环境污染事故的高发时期，单纯依靠保险公司商业机制运作难以持续。尤其需要强调的是，中国尚未有统一的环境污染损害赔偿标准，保险公司在勘查、定损与责任认定上存在困难，灾害损失风险难以把控，这进而影响到环境责任保险的费率厘定和产品开发。因此，在国家和地方立法中应纳入环境责任保险的相关条款，明确环境污染责任保险制度建设的强制性方向以及过渡措施，明确环境污染损害赔偿的原则、主体、范围、标准、举证责任、请求权时效等。

通过环境污染责任保险等社会化途径，确实能很好地分散企业风险，大大减少环境污染事故对企业经营活动的影响，企业也能够更好地履行自己的环境责任，极大地减少了政府在处理环境事故时在环境恢复和救济等方面的支出。从长期来看，环境污染责任保险是完善我国环境污染损失赔偿制度的重要途径。

英国从 2007 年 4 月开始，对农民保护环境性经营首次给予补贴，从而进一步促进农村可持续发展，并与欧盟共同农业政策的改革相呼应。农村事务部负责农业事务的国务大臣惠蒂说，农场主在其经营的土地上进行良好环境管理经营，每公顷土地每年可得到最多达 30 英镑（1 英镑折合 1.91 美元）的补贴，而进行不使用化肥和农药的绿色耕作则将得到 60 英镑的补贴。农民要负责对农场附近的树林、河沟的保护；养殖农场必须有环保计划书，说明是如何计划进行环保的。如果农场遵守了这些措施，政府支付 105 英镑补贴费。农村事务部说，无论是从事粗放性畜牧养殖的农场主，还是进行集约耕作的粮农，都可与政府部门签订协议，加入这一计划。加入该计划之后，他们将有义务在其农田边缘种植作为分界的灌木篱墙，并且保护自家土地周围未开发地块中的野生植物自由生长，以便为鸟类和哺乳动物等提供栖息家园。

近些年来，英国政府已开始采取包括保护乡村生物多样性等措施在内的多种环境管理鼓励计划，作为经济可持续发展战略的一部分。此次出台的这一新政策，把良好的环境行为与政府补贴明确联系起来，与欧盟共同农业政策的改革——即从 2007 年 1 月份开始取消 11 种不同补贴而采取单一补贴支付的机制——也完全相符。

英国政府的这一新举措，还得到许多英国农场主的支持。他们认为，实施这一计划之后，随着野生动物家园自然条件的进一步改善，农村将出现更多的青蛙、鸟类、蝴蝶和蜜蜂等，英国农村将变得更加优美和富有生气。[①]

以上属于国外较为成功的生态补偿机制案例。事实证明，绿色发展需要卓有成效的生态补偿机制。中国经济发展带来的环境服务需求极大扩张，生态补偿作为一种崭新的环境保护措施和制度不仅被广泛接受且被真正投入实践。生态补偿机制是以保护生态环境、促进人与自然和谐为目的，根据生态系统服务价值、生态保护成本、发展机会成本，综合运用行政和市场手段，调整生态环境保护和建设相关各方之间利益关系的一种制度安排。可以说，生态补偿机制主要针对区域性生态保护和环境污染防治领域，是一项具有经济激励作用、与"污染者付费"原则并存、基于"受益者付费和破坏者付费"原则的环境经济政策。

从历史发展来看，我国生态补偿机制最早从环境保护的补贴发展而来，后来是发展权的补偿和环境服务的支付，从概念到内涵的发展经历了一个从自然到人文、从生态建设管理到环境经济政策的过程。早在 2005 年，国务院就印发《关于落实科学发展观加强环境保护的决定》，提出"要完善生态补偿政策，尽快建立生态补偿机制。中央和地方财政转移支付应考虑生态补偿因素，国家和地方可分别开展生态补偿试点。建立遗传资源惠益共享机制"[②]。

2012 年党的十八大报告指出："建立反映市场供求和资源稀缺程度、体

---

① 李蕊编《国外环保故事》，吉林人民出版社，2011，第 73~74 页。
② 《十六大以来重要文献选编》下，中央文献出版社，2008，第 94 页。

现生态价值和代际补偿的资源有偿使用制度和生态补偿制度。"① 党的十八届三中全会指出："实行资源有偿使用制度和生态补偿制度。加快自然资源及其产品价格改革，全面反映市场供求、资源稀缺程度、生态环境损害成本和修复效益。坚持使用资源付费和谁污染环境、谁破坏生态谁付费原则，逐步将资源税扩展到占用各种自然生态空间。""坚持谁受益、谁补偿原则，完善对重点生态功能区的生态补偿机制，推动地区间建立横向生态补偿制度。"②

2017 年党的十九大报告强调："加大生态系统保护力度。实施重要生态系统保护和修复重大工程，优化生态安全屏障体系，构建生态廊道和生物多样性保护网络，提升生态系统质量和稳定性。完成生态保护红线、永久基本农田、城镇开发边界三条控制线划定工作。开展国土绿化行动，推进荒漠化、石漠化、水土流失综合治理，强化湿地保护和恢复，加强地质灾害防治。完善天然林保护制度，扩大退耕还林还草。严格保护耕地，扩大轮作休耕试点，健全耕地草原森林河流湖泊休养生息制度，建立市场化、多元化生态补偿机制。"③

生态补偿机制已经成为绿色发展、生态文明建设必不可少的机制。建立生态补偿机制是贯彻落实科学发展观的重要举措，有利于推动环境保护工作实现从以行政手段为主向综合运用法律、经济、技术和行政手段的转变，有利于推进资源的可持续利用，加快环境友好型社会建设，实现不同地区、不同利益群体的和谐发展。近年来，中央财政安排的生态补偿资金总额持续攀升，从 2001 年的 23 亿元增加到 2012 年的约 780 亿元，累计安排约 2500 亿元④。近年来，我国还建立多项专门性的补偿制度，譬如森林生态效益补偿基金制度、草原生态补偿制度、水资源和水土保持生态补偿机制、矿山环境治理和生态恢复责任制度、重点生态功能区转移支付制度。

建立和完善生态补偿机制，必须认真落实科学发展观，以统筹区域协

---

① 《十八大以来重要文献选编》上，中央文献出版社，2014，第 32 页。
② 《十八大以来重要文献选编》上，中央文献出版社，2014，第 541～542 页。
③ 习近平：《决胜全面建成小康社会　夺取新时代中国特色社会主义伟大胜利——在中国共产党第十九次全国代表大会上的报告》，人民出版社，2017，第 51～52 页。
④ 蒋永甫、弓蕾：《地方政府间横向财政转移支付生态补偿的维度》，《学习论坛》2015 年第3 期。

调发展为主线，以体制创新、政策创新和管理创新为动力，坚持"谁开发谁保护、谁受益谁补偿"的原则，因地制宜地选择生态补偿模式，不断完善政府对生态补偿的调控手段，充分发挥市场机制作用，逐步建立公平公正、积极有效的生态补偿机制，努力实现生态补偿的法制化、规范化，推动各个区域走上生产发展、生活富裕、生态良好的文明发展道路。

　　美国从 1973 年就开始了将汽油去铅的进程，但直到 1995 年才基本实现了全部汽油的无铅处理。而中国决定于 1998 年开始实行无铅化，1999 年新标准已在北京地区试行，2000 年实现了汽油无铅化。美国从 1975 年就着手制定汽车燃油经济性标准，32 年后才取得重大进展。而在地球的另一边，中国于 2003 年开始将轿车、卡车的经济燃油标准提上议事日程，结果，该标准在次年即获得批准并于 2005 年开始实施。

　　弗里德曼写道：

　　我希望美国能做一天中国（仅仅一天）——在这一天里，我们可以制定所有正确的法律规章，以及一切有利于建立清洁能源系统的标准。一旦上级颁布命令，我们就克服了民主制度最差的部分（难以迅速做出重大决策）。

　　弗里德曼希望美国能做一天中国，是因为中国的效率高，发展速度快，造就了三十多年持续的巨大进步，这在世界上是绝无仅有的。世贸组织前总干事帕斯卡尔·拉米说，自从邓小平决定改革开放以来，中国的政治制度就呈现很多优点，使中国成为在经济领域犯错误最少的国家。①

　　体制和机制的存在，不仅仅是指颁布一系列的法律法规和建立政策体系，关键在于要变成可执行的并行之有效的法律法规和政策体系。20 世纪 60 年代，日本汽车一直想与欧美汽车一比高下。美国出于贸易保护和国内环保压力等多方面的考虑，不断提高汽车尾气的排放标准。相应的是，日本政府也非常在意日本国内减少公害和节约资源的社会舆论压力，积极应对美国汽车环境技术贸易壁垒。从 1964 年到 1978 年，日本在 15 年间先后

---

① 任晓驷编著《中国为什么能?》，新世界出版社，2015，第 3~4 页。

颁布了 14 部降低汽车尾气排放的法律法规和标准。日本所颁布的这些法律法规和标准，对于本国企业来讲并不是限制其进一步发展的阻碍，而是一种发展动力和发展契机。与此同时，日本企业积极推动技术革新，汽车公司主动约束自己，并投入了大量的资金和人力进行减少污染物排放以及降低噪声等方面的研究。这一时期，由于 20 世纪 70 年代的石油危机，日本小型汽车刚一进入欧美市场就成为"生逢其时的时代宠儿"。相比较而言，美国却没有多少改进，甚至还降低了对汽车尾气环境标准的管制，想以此来振兴美国汽车工业。美国于 1975 年制定的汽车节能法律过于宽松，而且对汽车燃油限制不严格，这直接造成美国汽车厂商根本没有开发环保汽车的动力。这样，1985 年第二次石油危机再度抬高了汽油价格，日本小型汽车进一步在欧美市场走俏，牢牢地稳坐世界汽车市场的霸主地位。应该说，日本汽车的例子充分说明有效的法律法规和政策体系必须要化作国家、企业、个人切实的自觉行动才能成为推动环境保护和经济发展的有效的体制机制，才能成为推动生态文明建设发展的强大动力。

相对于美国，中国之所以能够在汽油去铅化和燃油标准推行上要高效和彻底得多，就在于很好地去破解标准执行的难题，坚持实现汽车产业与环境保护的共赢。在这个过程中，各项体制机制的设计综合形成了现实推动力。刚一开始，许多生产商和销售商普遍有一种观望心态。他们根据以往的经验理所当然认为，汽车那么多都不达标，毕竟是"法不责众"的，况且社会对于环保部门的执行能力还存有侥幸心理。对此，当时的北京市政府与国家及北京各有关部门积极协调、紧密配合，主要通过四个途径推动标准的执行。

第一个途径，发布达标车型环保目录，从销售环节上堵住不达标车辆流入市场。

1998 年 6 月，国家环保总局发出《关于加强新生产机动车排气污染监督管理的通知》（环发〔1998〕83 号），要求地方环保部门组织本地汽车生产企业申报排放数据，公布污染物排放达标机动车名录；销售新机动车的单位，要依法销售符合国家排放标准的机动车，所销售的机动车必须附有排气污染物达标证明资料。北京市政府《紧急措施通告》也规定，自 1999 年 1 月 1 日起，对新注册的轻型车辆，达不到相当于欧 I 标准的禁止注册登记；对不承担尾气治理任务的汽车生产企业停止其在北京销售新车的资格。

从正式开始执行新标准不到半年，北京汽车市场开始全部销售新标准车辆。

第二个途径，率先提高车用燃油标准，新的机动车排放标准实施有了前提。

为满足 2008 年"绿色奥运"对环境的要求，从 2008 年起，北京在全国率先销售符合"国Ⅳ"排放标准的清洁燃油，同年下半年，《车用汽油》和《车用柴油》两个地方标准在北京开始强制执行，以满足"国Ⅳ"标准车辆要求。

第三个途径，推动全国汽油无铅化，北京达标汽车并不孤单。

1998 年 9 月，国务院办公厅发布《关于限期停止生产销售使用车用含铅汽油的通知》。环保、质监、工商三个执法部门联合行动，形成强大的执法合力。2000 年下半年伊始，全国都如期实现了汽油无铅化，同时实现了汽油清洁化和高标号化。

第四个途径，激励企业生产达标车辆，加速黄标车淘汰出局。

2000 年 6 月，财政部、国家税务总局对提前达到下一阶段环保标准的轿车和轻型客车减免 30% 汽车消费税的政策出台，这极大地激励了汽车生产企业，加快了我国实施汽车排放新标准的进程。三年后的 2003 年底，42 个企业的 1043 个车型通过减税审查，减税金额达上百亿元，轿车和轻型客车生产企业提前 2~3 年达到国Ⅱ排放标准，很多汽车的排放达到了国Ⅲ国Ⅳ标准。

在上面的案例中，体制机制之所以能够形成合力，极大地助推生态文明建设，还在于处理好了三个关系。①在机动车数量实现高速增长的同时保证了环境压力的减轻。这实现了环境保护和汽车产业发展的良性互动。②在推动汽油无铅化过程中，带动了高端油品加工业。通过推动汽油无铅化，反过来又使油品加工业实现良性发展，加速了产品结构升级。③机动车排放标准的提高助推了汽车工业发展。通过提高车用燃油标准，推动汽油无铅化，可以极大地加快企业行业引入先进环保技术，最终使我国汽车制造业整体环境绩效水平步入国际先进列。

三　完善的经济社会发展考核评价体系

党的十八大把生态文明建设纳入中国特色社会主义事业五位一体总体布局，明确提出大力推进生态文明建设，努力建设美丽中国，实现中华民族永续发展。这是我们党对中国特色社会主义规律认识的进一步深化，体现了我们党加强生态文明建设的坚定意志和坚强决心，也体现了我们党推动中国特色社会主义事业发展的顶层设计、整体意识和科学谋划。这就要求我们落实好科学发展观，早日构建起服务于生态文明建设的完善的经济社会发展考核评价体系。可以说，完善的经济社会发展考核评价体系，既具有推动生态文明建设，实现社会和自然全面发展、和谐发展、科学发展的价值观意蕴，又具有其相应的方法论意蕴。

1971 年日本成立环境厅，其主要职责为：资源保护和污染防治；负责环保政策、规划、法规的制定与实施；全面协调与环保相关的各部门的关系；指导和推动各省及地方政府的环保工作；每年发表一本《环境白皮书》，以指导国家环境保护工作的有效展开。环境厅厅长由国务大臣担任，直接参与内阁政策。"随着环境厅的设立，各地方政府也设立了相应的环境保护机构，到 1971 年年底，有 46 个地方政府设立了环境局。"各地方环境局根据环境厅制定的公害政策和标准，在中央政策的指导下，制定了比国家标准更为严格的地方标准，对区域内的企业进行严格管理。至此，从中央到地方较为统一完善的环境管理体制形成。

环境标准和环保法律是相辅相成的，环保法律中包含许多量化的指标和标准；判定企业是否违法在某种程度上是依靠各类环境标准来衡量的，而环境标准的实施又必须借助法律的强制性力量。因此，日本政府在制定相关的环保法律时，在部分法律法规中直接注明了相关的环境标准，同时也颁布了一系列专门的环境标准。如《硫氧化物环境基准》（1969）、《一氧化碳环境基准》（1970）、《水质污染环境基准》（1970）、《噪声环境基准》（1971）、《悬浮微粒环境基准》（1972）、《大气污染环境基准》（1973）等。法律法规中出现的环境标准和专门的环境标准在颁布后都经历多次修改、强化，如对氮氧化物、二氧化硫和汽车废气的排放标准在 20 世纪 90 年代以前曾分别发布过 5次、8 次和 9 次法规。值得一提的是，日本的环境标准与其他许多国家相比是更为严格的。另外，根据日本的环境管理体制，由中央制定的标准必须在全国通用，地方政府和地方公共团体可以在本地区制定区域性标准。许多场合，区域性标准都比国家标准更为严格。[①]

日本的环保标准是以严格出名的，日本可以算是全世界在这一方面最为严格的国家之一。是否可以制定和执行严格的环保标准，很大程度上取决于公民是否有良好的环保教育和自觉的环保意识。注重良好的环保教育和自觉的环保意识的培养，才能与严格的环保考核评价体系、评价标准等形成合力。而进行良好的环保教育和培养起自觉的环保意识，无疑最好从中小学开始抓。例如，日本的环保教育就是从中小学抓起的，这一点确实值得许多国家借鉴。"早在 1965 年，日本就出台了学校推进环保教育的《学习指导要领》，分年级、分阶段地详细规定有关环境教育的方法和内容。1970 年，在第 64 届国会特别会议上，文部省决定在中小学社会课的教学内容中加入公害教育的内容。"[②]

随着党的十九大的胜利召开，中华大地掀起了一场轰轰烈烈的环境保护运动。可以说，从中央到地方，各个地方、各个学校都在尝试把环保教育融入广大青少年的学校教育、社会教育中。例如，2018 年 9 月 1 日至 12 日，为推动青少年生态教育，引导青少年积极参与生态环境保护实践行动，由环境保护部宣传教育中心和福建省环境保护宣传教育中心、浙江省环境宣传教育中心、江西省环境保护宣传教育中心联合主办的"中国青少年生态教育示范课进校园"活动在 18 所大、中、小学校开展，有 12000 余名师生参加了活动。本次活动邀请到世界知名生态活动家、"蓝色经济"模式创始人冈特·鲍利先生和零排放研究创新基金会法律总监、《冈特生态童书》插画师凯瑟琳娜女士作为主讲嘉宾。两位专家的生态专题讲座内容丰富、生动有趣，能够帮助同学们更深刻地理解生态环境问题的复杂性、解决方式的多元性，以及社会可持续发展的重要性，同学们听后都反映开阔了视野，活跃了思维，更增强了参与生态环境保护实践的积极性。在活动中，学校师生也向外国专家展示了学校在生态环境教育方面做出的努力和取得

---

① 杨玫、郭卫东：《生态文明与美丽中国建设研究》，中国水利水电出版社，2017，第 81~82 页。

② 杨玫、郭卫东：《生态文明与美丽中国建设研究》，中国水利水电出版社，2017，第 84 页。

的成就。① 在这里，就把先进的国际化经验和时尚的国际化元素融入了本土的环保教育、生态教育中，取得良好的教育效果、科普效果是情理之中的。

在中国，把生态文明建设理解为一场涉及生产方式、生活方式、思维方式和价值观念的革命性变革，是人类文明时代的一次巨大进步，也是对以往文明发展方式不足的全面反思。实现这样的根本性变革，必须依靠制度和法治。2013 年 5 月 24 日，习近平在中共中央政治局主题为"大力推进生态文明建设"的第六次集体学习中强调指出："只有实行最严格的制度、最严密的法治，才能为生态文明建设提供可靠保障。"② 我国生态环境保护中存在的一些突出问题，大都与体制不完善、机制不健全、法治不完备有关。只有建立起系统完整的制度体系，特别是完善的经济社会发展考核评价体系，才能更好地实现用制度来保护生态环境，推进生态文明建设。

完善的经济社会发展考核评价体系，对于推进生态文明建设特别是其中的体制机制建设而言，犹如一根"指挥棒"。完善的经济社会发展考核评价体系要求我们把资源消耗、环境损害、生态效益等指标综合纳入生态文明建设状况的评价体系中，建立起体现生态文明要求的目标体系、考核办法、奖惩机制，使之成为推进生态文明建设的重要导向和约束。建立完善的经济社会发展考核评价体系，目的是维护良好的生态环境，且保证为经济社会发展提供更好的服务。如果生态环境指标很差，也必然会影响经济社会的良性发展。

建立完善的经济社会发展考核评价体系，离不开严格的责任追究制度。我们知道，严格的责任追究制度是保护资源环境这种稀缺性、不可再生性公共产品的非常必要的制度设计。严格的责任追究制度也是一项完善的考核评价体系的有机组成部分。

要真正贯彻严格的终身责任追究制度，就离不开对领导干部实行自然资源资产离任审计，以建立生态环境损害责任终身追究制。要建立健全资源生态环境管理制度，健全自然资源资产产权制度和用途管制制度，加快建立国土空间开发保护制度，健全能源、水、土地节约集约使用制度，强

---

① 《中国青少年生态教育示范课进校园活动走进福建、浙江、江西三省》，环境保护部宣传教育中心网站，http：//www.chinaeol.net/news/view.asp？id＝86192&cataid＝15,％2044，最后访问日期：2018 年 10 月 2 日。

② 《习近平关于总体国家安全观论述摘编》，中央文献出版社，2018，第 182 页。

化水、大气、土壤等污染防治制度，建立反映市场供求和资源稀缺程度、体现生态价值和代际补偿的资源有偿使用制度和生态补偿制度，健全环境损害赔偿制度，强化制度约束作用。在严格制度建设的同时，离不开加强软制度的建设，如加强生态文明宣传教育，从根本上增强全民节约意识、环保意识、生态意识，营造爱护生态环境的良好风气。

内蒙古鄂尔多斯市是我国西北地区一座新兴的资源型城市，在产业规模急剧膨胀、GDP 成倍翻番时，环境瓶颈日益凸显。鄂尔多斯决定通过规划环境影响评价（简称"规划环评"），探索区域和产业发展之路。

鄂尔多斯市自然资源富集，煤炭已探明储量 1496 亿吨，约占全国的 1/6，占内蒙古自治区的 1/2，含煤面积约占全市面积的 70%，是中国产煤第一市。天然气探明储量约占全国的 1/3，其中苏里格气田探明储量为 7504 亿立方米，为国内最大的整装气田。丰富的煤炭、天然气等资源为鄂尔多斯市发展能源和化工产业开辟了广阔的空间，也为经济大发展创造了得天独厚的条件。当地领导曾不无自豪地宣称，从能源资源储量和发电能力看，鄂尔多斯完全可以成为中国的"火电三峡"。但是，鄂尔多斯在能源重化工发展中也付出了沉重的环境代价，带来了尖锐的环保和经济增长的矛盾。

鄂尔多斯曾是大气污染国家挂牌督办的城市，市环保局负责人坦言："以前鄂尔多斯走了一条'先污染，后治理'的老路，能源产业发展无序，地方上了很多小企业。其中，三个旗的环境质量都很差，铁合金和焦化行业发展很无序，两个旗的小焦化也很严重。这与当地的投资机制有很大的关系，因为在这些地方党政机关也能办企业。这些地区的环境污染问题处理起来很费劲。在处理过程中，我接触了上上下下的不少人，探讨过多种解决手段。有一次在自治区环保局他们告诉我，鄂尔多斯的问题可以从搞规划环评入手。"

环境影响评价是环境保护与经济建设结合最紧密的一项制度，也是环保参与宏观经济调控、促进产业结构调整的重要手段，被称为发展的"调节器"。自《环境影响评价法》正式颁布实施以来，规划环境影响评价得到了重视，促进了政府从决策源头上防止环境污染和生态破坏，但也面临技术方法不成熟和实践经验有限的问题。

作为环境保护部第三批全国规划环境影响评价试点项目，在招标书中明确提出了：开展"鄂尔多斯市主导产业与重点区域发展规划环境影响评价"，目的是通过对鄂尔多斯市能源、化工等主导产业发展规划以及煤炭矿区、工业园区等重点区域发展规划集中开展环境影响评价工作，从战略高度和可持续发展角度系统分析和评价相关规划与资源环境之间的协调性，从而构筑有利于环境保护的经济发展体系，指导鄂尔多斯市经济实现又好又快的发展，并最终建设成为我国重要的生态工业型城市。市里最后通过招标的方式，选择了北京师范大学来承担这项工作。

环境保护部领导对鄂尔多斯的规划环评寄予了很大的期望，因为晋陕内蒙宁能源产业发展迅猛，鄂尔多斯势头更猛，周边四省区发展着同一产业，后面跟进了许多大企业，又做着重复的产业，相互竞争，比较混乱。如果鄂尔多斯的规划环评能够做好，这是今后的一个方向，可以起到优化经济发展的作用。

规划环评使主导产业结构、规模和园区（基地）布局更趋合理。按评价和审查意见中提出的产业布局要求，首先对主导产业发展结构进行合理调整。将煤、电、化比例由现状的 71∶20∶9 调整为 35∶18∶47，促进了主导产业结构由单一向多元转变，延伸产业链。其次，根据资源承载力并结合煤化工产业政策，对煤制油和电力行业规模做了调整。将"十一五"煤制油规划规模 500 万吨调整为 200 万吨，"十二五"的二甲醚规模 1540 万吨调整为 1000 万吨，电力装机容量 2500 万千瓦调整为 2200 万千瓦。对工业园区的布局和定位进行合理调整，实施集中发展，工业项目由分散布局向集中布局发展，集中打造 9 大工业园区。同时，提高环保准入条件，凡是进园区的企业必须严格按照规划环评相关要求在园区落地建设，为此，先后否决了 64 个原来被认定符合要求的项目。①

---

① 全国干部培训教材编审指导委员会组织编写《生态文明建设与可持续发展》，人民出版社、党建读物出版社，2011，第 55~57、61 页。

可以说，规划环评确实为鄂尔多斯市带来了新变化，很好地化解了尖锐的环保和经济增长之间的矛盾。鄂尔多斯实现了从原来单纯依靠煤、依赖煤到全面实现了煤炭生产大型化、现代化、高端化，做足了装备制造业、物流业、金融业、生物能源、文化旅游全面发展的大文章，循着产业延伸和升级之路，形成了煤—焦、煤—气、煤—肥、煤—醇的产业链群。在"十一五"（2006–2010）期间，鄂尔多斯市于2008年获得我国环境保护领域最高社会性奖励——中华宝钢环境优秀奖。同年，全国人大《环境影响评价法》执法检查组对鄂尔多斯市规划环评工作也给予了高度的评价和充分的肯定。在全区12盟市党政领导班子环保实绩考核中，鄂尔多斯市因实绩突出连续两年排名第一。城市环境综合整治定量考核由2004年的全区倒数第一上升到前四位；从2007年到2009年，环境空气质量也有大幅度提升，优良率保持在90%以上，全市18个集中式饮用水源地水质达标率100%。毫无疑问，规划环评使鄂尔多斯市未来的科学发展有了科学思路，实现了经济快速发展和环境保护的良性互动。

根据定义，规划环评是指在做出重大宏观经济决策的前期充分评估环境因素，评估的内容包括对环境资源承载能力进行分析，以此为依据对各类重大开发、生产力布局、资源配置等提出更为合理的战略安排，从而实现在开发建设活动的源头就很好地预防环境问题这一目的。在政策法规制定之后，项目实施之前，对有关规划的资源环境的可承载能力进行科学评价。科学评价的一个重要内容是分析规划中对环境资源的需求，根据环境资源对规划实施过程中的实际支撑能力提出相应措施。通过规划环评，能够有效设定整个区域的环境容量，限定区域内的排污总量。

经济发展和环境保护的大量实践表明，规划环评是控制快速工业化、城市化过程中环境风险的根本手段。科学合理的规划环评的关键在于，不仅要对单个项目进行环评，还要对整个经济社会发展规划进行环评；不仅要对工业规划进行环评，还要对整个城市的发展规划进行环评。

早在1979年，我国就把项目环评作为法律制度确立了下来，以后陆续制定的环境保护法律均含有项目环评的原则规定。在2002年颁布的环境保护法律中，实现了由项目环评到规划环评的升级，把规划环评作为法律制度确立了下来。环境影响评价制度的建立和实施对于推进产业合理布局和城市规划的优化，预防资源过度开发和生态破坏，发挥了不可替代的积极作用。到了 2009 年，为了加强规划环境影响评价工作，提高规划的科学性，从源头预防环境污染和生态破坏，促进经济、社会和环境的全面协调可持续发展，根据《中华人民共和国环境影响评价法》，制定了《规划环境影响评价条例》。该条例在 2009 年 8 月 12 日国务院第 76 次常务会议上通过，8月 17 日公布，10 月 1 日起施行。

针对如何保证规划环境影响评价的对策、措施落到实处的关键问题，该条例建立了区域限批制度，规定规划实施区域的重点污染物排放总量超过国家或者地方规定的总量控制指标的，应当暂停审批该规划实施区域内新增该重点污染物排放总量的建设项目的环境影响评价文件。同时对可能在规划环境影响评价工作中发生的各种违法行为规定了明确的法律责任。

针对规划实施后如何对规划的环境影响进行跟踪评价的问题，为了及时发现规划实施后出现的不良环境影响，该条例规定，对环境有重大影响的规划实施后，规划编制机关应当组织环境影响的跟踪评价，发现产生重大不良环境影响的，应当及时提出改进措施，向规划审批机关报告；环境保护主管部门发现产生重大不良环境影响的，也应当及时向规划审批机关提出采取改进措施或者修订规划的建议；规划审批机关应当及时组织论证，并根据论证结果采取改进措施或者对规划进行修订。

山东济宁探索"互联网＋网格化"新路径，推动网格化环境监管体系与在线实时监控网络有机融合。线上，通过济宁智慧环保监管平台系统，对近千个环境质量自动监测站点、一万余家污染源视频监控点位，进行实时监测、动态分析、不间断管控。线下，建立健全网格化工作机制，设立乡镇环境监管网格 162 个，配备专职环保网格员 992名。深入开展全市污染源大排查活动，将排查出的 54061 个污染点源全部纳入市环境监管平台系统的同时，实行台账式管理。环境监管实现了"线上千里眼监控、线下网格员联动"，确保第一时间发现问题、在线督办、查处整改、上报结果。

济宁市与清华大学环境学院签署长期合作框架协议，在全国首创"城市大气环保管家"决策支撑体系。在济宁城区周边布设了 75 个空气自动检测微站，编制完成济宁市大气污染排放清单，建立了动态更新的排放清单云平台管理系统；投资 2 亿多元，在乡镇及化工园区新建空气自动检测站点 126 个，开发了济宁市空气质量预报和重污染应急管理评估系统，为实现空气质量调控提供科学决策依据。①

可以说，山东济宁市探索的"互联网+网格化"环境监管开辟了环境监管体系的新路径，通过线上线下的有机融合，极大地提升了监管的力度，把互联网监控的实时性与线下网格监控的实效性很好地结合起来。与高校合作全国首创的"城市大气环保管家"，为环境保护的有效监管与科学决策提供了客观、动态、准确的数据支撑。完善的经济社会考核评价体系是一个动态发展的有机系统，既涉及被评价主体的自我约束责任又涉及评价主体的监督管理责任，既涉及科学考核评价体系的建立又涉及合理的经济社会发展规划的制定，既涉及具体项目规划的环保评估又涉及真实环境数据的实时监测。只有切实做到责任不断夯实、力度不断加大、机制不断完善、数据更加真实，才能建设美丽中国，实现天蓝地绿、山清水秀、空气清新、生态宜居。

四 生态保护红线

应该说，生态保护红线是我国环境保护的重要制度创新。生态保护红线是指在自然生态服务功能、环境质量安全、自然资源利用等方面，所规定的必须严格保护的空间边界与管理限值，目的是维护国家和区域生态安全及经济社会可持续发展，从根本上保障好人民群众健康。"生态保护红线"是我国继提出"18 亿亩耕地红线"后所提出的另一条属于国家战略层面的"生命线"。

生态保护红线是指在生态空间范围内对那些具有特殊重要生态功能、需要强制性严格保护的区域进行严格保护，是保障和维护国家生态安全的底线和生命线。因此，生态保护红线通常涉及具有水源涵养、生物多样性维护、水土保持、防风固沙、海岸生态稳定等重要生态功能的区域，也包括生态环境敏感脆弱区域，如易水土流失、土地沙化、石漠化、盐渍化等的区域。因此，划定并严守生态保护红线是以习近平生态文明思想为指引

---

① 中国生态文明研究与促进会编《生态文明·共治共享 谱写美丽中国新篇章：中国生态文明论坛海口年会资料汇编·2016》，中国环境出版社，2017，第 134~135 页。

的重大实践活动要求和实践部署。

2018 年 10 月 1 日，生态环境部表示，生态保护红线主要保护的是生态功能重要和生态环境敏感脆弱的区域。目前 15 个省份生态保护红线划定工作已经结束。剩下的 16 个省份生态保护红线划定方案待国务院批准后由省级人民政府对外发布。初步估计全国生态保护红线面积比例将达到或超过占国土面积 25% 左右的目标。

崔书红说，有地方担心划红线影响发展的想法是片面的。生态保护红线不是"无人区"，也不是发展的"真空区"。另一方面，必须保持警醒，生态保护红线是保障国家生态安全的底线和生命线，生态安全屏障消失了，经济社会发展的"支撑力"也随之消失，那是不可持续的。

他表示，生态保护红线主要保护的是生态功能重要和生态环境敏感脆弱的区域。这些区域在红线划定过程中要做到"应划尽划，应保尽保"。划定过程中，通过严格的技术规范，充分考虑到历史和现状，与当地经济社会发展现状和规划充分衔接，给地方预留适当发展空间。

"把当地经济社会发展重要的区域划进生态保护红线，实际上也难以实现保护目的，还会为生态保护红线未来的管理遗留很多问题。"他说，生态保护红线要尽量做到与地方的生产生活区域不交叉、不重叠，让红线能够起到真正严格保护的作用。除法律法规有明确禁止规定以外的其他区域，鼓励各地合理利用生态保护红线的优质生态资源，探索生态产品价值实现的机制，把绿水青山转化为金山银山，实现生态优势向经济优势的转化。①

生态保护红线不是经济社会发展的"真空区"，而是经济社会健康发展的"支撑力"，为实现经济社会发展的可持续性、科学性提供了根本保证。

2013 年 4 月，习近平在海南考察时强调："良好生态环境是最公平的公

---

① 《我国近半省份已完成生态保护红线划定工作》，新华网，http://www.xinhuanet.com/politics/2018-10/01/c_129964497.htm，最后访问日期：2018 年 10 月 24 日。

共产品，是最普惠的民生福祉。"① 同年年底，他在中央城镇化工作会议上指出："要让城市融入大自然，让居民望得见山、看得见水、记得住乡愁。"② 2015 年的《政府工作报告》提出，要推进重大生态工程建设，拓展重点生态功能区，办好生态文明先行示范区，开展国土江河综合整治试点。生态环保贵在行动、成在坚持，我们必须抓紧不松劲，一定要实现蓝天常在、绿水长流、永续发展。党的十九大报告强调："完成生态保护红线、永久基本农田、城镇开发边界三条控制线划定工作。"③ 严守生态保护红线决不能"越雷池一步"，否则就会受到惩罚；实施重大生态修复工程，增强生态产品生产能力。

在生态文明建设的关键期、攻坚期、窗口期，我们应该以习近平生态文明思想为指引，在生态环境部党组织的坚强领导下，扎实推进生态保护红线监管体系建设，坚决扛起生态保护监管的历史责任，实现生态保护红线真正"落地"，筑牢国家生态安全底线。鉴于划定和严守生态保护红线有着事关中华民族伟大复兴的长远战略意义和助推当下经济社会发展的现实意义，党中央、国务院近年来出台了一系列重要文件，对划定并严守生态保护红线工作做出重要部署。

2015 年 1 月 1 日起，修订后的《环境保护法》开始实施，其中就明确规定了既要划定好生态保护红线，又要严守生态保护红线。2017 年 2 月 7 日，中共中央办公厅、国务院办公厅印发了《关于划定并严守生态保护红线的若干意见》，为各地划定生态保护红线制订了明确的时间表和路线图。《意见》指出，2017 年底前，京津冀区域、长江经济带沿线各省（直辖市）要划定生态保护红线；2018 年年底前，其他省（自治区、直辖市）要划定生态保护红线；2020 年年底前，全面完成全国生态保护红线划定、勘界定标，基本建立生态保护红线制度，国土生态空间得到优化和有效保护，生态功能保持稳定，国家生态安全格局更加完善；到 2030 年，生态保护红线布局进一步优化，生态保护红线制度有效实施，生态功能显著提升，国家生态安全得到全面保障。2018 年 6 月 16 日，《中共中央、国务院关于全面

---

① 《习近平关于社会主义生态文明建设论述摘编》，中央文献出版社，2017，第 4 页。
② 《习近平关于城市工作论述摘编》，中央文献出版社，2023，第 123 页。
③ 《十九大以来重要文献选编》上，中央文献出版社，2019，第 36 页。

加强生态环境保护　坚决打好污染防治攻坚战的意见》正式公布，《意见》要求："到二〇二〇年，全面完成全国生态保护红线划定、勘界定标，形成生态保护红线全国'一张图'，实现一条红线管控重要生态空间。制定实施生态保护红线管理办法、保护修复方案，建设国家生态保护红线监管平台，开展生态保护红线监测预警与评估考核。"① 当前，迫切需要我们大力推进生态保护红线的监管业务体系建设，形成"天—空—地"一体化的监控网络，获取生态保护红线的实时监测数据，全面掌握生态系统构成、分布与动态变化，及时对生态风险做出评估和预警，科学实时地监控好人类干扰活动，及时发现和纠正破坏生态保护红线的行为，提升生态保护综合管理水平。

从根本上说，生态保护红线是一项重大的区域生态保护制度体系。对生态保护红线的划定和严守体现了我国对以往自然保护地建设与管理的先进经验的继承和发展。要严守生态保护红线，就要强化自然保护地的监管与保护，确保自然保护地的生态功能不降低、面积不减少、性质不改变。在经济社会发展实践中，要推动生态保护红线制度的"落地"，必须坚持以习近平生态文明思想为指引，牢牢树立起生态红线观念，在国家发展战略的高度上维护好国家生态安全。

联合国"千年生态系统评估"项目于 2005 年 3 月 30 日在北京、伦敦、华盛顿等 8 城市同步发布其研究成果。95 个国家的 1300 多名科学家经过 4 年时间进行的研究表明，人类赖以生存的生态系统有 60% 正处于不断退化状态，支撑能力正在减弱。科学家们警告，未来 50 年内，这种退化也许还将继续。

评估报告指出，过去 60 年以来全球开垦的土地比 18、19 世纪的总和还多，1985 年以来使用的人工合成氮肥与前 72 年的总量相当，在过去 50 年里，人类对生态系统的影响比以往任何时期都要快速和广泛，10%—30% 的哺乳动物、鸟类和两栖类动物物种正濒临灭绝。科学家将生态系统的服务功能分为四大类 24 项，结果发现，15 项生态服务功能正不断退化，而且生态系统服务功能的退化在未来 50 年内将进一步

① 《十九大以来重要文献选编》上，中央文献出版社，2019，第 518 页。

加剧。

"千年生态系统评估"项目理事、科技部部长徐冠华，国家环保总局副局长张力军等出席了今天在北京举行的发布会。他们表示，生态是全球性问题，需要世界各国共同努力。我国将开展有针对性的生态恢复和生态建设，如建立节水型社会、实施荒漠化防治工程、在全国范围内推行东西部生态补偿机制等，实现西部生态系统的良性发展。

"千年生态系统评估"于2001年6月5日启动，是首次在全球范围对生态系统及其对人类福利的影响进行的多尺度综合评估，目的是为政府决策提供可靠的地球生态系统变化的信息。[①]

联合国《千年生态系统评估报告》正式发布，其权威性愈加使人类看到了生态系统面临巨大风险——人类赖以生存的生态系统有60%正处于不断退化的状态，地球上近2/3的自然资源已经消耗殆尽。习近平生态文明思想丰富和发展了马克思主义生态文明思想，同时也是对中华民族优秀传统生态思想的继承和批判。从本质上讲，习近平生态文明思想属于中国特色社会主义的生态文明思想，坚持了人与自然的和谐共生、和谐发展。习近平生态文明思想的形成扎根于中国当前的社会发展现实，是以科学的态度对当前中国生态环境困境进行实事求是的调查研究的结果。习近平生态文明思想的形成，既坚持人与自然的和谐发展，也坚持了人与人的和谐发展，以科学发展观为指导，以满足广大人民群众美好生活需要为动力。习近平生态文明思想着眼于中国社会生态环境改善，在治国理政活动中树立起全新的生态治理思维，积极应对经济发展新常态，大力推进供给侧结构性改革。

在近代以前，人类还没有生态系统的概念。随着人类大踏步地步入工业文明时代，人类为了自身对自然资源的掠夺式占有，与自然的关系趋于紧张，这使人类更为清楚地看到了自然的有机系统性以及人和自然是共生一体的关系。这时候，人类才开始有了生态系统的概念，理解了自身的健康发展取决于生态系统的功能是否良好。联合国"千年生态系统评估"的结果表明，长期持续的人为干扰和利用对自然生态系统产生了深远的影响，

---

① 杨健：《"千年生态系统评估"报告发布》，《人民日报》2005年3月31日。

使生态系统面临物种灭绝一样的危险，生态系统保护越来越显得至关重要，理应受到人们越来越多的关注。

习近平在主持十八届中央政治局第四十一次集体学习时指出："推动形成绿色发展方式和生活方式，是发展观的一场深刻革命。这就要坚持和贯彻新发展理念，正确处理经济发展和生态环境保护的关系，像保护眼睛一样保护生态环境，像对待生命一样对待生态环境，坚决摒弃损害甚至破坏生态环境的发展模式，坚决摒弃以牺牲生态环境换取一时一地经济增长的做法，让良好生态环境成为人民生活的增长点、成为经济社会持续健康发展的支撑点、成为展现我国良好形象的发力点，让中华大地天更蓝、山更绿、水更清、环境更优美。"①

党的十九大报告强调："人与自然是生命共同体，人类必须尊重自然、顺应自然、保护自然。人类只有遵循自然规律才能有效防止在开发利用自然上走弯路，人类对大自然的伤害最终会伤及人类自身，这是无法抗拒的规律。""实施重要生态系统保护和修复重大工程，优化生态安全屏障体系，构建生态廊道和生物多样性保护网络，提升生态系统质量和稳定性。"② 可以说，我们不仅要保护环境，更要保护生态系统不被破坏，这是每个人的责任，因为环境特别是生态系统是我们生存的基本条件。

在世界范围内，1997 年 5 月 14 日路透社以《研究发现，我们每年欠地球 33 万亿美元》为题报道说，美国国立生态分析和综合研究中心，一个由生态学家和经济学家组成的研究小组，估算了地球的生态价值，包括空气、海洋、河流和岩石的价值，例如，森林为人类提供新鲜空气，每年每公顷的价值为 141 美元，气候、气流、水、土壤形成与营养物质循环，以及垃圾处理、生物控制、粮食生产、原材料、消遣与文化娱乐每年每公顷的价值为 969 美元。

这个研究小组在英国《自然》杂志发表文章说："就整个生物圈来说，每年它向人类提供物质的价值估计在 16 万亿至 54 万亿美元之间，

① 《习近平谈治国理政》第二卷，外文出版社，2017，第 395 页。
② 习近平：《决胜全面建成小康社会　夺取新时代中国特色社会主义伟大胜利——在中国共产党第十九次全国代表大会上的报告》，人民出版社，2017，第 50~52 页。

平均每年为 33 万亿美元。这肯定是个最低估计。这些物质大多数是市场上买不到的。"

33 万亿美元。这是一个什么数字？全世界一年的国民生产总值为 32 万亿美元，不及地球每年贡献的生态价值。上述研究小组的文章说："如果没有生态学生命保障系统的贡献，地区的经济就将停滞。因此在某种意义上，地球对经济贡献的总价值是无限的。"①

其实，生态价值是无限的，不仅仅是每年贡献超过全世界一年的 GDP 那么简单、直观，更为重要的是关系到我们人类的生存质量，我们人类的未来，我们人类发展的无限可能性。

生态系统简称 ECO（ecosystem 的缩写），是指在自然界的一定空间内，生物与环境构成的统一整体。在这个统一整体中，生物与环境之间相互影响、相互制约，并在一定时期内处于相对稳定的动态平衡状态。生态系统的范围可大可小，相互交错。例如，我们可以把太阳系看作一个生态系统，太阳就像一个永远不会熄灭的能量源，不断地给整个太阳系提供着能量。我们也可以把地球的生物圈理解为一个生态系统。在地球上，最为复杂的生态系统又是热带雨林生态系统。今天，我们人类主要是生活在以城市和农田为主的人工生态系统中。其实，没有封闭的系统，生态系统都是开放的。生态系统为了维系自身的稳定或存在，就需要不断地输入能量，以免走向崩溃。在生态系统中，许多基础物质不断循环。生态循环系统中的碳循环又与全球温室效应密切相关。不难想象，生态系统应该属于生态学研究的最高层次。

可以追溯一下，最早倡导人与自然和谐共处的是美国新英格兰的一位著名作家。他叫亨利·戴维·梭罗（Henry David Thoreau）。在其 1849 年出版的著作《瓦尔登湖》中，梭罗对当时正在美国兴起的资本主义经济及其对过去田园牧歌式美好生活的破坏深表痛心。梭罗在距离康科德两英里的瓦尔登湖隐居两年的生活中，对当地生物做了详细的考察，以艺术的笔调记录在《瓦尔登湖》一书中。正是因为这本家喻户晓的名作，梭罗被后人

---

① 黄承梁、余谋昌：《生态文明：人类社会全面转型》，中共中央党校出版社，2010，第 98~99 页。

尊称为"生态文学批评的始祖"。

1962年，美国海洋生物学家蕾切尔·卡逊（Rachel Carson）出版了震惊世界的生态学著作《寂静的春天》，提出农药滥用造成了生态公害与环境保护问题，唤起了公众对环保事业的关注。1964年，先驱卡逊去世，化工巨头孟山都化学公司颇有针对性地出版了《荒凉的年代》一书，对环保主义者进行攻击，书中描述了杀虫剂被禁止使用后，各种昆虫大肆传播疾病，导致大众死伤无数的"惨剧"。1970年4月22日，美国哈佛大学学生丹尼斯·海斯（Dennis Hayes）发起并组织环境保护活动，得到了环保组织的热烈响应，全美各地约2000万人参加了这场声势浩大的游行集会，唤起人们的环境保护意识，促使美国政府采取了一些治理环境污染的措施。后来，这项活动得到了联合国的首肯。至此，每年4月22日便被确定为"世界地球日"。1972年，瑞典斯德哥尔摩召开了"人类环境大会"并于5月5日签订了《斯德哥尔摩人类环境宣言》，这是环境保护领域的一个划时代的历史文献，是世界上第一个维护和改善环境的纲领性文件。在该宣言中，各签署国达成了七条基本共识。此外，会议还通过了将每年的6月5日作为"世界环境日"的建议。会议把对生物圈的保护列入国际法之中，成为国际谈判的基础。随着第三世界国家自身的发展壮大，这些国家日益成为保护世界环境的重要力量，使环境保护成为全球的一致行动，并得到各国政府的承认与支持。在会议的建议下，成立了联合国环境规划署，总部设在肯尼亚首都内罗毕。

1982年5月10日至18日，为了纪念"人类环境大会"召开10周年，促使世界环境有一个根本性的好转，成员国在规划署总部内罗毕召开了人类环境特别会议，并通过了《内罗毕宣言》，在充分肯定了《斯德哥尔摩人类环境宣言》的基础上，针对世界环境出现的新问题，提出了一些各国应共同遵守的新的原则。与以往有较大区别的是，《内罗毕宣言》第一次指出了进行环境管理和评价的必要性，以及环境评估同环境状况、经济发展、人口规模、资源禀赋之间有着非常紧密而复杂的相互关系。宣言指出："只有采取一种综合的并在区域内做到统一的办法，才能使环境无害化和社会经济持续发展。"这是一种从生态系统的角度来处理人和环境、经济社会发展与环境关系的办法，即只有坚持整体性的环境评估，才能在推动社会经济持续发展的同时避免对环境造成破坏性的影响。1987年，以挪威前首相格罗·布莱姆·布伦特兰夫人为主席的联合国环境与发展委员会（WCED）在给联合国的报告《我们共同的未来》（*Our Common Future*）中提出了"可持续发展（Sustainable Development）"的设想。在报告中，把可持续发展定义为"既满足当代人需求，又不影响后代人的发展能力"。

1992 年 6 月 3 日至 4 日，"联合国环境与发展大会"在巴西里约热内卢举行。183 个国家的代表团和联合国及其下属机构 70 个国际组织的代表出席了会议。其中，102 位国家元首或政府首脑亲自与会。在这次会议中，重温了 1987 年提出的"可持续发展战略"。可以说，这一战略再次得到了与会各国的普遍赞同。《里约环境与发展宣言》（*Rio Declaration*）又称《地球宪章》（*Earth Charter*），在这次会议上获得了通过。这一《宣言》成为在环境与发展方面国家和国际行动的指导性文件。整篇宣言由 27 条原则构成，共同阐发了可持续发展的观点。在《宣言》中，第一次在承认发展中国家拥有同等发展权力的前提下制定了环境与发展相结合的方针。

这次会议还通过了为各国领导人提供 21 世纪在环境问题上共同采取战略行动的文件，如联合国可持续发展《21 世纪议程》《关于森林问题的原则声明》《联合国气候变化框架公约》与《生物多样性公约》等。《联合国气候变化框架公约》计划将大气中温室气体浓度稳定在不对气候系统造成危害的水平。非政府环保组织通过了《消费和生活方式公约》，认为商品生产的日益增多，引起自然资源的迅速枯竭，造成生态体系的破坏、物种的灭绝、水质污染、大气污染、垃圾堆积。因此，新的经济模式应当是大力发展满足居民基本需求的生产，严厉禁止生产为少数人服务的奢侈品，在减少不必要的浪费的意义上，降低世界消费水平。

从工业文明主导的社会走向生态文明主导的社会，首先需要改变我们的价值观，即要走出人类中心主义，确立起人与自然和谐共生、和谐相处的新型价值观。正如我们所强调的以及整个国际社会所强调的那样，生态保护红线就是要实现国家和区域生态安全，推动经济社会的可持续发展，抑或像成立于 1968 年 4 月的罗马俱乐部的宗旨所明确的那样，"通过对人口、粮食、工业化、污染、资源、贫困、教育等全球性问题的系统研究，提高公众的全球意识，敦促国际组织和各国有关部门改革社会和政治制度，并采取必要的社会和政治行动，以改善全球管理，使人类摆脱所面临的困境"①。

五 问责

改革开放以后，特别是 20 世纪 90 年代以来，特别是随着公共领域事故发生频率的提高，中国引进了政府管理模式，问责逐渐成为整个社会关注的焦点。问责的优点是，即便官员不触犯党纪国法，但只要在其责任范围和职务范围之内出了问题，官员没有尽到相应的责任，也要承担相应责任后果。这就极大地监督和约束了官员的行为，使其能够恪尽职守、履职尽责、守土有责、守土尽责。问责的实施最早开始于 2003 年的"非典"时期。在此之后，伴随着问责制度的深入推进，我国逐渐形成了严格的问责制。随着我国国家公务员法的颁布实施，问责制从法律上确定下来，从而实现了问责法制化。目前，我国正在全面推进行政体制改革，其中的一项重要内容就是建立全面的行政问责制。

"河长制"由江苏省无锡市首创。它是在太湖蓝藻暴发后，无锡市委、市政府自加压力的举措，所针对的是无锡市水污染严重、河道长时间没有清淤整治、企业违法排污、农业面源污染严重等现象。2007年 8 月 23 日，无锡市委办公室和无锡市人民政府办公室印发了《无锡市河（湖、库、荡、沈）断面水质控制目标及考核办法（试行）》。在下达的这份文件中明确指出：将河流断面水质的检测结果"纳入各市（县）、区党政主要负责人政绩考核内容"，"各市（县）、区不按期报告或拒报、谎报水质检测结果的，按照有关规定追究责任"。这份文件的出台，被认为是无锡推行"河长制"的起源。自此，无锡市党政主要负责人分别担任了 64 条河流的"河长"，真正把各项治污措施落实到位。2008 年，江苏省政府决定在太湖流域借鉴和推广无锡首创的"河长制"。之后，江苏全省 15 条主要入湖河流已全面实行"双河长制"。每条河由省、市两级领导共同担任"河长"，"双河长"分工合作，协调解决太湖和河道治理的重任，一些地方还设立了市、县、镇、

---

① 参见"罗马俱乐部"词条，https://baike.so.com/doc/5682587-5895264.html，最后访问日期：2018 年 10 月 4 日。

村的四级"河长"管理体系，这些自上而下、大大小小的"河长"实现了对区域内河流的"无缝覆盖"，强化了对入湖河道水质达标的责任。淮河流域、滇池流域的一些省市也纷纷设立"河长"，由这些地方的各级党政主要负责人分别承包一条河，担任"河长"，负责督办截污治污。

2016年12月11日，中共中央办公厅、国务院办公厅印发的《关于全面推行河长制的意见》公布，意见指出，全面推行河长制是落实绿色发展理念、推进生态文明建设的内在要求，是解决中国复杂水问题、维护河湖健康生命的有效举措，是完善水治理体系、保障国家水安全的制度创新。意见要求，地方各级党委和政府要强化考核问责，根据不同河湖存在的主要问题，实行差异化绩效评价考核，将领导干部自然资源资产离任审计结果及整改情况作为考核的重要参考。2017年3月5日，第十二届全国人民代表大会第五次会议在北京人民大会堂开幕，国务院总理李克强作政府工作报告，指出全面推行河长制，健全生态保护补偿机制。2018年7月17日，水利部举行全面建立河长制新闻发布会宣布，截至6月底，全国31个省区市已全面建立河长制。这比2016年中办国办文件提出的要求整整提前了半年。①

所谓"河长制"，就是指由地方党政主要负责人兼任"河长"，负责辖区内河流的水污染治理和水质保护。2016年10月11日，习近平主持召开中央全面深化改革领导小组第二十八次会议并审议通过了《关于全面推行河长制的意见》，这标志着"河长制"从最开始的地方政府制度创新上升为全国性水环境治理方略。这就意味着，在现实中推行科学化的水环境治理的客观需要对"河长制"提出了更高的要求。应该坚持解放思想、实事求是、与时俱进，把"河长制"从形成之初作为一项应对危机的应急性的水环境治理制度提升为一种常规化、长效化的水环境治理制度。这一点正是推进"河长制"不断发展演进的现实逻辑。"较之于过去的领导督办制、环保问责制，'河长制'改革具有更加丰富的内涵，它的目标定位不局限于问

---

① 参见"河长制"词条，https://baike.so.com/doc/5903866-6116767.html，最后访问日期：2018年10月6日。

责层面，而是以问责助力水治理制度的系统变革，是一场涉及职能分工整合、治理主体格局变迁、组织再造、政策工具调整的系统性变革。由于职能分离、部门壁垒、管理碎片化、协作失败是我国水治理长期以来面临的难题，因此在水资源危机、环境问题凸显的今天，完善水治理体系，保障国家水安全十分紧迫。"①

"河长制"是应对我国当前水环境治理困局的一项制度创新。可以说，水治理的"河长制"模式不仅满足了水资源本身的流动性、跨界性、产权模糊性以及治理综合性对治水提出的内生需求，而且破解了既往"九龙治水"导致"条条"和"块块"执行矛盾的困局。"河长制"管理通过各级地方政府及其主要领导的齐抓共管、自上而下的强势推动，层层推进，条条落实，严格考核，严厉追责，很好地解决了我国河湖治理体制中的痼疾，产生了实实在在的成效。"河长制"把"突击式治水"变为"制度化治水"，从而就把本来没有人愿意管，以至于可以肆意污染的河流变成悬在"河长"们头上的达摩克利斯之剑。"河长制"的关键在于明确"河长"的纵向责任和横向责任，厘清上下游、左右岸、主干流的地方管理责任关系，确保建构一套行之有效的责任机制、协同机制和问责机制。

我们对"河长制"的理解应该跳出"责任发包"的简单思维，自觉从发轫于江苏无锡太湖蓝藻治理的"河长制"上升为全国性水环境治理方略的"河长制"，树立起"责任链"思维。在责任管理上，既要明确党政领导的治水责任，又要进一步明确细分多元治水主体的治理责任，从而形成一个包括政府工作人员、部门、企业、社会组织、公众等在内的完整的责任链，最后形成多元主体治水秩序。在责任链中，要严格界定好职能部门的职能和社会各主体的责任，实现河道治理责任的无缝对接和治水责任全覆盖。

如同其他的问责制一样，"河长制"也要强化制度供给，实现从"河长治水"到"制度治水"的根本性转变。加强法治与建立健全法律制度是当下中国制度化建设不可或缺的组成部分。社会上比较认可的方式就是加强和加快将"河长制"制度化、法律化的工作。在过去江苏太湖治理中应急性的"河长制"中，还存在一些对行政权力过度依赖的现象，如运行中过

---

① 周建国、熊烨：《"河长制"：持续创新何以可能——基于政策文本和改革实践的双维度分析》，《江苏社会科学》2017 年第 4 期。

于依赖河长及河长办，不同地区河长的重视程度、行政资源多寡、监督问责力度等存在较大差异。要从根本上改变由于过度依赖行政权力导致的不确定性，需要进一步提高"河长制"的制度化管理和法制化运行的水平。

只有在一个良好运行的组织中，才有良好的组织载体，"河长制"才会发挥出水环境治理中的制度优势。从各地的经验来看，组织定位不清晰、组织基础薄弱成为阻滞"河长制"改革的重要因素。例如，河长办公室的组织定位不明确，河长办公室的职能只能定位于提供咨询、沟通协调、加强监督等职责，而不能僭越各实体部门的组织权限。首先，在水环境治理中，所需的人、财、物资等资源应通过常设机构、依据正常程序就能够方便获得。另外，河长办公室等议事协调机构的设立标准要有明确的依据，其机构编制和人事安排要规范，要防止出现机构臃肿、人浮于事的情况。其次，对于如何解决各种机构所需人员问题，应坚持内部调配和短期聘用相结合的灵活方式，这样既可以节约人力供给成本、培训成本，也可以极大地丰富组织人员构成。最后，一定要加强对河长办公室人员的监督工作。在这里，主要包括人大监督、行政机构内部监督、公众和社会监督。

工具在制度运行中具有至关重要的作用。工具就是方法。毛泽东在《关心群众生活，注意工作方法》一文中指出："我们的任务是过河，但是没有桥或没有船就不能过。不解决桥或船的问题，过河就是一句空话。不解决方法问题，任务也只是瞎说一顿。"① 特别是当"河长制"从最开始的地方政府制度创新上升为全国性水环境治理方略时，"河长制"不但要有好的政策工具，还要不断对现有的政策工具进行优化组合。目前，可以根据政府干预程度差异将政策工具划分为自愿性工具、强制性工具和混合型工具。自愿性工具包括家庭、社区、市场等工具，政府对其的干预程度较低。强制性工具是指依靠政府的强制力，其工具包括管制、公共企业管理等。混合型工具则兼具政府干预和自主性双重特性，包括信息与规劝、补贴、产权拍卖、税收和使用者付费等管理工具。在"河长制"管理中应尽量避免出现对强制性政策工具的依赖，尽可能保持河湖治理政策工具的平衡性，优化河湖治理政策工具结构。

责任明确了，制度强化了，组织运行良好了，治理工具也得到优化了，

---

① 《毛泽东选集》第一卷，人民出版社，1991，第139页。

剩下的问题就是多方动员"河长制"执行力量了。"河长制"除了要动员体制内力量，还要充分动员企业、非政府组织、社会公众、媒体等体制外力量，最终的目的在于形成多方力量共同有效参与的治理合力。动员多方力量首先离不开推动水环境信息的公开。这是体制外力量主体参与河湖治理的前提。需要公开的信息包括水质和污染现状、污染源情况、治理项目和工程安排、预算执行情况等信息。另外，还要规范好体制外力量主体的参与程序，否则，随机、无序的参与会大大地降低河湖的治理效率。

2012年11月，党的十八大从新的历史起点出发，做出"大力推进生态文明建设"①的战略决策，从十个方面绘出生态文明建设的宏伟蓝图。在十八大报告中，不仅第一、第二、第三部分分别论述了生态文明建设的重大成就、重要地位、重要目标，而且在第八部分用整整一部分的宏大篇幅，全面深刻论述了生态文明建设的各方面内容，从而完整描绘了今后相当长一个时期我国生态文明建设的宏伟蓝图。可以说，自党的十八大以来，以习近平同志为核心的党中央统筹推进"五位一体"总体布局和协调推进"四个全面"战略布局，就环境保护和生态文明建设提出了一系列新理念新思想新战略，为建设美丽中国、走向社会主义生态文明新时代提供了科学指南。党的十九大报告强调指出："我们要建设的现代化是人与自然和谐共生的现代化，既要创造更多物质财富和精神财富以满足人民日益增长的美好生活需要，也要提供更多优质生态产品以满足人民日益增长的优美生态环境需要。必须坚持节约优先、保护优先、自然恢复为主的方针，形成节约资源和保护环境的空间格局、产业结构、生产方式、生活方式，还自然以宁静、和谐、美丽。"② 可以说，十九大从世界观、价值观和方法论的哲学视角强调了生态文明建设的重要性。这为推动人类走向生态文明新时代提供了科学指南。

近年来，我国不断加强生态问责力度。生态问责已经成为生态文明制度建设的重要组成部分。健全生态问责制度，是加快生态文明建设、推进绿色发展的重要方式，是提高生态治理现代化水平的必由之路。当前，明确生态问责的事项和范围、问责程序、责任追究力度，都成为时代的呼唤。

---

① 《十八大以来重要文献选编》上，中央文献出版社，2014，第627页。
② 习近平：《决胜全面建成小康社会　夺取新时代中国特色社会主义伟大胜利——在中国共产党第十九次全国代表大会上的报告》，人民出版社，2017，第50页。

早在 2015 年 1 月，新修订的《环境保护法》就明确了政府对环境保护的监督管理职责，完善了生态保护红线制度，加大了处罚力度，被称为"史上最严环保法"。2016 年 7 月，中共中央印发了《中国共产党问责条例》，特别规定在推进生态文明建设中对领导不力，出现重大失误，给党的事业和人民利益造成严重损失，产生恶劣影响的要施行问责。2016 年 12 月底，中共中央办公厅、国务院办公厅印发了《生态文明建设目标评价考核办法》，规定生态文明建设目标评价考核实行党政同责，地方党委和政府领导成员在生态文明建设中一岗双责。

在《德意志意识形态》中，马克思强调自然界时刻保持着对人的优先地位。随着工业文明的过度扩张，人类社会妄图取代自然界的这种优先地位，肆无忌惮地破坏自然，从而导致生态环境日益恶化和资源能源逐渐枯竭，引发了严重的生态危机。

生态问责蕴含着强烈的问题导向、价值导向和结果导向，体现着人民立场、道德坚守和生态公正。习近平强调："生态兴则文明兴，生态衰则文明衰。"[①] 当下，面对生态危机、发展困境和时代呼唤，树立正确的生态意识，转变传统的以经济发展和以 GDP 论英雄的政绩观，坚持绿色发展观已经成为国家发展的大势所趋。

今天，我们已经进入 21 世纪，但许多人依然受传统发展观的影响，生态意识淡薄，把经济发展和生态保护对立起来，走进了单纯追求经济效应的误区。人们在消费模式和生活方式上相互攀比，以从自然攫取更多来满足自己虚荣心的不良风气逐渐盛行。

生态问责坚持了以人为本的价值理念，始终把人民的利益作为一切工作的出发点和归宿，着力于治气、净水、增绿、护蓝，全面地满足人们对天蓝、地绿、水净的需求。在严格的生态问责制度下，要实行自然资源资产离任审计，健全自然资源资产产权制度，建立国土空间开发保护制度，健全环境信息公开制度，完善环境保护管理制度等。

我们可以把生态问责形象地概括为，有权必有责、有责要担当、失责必追究。可以说，对生态问责是伴随领导干部一生的，对生态环境损害行为是"零容忍"的。这充分体现了生态问责抓的是领导干部这个"关键少

---

① 《习近平谈治国理政》第三卷，外文出版社，2020，第 374 页。

数"，举起了干部选拔任用和考核评价的"指挥棒"，激发了领导干部的责任意识和担当精神。这些就为加快生态文明建设、推进绿色发展奠定了坚实基础。在进行生态问责的同时，应该多管齐下，强化对自然保护和生态修复的支持力度，完善生态补偿机制，提升生态治理能力，为推进生态文明建设保驾护航。

本章执笔人：毛升

第六章　携手共建生态良好的
地球美好家园

一　绿色治理新机制

《巴黎协定》是 2015 年 12 月 12 日在巴黎气候变化大会上通过、2016 年 4 月 22 日在纽约签署的气候变化协定，该协定为 2020 年后全球应对气候变化的行动做出安排。《巴黎协定》的主要目标是将 21 世纪全球平均气温上升幅度控制在 2 摄氏度以内，并将全球气温上升控制在前工业化时期水平之上 1.5 摄氏度以内。

中国于 2016 年 9 月 3 日批准加入《巴黎协定》，成为第 23 个完成批准该协定的缔约方。

2017 年 10 月 23 日，随着尼加拉瓜的签署，拒绝《巴黎协定》的国家只有叙利亚和美国。11 月 8 日，在德国波恩举行的新一轮联合国气候变化大会上，叙利亚代表宣布将尽快签署加入《巴黎协定》并履行承诺。

2018 年 4 月 30 日，《联合国气候变化框架公约》（UNFCCC）框架下的新一轮气候谈判在德国波恩开幕。缔约方代表将就进一步制定实施气候变化《巴黎协定》的相关准则展开谈判。

《巴黎协定》共 29 条，当中包括目标、减缓、适应、损失损害、资金、技术、能力建设、透明度、全球盘点等内容。

从环境保护与治理上来看，《巴黎协定》的最大贡献在于明确了全球共同追求的"硬指标"……只有全球尽快实现温室气体排放达到峰值，本世纪下半叶实现温室气体净零排放，才能降低气候变化给地球带来的生态风险以及给人类带来的生存危机。

从人类发展的角度看，《巴黎协定》将世界所有国家都纳入了呵护地球生态确保人类发展的命运共同体当中。协定涉及的各项内容摈弃了"零和博弈"的狭隘思维,体现出与会各方多一点共享、多一点担当,实现互惠共赢的强烈愿望。《巴黎协定》在联合国气候变化框架下,在《京都议定书》、"巴厘路线图"等一系列成果基础上,按照共同但有区别的责任原则、公平原则和各自能力原则,进一步加强联合国气候变化框架公约的全面、有效和持续实施。

从经济视角审视,《巴黎协定》同样具有实际意义:首先,推动各方以"自主贡献"的方式参与全球应对气候变化行动,积极向绿色可持续的增长方式转型,避免过去几十年严重依赖石化产品的增长模式继续对自然生态系统构成威胁;其次,促进发达国家继续带头减排并加强对发展中国家提供财力支持,在技术周期的不同阶段强化技术发展和技术转让的合作行为,帮助后者减缓和适应气候变化;再次,通过市场和非市场双重手段,进行国际间合作,通过适宜的减缓、顺应、融资、技术转让和能力建设等方式,推动所有缔约方共同履行减排贡献。此外,根据《巴黎协定》的内在逻辑,在资本市场上,全球投资偏好未来将进一步向绿色能源、低碳经济、环境治理等领域倾斜。①

《巴黎协定》是全球落实减排承诺,从环境保护与治理、人类社会公正性、经济发展绿色转型等各方面而言,都具有重大的革命性意义。巴黎气候大会形成了以"国家自主贡献+每五年一次全球集体盘点"为核心的全球治理新机制。这一治理机制尊重各缔约方的具体国情和能力,由各国自主提出其 2030 年前减排目标。《巴黎协定》可以说是继《联合国气候变化框架公约》《京都议定书》之后全球气候治理发展的第三大里程碑。可以说,《巴黎协定》是《京都议定书》的升级。《巴黎协定》不仅聚焦温室气体减排,而且更为紧密地与减缓和适应气候变化相结合。从参与主体来看,《巴黎协定》的缔约方几乎囊括世界上所有的国家。因此,《巴黎协定》传达了这样一种意识:适应和应对气候变化是全人类共同的责任,至少在全球大多数地区,适应气候变化并保卫当地人们的安全应该成为人类的共同行动。

---

① 见"巴黎协定"词条,https://baike.so.com/doc/57459-24187433.html,最后访问日期:2018 年 10 月 9 日。

就减排任务而言，它强调以"自主贡献"来提出国别计划，即通过"自定目标—国际评估"体系来实践，区别于过往京都机制的强制减排指标。这样，《巴黎协定》在人类越来越需要共同应对问题而不是简单地去界定彼此责任大小的情况下，体现为气候变化的全球治理新机制，或者说它开创了新的全球治理机制。

2015年11月30日，国家主席习近平在巴黎出席气候变化大会开幕式时发表了题为《携手构建合作共赢、公平合理的气候变化治理机制》的重要讲话。习近平指出："巴黎大会正是为了加强公约实施，达成一个全面、均衡、有力度、有约束力的气候变化协议，提出公平、合理、有效的全球应对气候变化解决方案，探索人类可持续的发展路径和治理模式。"[1]

出乎许多国家意料的是，2017年6月1日，美国总统特朗普在白宫宣布美国将继续奉行"美国优先"的战略并退出《巴黎协定》。这是继退出跨太平洋贸易伙伴协定后，特朗普宣布退出的第二个由前任奥巴马总统签署的国际协议。

科学家们一致认为，全球变暖是人类对化石燃料的使用所造成的。他们表示，美国退出《巴黎协定》可能会加剧全球气候变化带来的恶劣影响，热浪、洪水、干旱以及风暴将会更为频繁和变本加厉。由此可见，要想推行全球气候治理新机制，抑或全面推进新的全球治理机制，还有很长的路要走。这需要我们克服本国优先的单边主义思维，确立全球化思维，学会从人类发展战略的高度看待全球气候问题或整个人类进入生态文明时代的重大问题。

纺织行业是我国国民经济的传统支柱产业，也是国际竞争优势比较明显的重要产业之一。我国一度是世界第一大生产大国、消费大国、贸易大国，纺织业生产厂家占全球三分之一，贸易量占全球服装贸易市场的四分之一。加入世界贸易组织后，贸易壁垒的逐步取消一度让国内许多行业和企业非常乐观，特别是一些产品出口量大、对外依存度高的行业和企业，简单地认为我们的产品从此可以长驱直"出"。然

---

[1] 习近平：《携手构建合作共赢、公平合理的气候变化治理机制——在气候变化巴黎大会开幕式上的讲话》，人民出版社，2015，第2页。

而，随着欧洲环保标准的加严，很多企业遇到了困难。

20 世纪 90 年代中期，欧盟已经开始通过不同方式出台了许多针对纺织及服装产品的环保标准和要求，对纺织和服装产品生产加工过程中有害化学物质的使用和限量作出了具体规定。后来，欧盟又陆续出台了相关的禁令。例如，1994 年，德国颁布了针对偶氮染料的禁令。1995 年，日本颁布的《产品责任法》规定，对皮肤伤害、异物混入、燃烧事故、染色不良造成的特殊事故等服装成品缺陷，受害者可申请赔偿。1997 年，欧盟禁止在棉花种植过程中使用含有有毒金属化合物的杀虫剂。1999 年起，使用含有致癌芳香胺的 118 种偶氮染料的成衣、皮革、服装、床上用品、家居布料等都不可在德国市场上销售。

2008 年，欧盟、美国相继出台了《关于限制全氟辛烷磺酸销售及使用的指令》《消费品安全改进法案》等法律法规，大幅提高了绿色壁垒的门槛，使我国纺织服装进入欧美市场的难度进一步加大。美国自 2008 年 12 月 1 日起，每两周发布一次中国纺织品和服装进口统计报告，对中国相关产品进口数量实施监测，并在进口限额到期后对我国输美纺织服装进行密切监控。①

一个运行良好的绿色治理机制最后应该是可以实现双赢、共赢的。"绿色壁垒"越来越复杂也说明了一点，随着科学技术的发展和社会的进步，人们对于环境、健康的意识将不断增强，也会极大地影响到国际贸易环境的改善，这些又进一步推动了全球绿色治理机制的不断完善。

环境标志被称为进入国际市场的"绿色通行证"，是标明产品从生产、使用和处置处理过程中符合特定环保要求的标志。使用环境标志的最终目的是保护环境，通过两个具体步骤得以实现：一是通过环境标志向消费者传递一个信息，告诉消费者哪些产品有益于环境，并引导消费者购买、使用这类产品；二是通过消费者的选择和市场竞争，引导企业自觉调整产品结构，采用清洁生产工艺，使企业环保行为遵守法律、法规，生产对环境有益的产品。1995 年 4 月，国际标准化组织开始实施国际环境检查标准制

---

① 全国干部培训教材编审指导委员会组织编写《生态文明建设与可持续发展》，人民出版社、党建读物出版社，2011，第 356～357 页。

度，规定企业产品要达到 ISO 9000 系列质量标准。与此同时，欧盟也启动了名为 ISO 14000 的环境管理系统，没有达标的产品不予市场准入。毫无疑问，通过生态纺织品认证并不容易，例如服装产品，需要组成服装产品的每一个部件（小到扣子、拉链）都要通过生态纺织品相关标准的检验和认证。很自然，如果产品一旦通过认证将会受益匪浅。我国按照国际标准的要求，努力加强了 ISO 14000 认证机构建设，提高认证机构作为独立的第三方认证主体的服务功能，扩大认证范围，提高认证工作在国内外的影响力和权威性，并建立起与国外权威认证机构的相互认可机制，为企业取得国际认证创造有利的条件。

由于我国在服装制品生产技术上进行了深入改进，经过一段时间的努力，很多企业已经感觉不到来自绿色壁垒的压力。回顾当初，绿色贸易壁垒确实对我国纺织品出口产生了消极影响，但也极大地推动了我国纺织行业的发展，推进了我国纺织及服装产品环境标准和环境标志制度的建立，从而促进了我国纺织行业产品结构的调整，全面提升了我国纺织及服装产品行业自身的竞争能力，为消费者提供了全面的"绿色"安全屏障。

法国《世界报》曾于 2007 年 12 月刊载题为《追求低成本扼杀地球》的评论文章，批评发达国家为追求低成本向发展中国家转移生产，同时却指责发展中国家污染环境。文章一针见血地指出：

"包括欧盟和美国在内的发达国家在抑制温室效应的斗争中充当表率，另一方面，中国、印度，以及其他国家遭到各种谴责，成为坏榜样。这种把全球问题简单化了的观点忽视了一个关键：印度和中国排放温室气体，是因为他们在为我们生产玩具，为我们种植蔬菜。追求低成本的疯狂动机不仅转移了产业，同时也转移了我们自己的污染。

从 2005—2007 年，中国对法国出口的食品增加了 44%。2008 年，法国进口了总值 4.11 亿欧元的中国食品。法国市场上出售的芦笋，有一半是'中国制造'，因为，在深圳附近生产的芦笋价格仅相当于地中海滨地区生产成本的四分之一。近两年，法国进口的中国制造家具数量增长了 54%。

在道德良心的掩盖下，我们拒绝承认，当我们蜂拥购买廉价的每件售价 2 欧元的 T 恤衫，每公斤售价 1 欧元的西红柿，以及购买 299 欧元旅游机票到圣多米尼克度周假的时候，我们才是温室气体的最大排放者。"

有数据显示，1990—2008 年，发达国家通过贸易积累向发展中国家转移了 160 亿吨的二氧化碳排放，而尽享进口的消费品。这一些数字超过了发达国家自身减排的二氧化碳，被国际有识之士称之为"以邻为壑"。

当然，在公害输出中，发展中国家自身也难辞其咎。发展中国家受资源与人口的双重压力，急功近利，只求眼前利益，往往不顾一切降低环境标准，接受外来投资驻厂，暂且搁置环境问题，从而给了发达国家产业转移的可乘之机。例如，日本向菲律宾转移污染严重的烧结厂，就是因为这个烧结厂的污染程度不符合日本本国的环境标准，却符合了菲律宾的环境标准，有生产的合法性。同样的现象也更多地发生在中国的土地上，举不胜举。①

发达国家处在国际价值分配链的顶端，为追求低成本向发展中国家转移生产，同时享受着发展中国家生产的廉价商品。这就充分说明，发展中国家一方面承受着环境污染、资源耗竭之苦，另一方面不得不接受发达国家攫取和瓜分发展中国家人民辛辛苦苦创造出来的剩余价值。可以说，环境问题实际上与不合理不公正的国际经济政治旧秩序息息相关。由此可见，形成并有效推行全球绿色治理新机制可以说是任重道远，从根本上取决于更加公正更加合理的国际经济政治新秩序是否得以重建。

近年来，随着发展中国家科学技术水平和经济实力的整体提升，环保意识也开始得以迅速加强。尽管也在强烈抵制高污染企业转移到本国，但大多数发展中国家迫于本国经济增长的重要任务和就业压力，不得不或者干脆就直接引进污染性技术成果或者给污染企业落户本国提供税收和政策的优惠。

正如十九大报告所强调的："中国特色社会主义进入新时代，意味着近代以来久经磨难的中华民族迎来了从站起来、富起来到强起来的伟大飞跃，迎来了实现中华民族伟大复兴的光明前景；意味着科学社会主义在二十一

---

① 范溢娉、李洲：《生态文明启示录》，中国环境出版社，2016，第 192～193 页。

世纪的中国焕发出强大生机活力，在世界上高高举起了中国特色社会主义伟大旗帜；意味着中国特色社会主义道路、理论、制度、文化不断发展，拓展了发展中国家走向现代化的途径，给世界上那些既希望加快发展又希望保持自身独立性的国家和民族提供了全新选择，为解决人类问题贡献了中国智慧和中国方案"①。因此，我国作为最大的发展中国家，其发展具有普遍性意义，既在解决发展过程中的不发展问题，又在解决发展起来以后的发展问题。其中，最有代表性的问题就是环境问题，特别是绿色治理机制问题。一方面，关键要练好内功，我国对内强调大力推进生态文明建设，探索了一条人与自然和谐共生的现代化的经济发展模式；另一方面，要加固绿色壁垒，提高产品绿色环境标准，设立中国的环境标志认证，加强与环境高标准国家、环境保护组织、科研机构等的合作，积极参与全球环境治理。中国在环境治理上的"双管齐下"，既从内环境上注重练好内功，又从外环境上积极参与全球环境治理，这对于发展中国家和发达国家都具有借鉴意义。

近年来，中国积极参与环境保护国际合作，参与国际社会应对气候变化行动，主动承担国际责任，已批准加入 50 多项与生态环境有关的多边公约和议定书，在推动全球气候谈判、促进新气候协议达成等方面发挥着积极的建设性作用。

中国为全球气候治理做出巨大贡献，并用减排数字诠释了中国的努力与决心。2017 年 5 月 22 日，中国气候变化事务特别代表解振华在柏林表示，2016 年，中国碳排放强度比前一年下降 6.6%，远超出当初计划下降 3.9% 的目标，保持着应对气候变化的力度和势头。2011~2015 年，中国碳排放强度下降了 21.8%，相当于少排放 23.4 亿吨二氧化碳。中国确定了"十三五"期间碳排放强度下降 18%、非化石能源占一次能源消费比重提高至 15% 等一系列约束性指标。近年来，中国逐步改变不合理的产业结构，推动绿色、循环、低碳发展，制订"史上最严格"《环保法》，树立不可逾越的生态红线，着力改善突出的大气、江河污染等环境问题。"二氧化硫、氮氧化物排放量分别下降 5.6% 和 4%，74 个重点城市细颗粒物（PM2.5）

---

① 习近平：《决胜全面建成小康社会 夺取新时代中国特色社会主义伟大胜利——在中国共产党第十九次全国代表大会上的报告》，人民出版社，2017，第 10 页。

年均浓度下降 9.1%；清洁能源消费比重提高 1.7 个百分点，煤炭消费比重下降 2 个百分点……"①

与此同时，中国也在大力推进气候变化的南南合作，目前中国气候变化南南合作基金已经启动，正在发展中国家开展 10 个低碳示范区、100 个减缓和适应气候变化项目和 1000 个应对气候变化培训的合作项目。中国南南合作团队已与 27 个国家开展合作，帮助这些国家提高适应能力、管理能力和融资能力。

中国作为全球应对气候变化事业的积极参与者，中国的绿色发展理念从考虑全球生态安全的角度出发，为推动世界更好实现可持续发展做出贡献。十九大报告强调："引导应对气候变化国际合作，成为全球生态文明建设的重要参与者、贡献者、引领者。"② 毫无疑问，"引导应对气候变化国际合作"主要指向引导建立有利于各国生态文明建设的全球绿色治理新机制。

二　增长的极限

在很久以前，"自然"给我们一种错觉：大自然是慷慨的，其能提供给我们的资源也是源源不断的，而且这种"获得"在人类看来是自然而然、理所应当的。从 20 世纪六七十年代开始，随着工业文明的一路高歌，环境问题越来越成为人类的发展之痛。迄今为止，人类面临的环境问题主要包括：全球气候变暖导致海平面上升，水土流失加剧而导致耕地面积减少，森林资源日益减少，水资源匮乏严重影响人们的日常生活，臭氧层出现空洞，威胁、破坏地球上的许多生命，生物物种灭绝的速度正在加快，生物多样性急剧减少，地球人口出现了爆炸性增长，已经危及自然生态的平衡，有害人工化合物和有害废物的转移已经成为一种"世界公害"，化学残留物质的污染对环境造成了不可逆的影响，等等。我们不禁要问，导致全球环境恶化的根源在哪里？人类究竟有没有办法抑制住全球环境恶化的脚步？全球化的到来对于解决全球环境问题到底是有利还是有弊？环境危机的真

---

① 《习近平"绿色治理"观：世界认同体现中国担当——国际社会高度评价"绿水青山就是金山银山"论》，人民网，http://cpc.people.com.cn/n1/2017/0607/c64387-29322571.html，最后访问日期：2018 年 10 月 13 日。

② 习近平：《决胜全面建成小康社会　夺取新时代中国特色社会主义伟大胜利——在中国共产党第十九次全国代表大会上的报告》，人民出版社，2017，第 6 页。

正解决之道在哪里？

　　罗马俱乐部之所以名声显赫，是因为它在 1972 年发表了震撼世界的著名研究报告——《增长的极限》，提出了"零增长"的对策，也被称为"零增长理论"。《增长的极限》这篇研究报告提出了五个基本问题：即人口爆炸、粮食生产的限制、不可再生资源的消耗、工业化及环境污染。阐述了人类发展过程中（尤其是产业革命以来）经济增长模式给地球和人类自身带来的毁灭性灾难，对原有经济增长模式提出了质疑；有力地证明了传统的"高增长"模式不但使人类与自然处于尖锐的矛盾之中，并将会继续不断受到自然的报复；指出"改变这种增长趋势和建立稳定的生态和经济的条件，以支撑遥远未来是可能的"。

　　…………

　　尽管人们对这个报告提出了很多批评，但是报告提出的"地球已经不堪重负，人类正在面临增长极限的挑战，各种资源短缺和环境污染正威胁着人类的继续生存"的问题，是不容忽视的。现在，绝大多数的科学家和具有远见卓识的政治家都已经认识到，人类应该建立一种新的经济和社会发展模式及生活方式，只有这样，我们的世界才既能满足目前几代人需要，而又不破坏子孙后代发展所必需的资源和环境。所以，如何正确解决经济发展同人口资源及环境问题的关系，已经成为全人类所必须认真考虑的中心课题。①

"增长的极限"，看似人类进入了一个发展或增长的死胡同。我们要问的是，增长或发展到底有没有极限？统观整个人类发展史，我们是否只是维持了一种增长模式而不肯做出新的尝试呢？答案是，非也。其实，人类一直在改进和变换自己的增长模式。增长模式如果是发展的和改进的，就无所谓极限。"增长的极限"，只是说明原有的增长模式是不可为继的，已经到了必须做出改变的关键时候了。同时，"增长的极限"也为人类实现新

---

　　① 鹤翔九天：《罗马俱乐部与〈增长的极限〉》，360doc 个人图书馆，http：//www.360doc. com/content/15/0908/17/4251088_497731512.shtml，最后访问日期：2018 年 10 月 13 日。

的发展开辟出巨大的可能性空间，关键是人类是否有勇气去把握住这一全新的发展机遇。

要说环境危机的真正解决之道在哪里？答案就在于实现人类社会、经济、政治、文化、生态文明的全面进步。党的十九大报告在谈到全面建成小康社会的目标时指出："从现在到二〇二〇年，是全面建成小康社会决胜期。要按照十六大、十七大、十八大提出的全面建成小康社会各项要求，紧扣我国社会主要矛盾变化，统筹推进经济建设、政治建设、文化建设、社会建设、生态文明建设，坚定实施科教兴国战略、人才强国战略、创新驱动发展战略、乡村振兴战略、区域协调发展战略、可持续发展战略、军民融合发展战略，突出抓重点、补短板、强弱项，特别是要坚决打好防范化解重大风险、精准脱贫、污染防治的攻坚战，使全面建成小康社会得到人民认可、经得起历史检验。"① 全面建成小康社会就是指推动中国社会的全面发展，带领人民群众奔向全面小康社会更加凸显了中国的发展是全面的发展。因此，全面建成小康社会也必然意味着生态文明建设的全面推进和环境危机的全面解决。这里还为我们具体地揭示了如何推进国家和社会的全面进步，即包括坚定实施"七大战略"，然后就是具体方法论上的"抓重点、补短板、强弱项"，以及有针对性地打好三大攻坚战。

党的十八大以来，我国生态环境质量持续好转，出现了稳中有进、稳中向好的治理态势。建设生态文明的任务非常艰巨，要基本形成节约能源资源和保护生态环境的产业结构、增长方式、消费模式，扩大循环经济规模，显著提升可再生能源比重，有效控制主要污染物的排放，促进生态环境质量的明显改善，在全社会牢牢树立起生态文明观念。今天，生态文明建设正处于压力叠加、负重前行的关键期，已进入提供更多优质生态产品以满足人民日益增长的优美生态环境需要的攻坚期，也到了有条件有能力解决生态环境突出问题的窗口期。目前，我国生态环境建设的问题不容小觑，如生态环境质量差、污染物排放量大、生态系统破坏严重、环境风险突出，这些与全面建成小康社会的要求有较大的差距。城市环境空气质量达标率比较低，其中工业、燃煤、机动车"三大污染源"的治理步履艰难。

---

① 习近平：《决胜全面建成小康社会　夺取新时代中国特色社会主义伟大胜利——在中国共产党第十九次全国代表大会上的报告》，人民出版社，2017，第27~28页。

部分地区河流流域污染仍然严重，各地水资源供需矛盾日趋紧张。各地土壤污染状况触目惊心，已经影响到了耕地质量、食品安全和国民健康的严重地步。

2013年4月，习近平在海南考察工作时特别强调："保护生态环境就是保护生产力，改善生态环境就是发展生产力。良好生态环境是最公平的公共产品，是最普惠的民生福祉。"① 在十八届中央政治局第六次集体学习时，习近平又进一步指出："要正确处理好经济发展同生态环境保护的关系，牢固树立保护生态环境就是保护生产力、改善生态环境就是发展生产力的理念。"② 生态环境是关系民生的重大问题，更是对我党执政能力的考验。习近平在全国生态环境保护大会上强调："生态文明建设是关系中华民族永续发展的根本大计。"③ 这是对生态文明建设历史地位、战略地位新的宣示。我们要充分利用中国特色社会主义的制度优势，为集中力量解决生态环境问题提供更好的条件。

"增长的极限"给我们最大的启示就是，转变发展方式是人类的当务之急。党的十八届五中全会指出："实现'十三五'时期发展目标，破解发展难题，厚植发展优势，必须牢固树立创新、协调、绿色、开放、共享的发展理念。"④ 这是关系我国发展全局的一场深刻变革。其中，绿色发展理念也是其他几个发展理念要实现的发展状态。绿色发展必然要求创新发展和协调发展，而开放发展和共享发展是在真正实现了绿色发展基础上的全新的和更高层次的开放发展与共享发展。因此，所谓发展转型，主要是转向高质量、高层次、高形态的绿色发展。绿色发展，就是在坚持节约资源、保护环境基本前提下的发展，是可持续性的发展，是人与自然和谐共生的发展。从发展目标和价值维度来看，绿色发展是实现生产发展、生活富裕、生态良好的生态文明的发展道路。从内涵来看，绿色发展是在传统发展基础上的一种模式创新，是基于生态环境容量和资源承载力的约束条件，将环境保护作为实现可持续发展重要支柱的一种新型发展模式。具体来说，是否是绿色发展有三个判断标准：第一，对环境资源的充分利用构成社会

① 《习近平关于全面建成小康社会论述摘编》，中央文献出版社，2016，第163页。
② 《习近平关于全面建成小康社会论述摘编》，中央文献出版社，2016，第165页。
③ 《全面建成小康社会重要文献选编》下，人民出版社、新华出版社，2022，第1040页。
④ 《全面建成小康社会重要文献选编》下，人民出版社、新华出版社，2022，第848页。

经济发展的内在要素；第二，实现经济、社会和环境的可持续发展是社会经济发展的重要目标；第三，经济活动过程和结果的"绿色化""生态化"是社会经济发展的主要内容和途径。

2016 年 9 月 4~5 日在中国杭州召开了 G20 峰会，本届峰会的主题是"构建创新、活力、联动、包容的世界经济"。对于杭州峰会的主题，中国人民大学重阳金融研究院执行院长王文这样表达自己的看法："事实上，此次 G20 峰会'4 个 I'的主题，即创新、活力、联动、包容，与'十三五'规划的指导思想不谋而合。'十三五'规划确立的创新、协调、绿色、开放、共享的五大发展理念，是针对中国经济发展进入新常态、世界经济复苏低迷形势提出的治本之策。这些新发展理念正在成为全球共识。"① 这充分说明，绿色发展已经成为全球共识，是当今世界经济社会全面发展的"内在要素""重要目标"以及"主要内容和途径"。

现实发展告诉我们，"增长的极限"理论固然出发点是好的，但在现实中却站不住脚。它既没有考虑科技发展对人类社会发展方式的影响，也没有考虑人类社会发展方式本身的转型。由于几次科学技术革命，全球资源并没有如罗马俱乐部所预测的那样很快枯竭。我们可以大胆推测，随着世界绿色发展潮流的到来和整个人类生态文明时代的到来，"增长的无限"将是人类发展的共同现实。

三　绿色丝绸之路

2013 年 9 月 7 日，国家主席习近平在哈萨克斯坦纳扎尔巴耶夫大学作题为《弘扬人民友谊 共创美好未来》的演讲，提出共同建设"丝绸之路经济带"。2013 年 10 月 3 日，习近平主席在印度尼西亚国会发表题为《携手建设中国-东盟命运共同体》的演讲，提出共同建设"21 世纪海上丝绸之路"。"丝绸之路经济带"和"21 世纪海上丝绸之路"简称"一带一路"倡议。"一带一路"已成为全球最受欢迎的公共产品，也是目前前景最好的国际合作平台。2018 年 8 月 27 日，习近平出席推进"一带一路"建设工作五周年座谈会并发表讲话指出："我们提出共建'一带一路'倡议以来，引起

---

① 综合新华社、人民日报、人民日报海外版等：《G20 杭州峰会：激发创新活力 "中国方案" 备受期待》，《服务外包》2016 年第 8 期。

越来越多国家热烈响应，共建'一带一路'正在成为我国参与全球开放合作、改善全球经济治理体系、促进全球共同发展繁荣、推动构建人类命运共同体的中国方案。"① 需要强调的是，"一带一路"建设也是绿色"一带一路"建设。正因如此，中国相继发布《关于推进绿色"一带一路"建设的指导意见》《"一带一路"生态环境保护合作规划》。在 2017 年 5 月召开的"一带一路"国际合作高峰论坛上，习近平主席特别提出"我们将设立生态环保大数据服务平台，倡议建立'一带一路'绿色发展国际联盟"②。

"一带一路"倡议从提出到实施的五年来，通过加强基础设施建设，极大地提高了沿线国家的互联互通能力，这为沿线各国和各地区之间进一步的经济合作发展提供了必要的基础条件。在"一带一路"建设过程中，需要把绿色"一带一路"理论体系、绿色发展理念贯穿始终。在新丝绸之路建设过程中，需要在基础设施的选址、规划设计、工艺技术、施工管理和使用维护等各个环节严格贯彻统一的绿色发展标准。严格的绿色发展标准要在项目选址上充分考虑对生态环境的影响，通过创新设计和工艺改进把项目对生态环境的不利影响降到最低程度。与此同时，还需要在达成共识的前提下设定统一的绿色产品制造、存储和运输标准以及相应的贸易规则。这一规则要力求克服现行贸易规则中的贸易至上弊端，主张算好生态成本账，在原材料或制成品的提供或生产过程中要把生态环境成本考虑进去。

绿色"一带一路"建设还需要从小处着手，从一点一滴做起，关注细节。如上所述，无论是基本的制度和标准的构建，还是建设项目从设计到施工的各个环节，以及参与人的行为方式都应该全面贯彻严格的绿色发展标准。作为倡议的发起国，中国对于绿色丝绸之路的生态文化和社会价值观的培育责无旁贷。

为了全面贯彻新发展理念，应加快落实《中国制造 2025》，应积极推进绿色制造，紧紧围绕工业节能与绿色发展的需要，按照国务院标准化工作改革的要求，充分发挥行业主管部门在标准制定、实施和监督中的作用，强化工业节能与绿色标准制修订，扩大标准覆盖面，加大标准实施监督和能力建设，健全工业节能与绿色标准化工作体系，切实发挥标准对工业节

---

① 《习近平谈治国理政》第三卷，外文出版社，2020，第 486 页。
② 《习近平谈治国理政》第二卷，外文出版社，2017，第 515 页。

能与绿色发展的支撑和引领作用。目前，我国所制定的一批工业节能与绿色发展标准主要包括三类：一是重点在钢铁、建材、有色金属、机械等行业制定一批节能节水设计、能耗计算、运行测试、节能评价、能效水效评估、节能监察规范、再生资源利用等标准，以支撑好能效贯标、节能监察、能源审计等工作；二是重点在终端用能产品能效水效、工业节能节水设计与优化、分布式能源、余热余压回收利用、绿色数据中心等领域制定一批节能与绿色技术规范标准，积极推动节能与绿色制造领域新技术、新产品推广应用；三是加快制定绿色工厂、绿色园区、绿色产品、绿色供应链标准，推动绿色制造体系建设。

除积极推动理论体系的构建和制度标准的设定外，还应身体力行地发挥示范作用，尤其是各类项目直接参与人员的一言一行都具有"大国责任"的效应，而这种效应通常会直接影响社会公众对它的认知。我们应该把生态文明建设和绿色发展理念塑造培育成"一带一路"各参与国的文化共识和社会价值观共识，这样才能确保绿色"一带一路"伟大构想的实现。另外，绿色丝绸之路建设还意味着坚持平等、开放、包容和共享的发展理念，这与现行的国际贸易体系有着重大区别。绿色丝绸之路的建设要求参与各方以开放和包容的态度，平等地处理相关方的利益关切问题，在公平的基础上分享发展成果。

习近平反复强调："生态兴则文明兴，生态衰则文明衰。"[1] 在推进"一带一路"建设过程中，应处理好环境保护与经济发展这对矛盾关系。《推动共建丝绸之路经济带和 21 世纪海上丝绸之路的愿景与行动》明确指出，在投资贸易中突出生态文明理念，加强生态环境、生物多样性和应对气候变化合作，共建绿色丝绸之路。在当今世界，和平赤字、发展赤字、治理赤字等"三大赤字"的严峻挑战前所未有地摆在人们面前。从整体上而言，能源资源短缺、环境污染、生态破坏等问题已经严重威胁人类更好地生存，特别是影响人类的可持续发展。具体到"一带一路"沿线，各个国家和地区同样面临资源要素短缺、生态环境脆弱等问题。在推动"一带一路"建设中，必须强化绿色开发和国际合作，将生态文明建设融入"一带一路"建设各方面和全过程，坚持以绿色发展理念为统揽，走出一条以绿色、低

---

[1] 《习近平谈治国理政》第三卷，外文出版社，2020，第 374 页。

碳、循环、可持续为核心的绿色丝绸之路。

习近平在《携手构建合作共赢新伙伴，同心打造人类命运共同体》的演讲中指出："建设生态文明关乎人类未来。国际社会应该携手同行，共谋全球生态文明建设之路，牢固树立尊重自然、顺应自然、保护自然的意识，坚持走绿色、低碳、循环、可持续发展之路。在这方面，中国责无旁贷，将继续作出自己的贡献。同时，我们敦促发达国家承担历史性责任，兑现减排承诺，并帮助发展中国家减缓和适应气候变化。"① 可以说，绿色丝绸之路是一条实现全世界各国平衡充分发展的生态文明之路，是人与自然和谐共生的全方位发展之路，也是世界各国包括发达国家和发展中国家共谋未来、共谋发展的全面转型之路。在未来，绿色发展之路就是一条全球绿色价值链，是体现世界各国发展最大公约数和更具包容性的全球绿色价值链。这离不开从总体上解决好全球环境治理的体制机制问题。

2018 年上海合作组织（以下简称上合组织）首脑峰会将于 6 月 9 日~10 日在山东省青岛市举行。近年来，上合框架下的生态环保合作不断发展深化，正逐渐成为上合合作的重要组成部分。

上合组织成立之初，各成员国就将环保视为重要合作领域，鼓励开展环保领域合作是上合组织的宗旨和任务之一。2014 年 6 月 4 日，中国—上海合作组织环境保护合作中心（以下简称上合环保中心）正式成立。这是上合组织成员国中成立的首个专门从事上合组织环保合作的机构。自成立以来，上合环保中心已成功举办 11 次上合组织框架下的研讨交流与培训活动，促进了各国之间的环保政策与经验分享、环保技术交流，相互了解和相互信任程度大幅提高。

同时，上合环保中心逐步启动与上合组织国家的环保专家开展联合研究、联合申报国际合作项目等工作，推动与上合组织国家相关机构建立联系，旨在为共同解决区域环境问题提供对策，并为开展务实环保合作奠定基础。

目前，上合环保合作主要取得了以下成果。

一是推动人员交流，实施"绿色丝路使者计划"。中方制定了《绿

---

① 《十八大以来重要文献选编》中，中央文献出版社，2016，第 697~698 页。

色丝路使者计划框架文件（2016—2020）》，并在2016年5月召开了"上海合作组织环保信息共享平台与绿色丝路使者计划专家研讨会"，与各成员国进行沟通交流。目前，中方正积极推动上合组织框架下的环保培训，成功举办了上合组织国家环境信息化建设研修班和上合组织环境污染防治技术方面的培训。

二是加强政策沟通与交流，建设上合组织环保信息共享平台。2014年初，上合组织环保信息共享平台启动建设，旨在打造一个环保信息资源共享、政策对话与交流、环保合作试点示范、生态环保联合科学研究、环保能力建设的综合平台。目前，中、英、俄3种语言版本的平台门户网站已完成建设并上线运营。

三是推动务实合作，积极拓展多双边环保合作交流。除在上合组织框架下开展环保合作与交流外，中方积极利用"一带一路"、欧亚经济论坛等平台推动与上合组织国家的多边合作，并将交流对话范围扩展到上合组织的观察员国和对话伙伴国，得到各国积极响应。①

2001年6月15日，上海合作组织在上海正式成立，其前身是上海五国会晤机制。上海合作组织是第一个以中国城市命名的国际组织。为了深入推动上合组织在环保上的务实合作，全体成员国共同制定了《上海合作组织成员国多边经贸合作纲要》《2017—2021年上合组织进一步推动项目合作的措施清单》《上海合作组织至2025年发展战略》等文件。其中，《上海合作组织至2025年发展战略》明确指出："成员国重视环保、生态安全、应对气候变化消极后果等领域的合作，将继续制定上合组织成员国环保合作构想及行动计划草案，举办成员国环境部长会议，为交流环保信息、经验与成果创造条件。"② 这就为上合组织在环保领域展开合作提供了重要依据。

上合组织之所以能够在环保合作方面取得非常丰硕的成果，是由于其非常重视建设科学而多样化的合作机制。

第一，重视加强双边机制的建设，这为区域环保合作提供了有力支撑。

---

① 李菲：《深化合作共建绿色"丝绸之路"》，《中国环境报》2018年6月8日。
② 《上海合作组织至2025年发展战略》，中青在线，http：//news.cyol.com/content/2018-05/29/content_17238331.htm，最后访问日期：2023年8月14日。

在重视发挥好中俄、中哈等双边环保合作机制作用的前提下，借助于已经运行良好的官方合作机制，积极推动民间环保合作。在未来环保合作过程中，上合组织也积极推动中国、俄罗斯、哈萨克斯坦与印度、巴基斯坦、吉尔吉斯斯坦、塔吉克斯坦、乌兹别克斯坦等成员国签署双边环保合作协议，同时也积极推动这些国家之间建立起双边环保合作机制。与此同时，还积极推动上合组织成员国与蒙古、白俄罗斯、阿塞拜疆、斯里兰卡等观察员国和对话伙伴国建立双边环保合作机制。

第二，还要重视多边机制建设，妥善处理各方的利益关切，实现各自利益最大化。建设好妥善处理各方利益关切的多边机制，这是对机制建设的一个重大挑战。这些都离不开各成员国在环保合作构想等合作文件上很快达成一致并顺利签署，环境部长级会议的召开成为一种常态。除此之外，还要充分发挥好专家组的作用，积极推动秘书处成立专门负责沟通、对接的环保合作部门，使各国领导人所提出的合作任务得以有效落实，并能够使协调员会议要求专家组磋商的各项内容、各成员国的提案等得以落地。在多边机制建设过程中，要发挥好中国-上合组织环保合作中心的关键作用。另外，多边机制的推进建设也离不开统筹官方和民间合作的独特机构的设立。

第三，妥善处理上合组织与其他区域合作机制的合作关系也非常有必要。通过与其他区域合作机制建立起良好的合作交流关系，一方面可以学习和借鉴成功的实践经验，另一方面可以共同促进该区域或相关国家环保能力建设和环境质量改善。需要强调的是，上合组织同时也要与联合国相关机构、世界银行、亚投行等国际金融机构和拯救咸海国际基金等单位和组织进行良好合作与有效沟通。这样既会有效推进各成员国之间的环保合作，还可以有效扩大其融资渠道，形成绿色发展合力，满足成员国多样化的现实需求，真正把各成员国领导人关于建设绿色丝绸之路的承诺和要求落到实处。

上海合作组织为该框架下各国的生态合作提供了机制框架和组织框架，必将对沿线国家的绿色丝绸之路建设起到很好的合作示范效应，也会提供良好的经验借鉴。

2017年6月，国务院将新疆哈密市、昌吉州和克拉玛依市三地列为全国首批绿色金融改革创新试点地区，实现了新疆金融领域国家级试验区"零"的突破。一年多来，新疆三地试验区根据《新疆维吾尔自治区哈密市、昌吉州和克拉玛依市建设绿色金融改革创新试验区总体方案》的具体要求，突出发挥绿色金融在调结构、转方式、促进生态文明建设、推动经济可持续发展等方面的积极作用，取得积极成效，为下一步加快推进试验区建设工作奠定了扎实基础。①

建设绿色丝绸之路确实有诸多益处和客观必要性，问题是如何更好地去推进。除了前面我们讲的要从体制机制上下功夫外，还需要构建起全面系统的绿色金融体系。

应该说，绿色金融被提上建设绿色丝绸之路的发展日程，要归因于沿线各国大力发展绿色经济、强调对生态环境的保护。在经济全球化、经济一体化的新形势下，国际社会越来越关注经济增长和生态环境的协调发展。在"一带一路"建设过程中，发展绿色金融是对沿线国家金融市场发展趋势、推动沿线各国经济可持续发展趋势的顺应。近年来，在金融的创新发展中，环保因素被开创性地引入金融活动过程中已经成为不可逆转的趋势。借助于绿色金融产品和绿色金融服务来保护"一带一路"沿线国家和地区的生态环境，可以将经济效益和生态环境效益很好地结合起来，从而实现沿线国家经济社会的可持续发展。伴随着国家丝绸之路建设的加快推进，发展绿色金融，助推绿色经济，实现丝路经济可持续发展，既是金融创新的新课题，也是建设绿色丝绸之路的新课题。

四 消失的文明

世界上消失的文明几乎都与环境破坏、气候恶化、自然灾害、粮食危机等有关系。可见，并不是只有在工业文明中人类才有环境污染、气候恶化、粮食危机、人口爆炸的苦恼与难题。几乎没人表示反对，生态文明发展模式的确立为身陷工业文明带来的环境灾难和生态危机的人类点亮了发展道路上的明灯。我们要强调的是，这种人类文明发展道路上的明灯，也曾出现在人类过去一次次文明转型升级的时候。

① 中国人民银行乌鲁木齐中心支行：《铺就绿色生态丝绸路》，《金融博览》2018年第9期。

何谓人类文明？人类文明在本质上是人类的生产生活方式，也是人类社会基本秩序的总体表述。换言之，人类文明演进更替的本质是人类生活生产方式的演进和社会基本秩序的改变。根据马克思主义的历史唯物主义原理，人类文明演进的根本动力是生产技术的跃进和生产方式的转变。其中，生产技术作为生产力的代表，是生产方式的要素。这样，人类文明演进归根结底是生产方式的转变。根据马克思主义辩证法，推动世界运动发展的原因是事物自身的矛盾。这样，正是生产方式的内在矛盾从根本上决定了人类文明的演进。可以想见，已经消失的十大文明，其消失的原因和过程都不"神秘"。其最后消失，说明了其文明形式或生产方式无法很好地化解自身的发展矛盾和生存危机，也不太具有足够的有效应对外界环境变化的调节能力。这启发我们，根据辩证法，任何文明都有时刻灭亡的可能性。有时候，灭亡的危险也意味着需要发展。要想避免灭亡，这种文明必须要有良好的化解自身矛盾的机制，必须不断寻找实现自身可持续发展的新动能，要处理好人与自然的物质与能量交换关系，还要善于把自身与其他文明的矛盾冲突关系转化为合作共赢关系。

恩格斯在《自然辩证法》一书中指出："但是我们不要过分陶醉于我们对自然界的胜利。对于每一次这样的胜利，自然界都报复了我们。每一次胜利，在第一步都确实取得了我们预期的结果，但是在第二步和第三步却有了完全不同的、出乎预料的影响，常常把第一个结果又取消了……因此我们必须时时记住：我们统治自然界，决不象征服者统治异民族一样，决不象站在自然界以外的人一样，——相反地，我们连同我们的肉、血和头脑都是属于自然界，存在于自然界的；我们对自然界的整个统治，是在于我们比其他一切动物强，能够认识和正确运用自然规律。"[1] 因此，人类文明不断演进，生态文明时代的真正到来，关键在于处理好人和自然的关系。根据恩格斯的理论，这种关系绝不是人类征服和支配自然界，而是认识和正确运用自然界。

中国科学院博士生导师蒋高明，自 2005 年以来带领一批批研究生在自己的家乡山东省平邑县卞桥镇蒋家庄进行生态农业实践，承包了

---

① 《马克思恩格斯全集》第二十卷，人民出版社，1971，第 519 页。

约 40 亩低产田，办了一个生态农场。在 10 年的生态农业实践中，中国农村的污染问题让他痛心又痛心，其中一个问题就是土壤过量施肥。他在万字的调查报告《千疮百孔的中国农村》中记录了土壤施肥的真实状况：农民向土壤使用了多少化肥农药？一般一亩地三四百斤化肥，两三斤农药，这些化学物质，能够被利用庄稼或保护庄稼的，占 10%~30%，也就是说大量化学物质是用来污染的，污染的比例高达 70%~90%。大量化肥、除草剂等农药、地膜造成土壤污染和土地肥力的严重下降，土地肥力下降又带动了农药化肥产业兴旺。政府在源头补贴化肥、农药、农膜等，以至于这些化学物质非常便宜，使用起来连农民都不心疼——农民除一亩杂草，除草剂的费用仅为 2.1 元。

土地污染使"勤劳致富"已成为过去式。越来越多的农民离开了土地。

另据统计，我国目前每每 8 对夫妻就有一对不育，这比 20 年前提高了 3%。医学家对此数字进行研究时发现，我国男性的平均精子数仅有 2000 多万个，而 40 年代是 6000 多万个。残留农药就是造成目前 10% 以上不孕不育的主要原因之一。

著名的科学家钟南山大声疾呼：如此下去，残留农药不控制，再过 50 年中国人将生不出孩子了！①

我们今天要完成一个迫切的重大历史任务，那就是从农业文明、工业文明转向生态文明。这既是人与环境关系的改善，也是社会生产力和现代化的发展过程。我们为什么非要从一种文明向另一种文明演进呢？根本原因是原有的文明已经不可持续了，无法支撑起现有的发展可能性。中国农民对化学物质使用起来不心疼，主要原因不是有了国家补贴而便宜了，而是因为土地肥力下降了。这也意味着中国原有的一家一户的半手工半机械的生产方式已经到了不可持续发展的极限了。原有的"勤劳致富"方式，本质上是低科技含量、高人力投入、高能耗、低收益的生产方式。在这样的背景下，习近平强调"绿水青山就是金山银山"②。生态文明已经成为中

---

① 范溢娉、李洲：《生态文明启示录》，中国环境出版社，2016，第 168~169 页。
② 《习近平谈治国理政》第四卷，外文出版社，2022，第 435 页。

国必须要为之的生存方式转型。

原有农业生产方式变得不可为继，一种直观的表现是越来越多的农民离开了土地，一种深层次的表现是残留农药导致的男性生殖能力的下降。后面这一点，是非常具有迫切性，关系到中华民族繁衍生息和人口质量的根本问题。生态文明是生产方式的提升和变革，不是仅仅强调"天人合一""和谐共生""生命共同体"就可以实现的。在这一意义上，强调解决今天生态困境的出路是最大程度恢复过去两千多年来老祖宗的绿色农业智慧是很不现实的。尽管今天工业文明生产方式造成了人与自然的对立，但相对于过去的人类生产方式也是巨大进步。在汲取工业文明发展教训的基础上，人类必须开辟新的发展空间和新的生产方式。

要推进生态文明发展，必须要推进生产方式的发展。这一新的生产方式体现了新的发展理念。在十八届五中全会上，我们提出了"创新、协调、绿色、开放、共享"①的五大发展理念。这五大发展理念集中反映了我们党对经济社会发展规律认识的深化，极大丰富了马克思主义发展观，为我们党带领全国人民夺取全面建成小康社会决战阶段的伟大胜利，不断开拓发展新境界，提供了强大思想武器。其重大意义正如全会所指出的，是关系我国发展全局的一场深刻变革，影响将十分深远。五大发展理念极大地推进了我国社会生产方式的发展，也极大地推动了中国生态文明建设。这标志着中国开始告别工业文明时代，进入生态文明时代。

一些学者对历史上发达国家城镇化与环境事故的关系进行了统计，发现在城镇化率达到50%时都出现了重大的环境突发事件，譬如1851年英国城镇化率达到50%，出现了伦敦烟雾事件、公共卫生环境恶化、泰晤士河河道污染、霍乱肆虐；德国城镇化率达到50%是在1893年，此时鲁尔工业区出现了大量雾霾、疾病，莱茵河道污染；美国城镇化率达到50%是在1918年，西部大开发如火如荼，植被被破坏、土壤贫瘠、森林被砍伐且流失、矿区掠夺式开发使生态破坏严重、工厂废水废气废尘排放加剧，导致了洛杉矶化学烟雾事件的爆发；日本城镇化率达到50%是在1953年，此时水俣病、哮喘病流行，数十万人短时间

① 《十八大以来重要文献选编》下，中央文献出版社，2018，第156页。

内得病；韩国城镇化率达到 50% 是在 1977 年，出现蔚山污染事件、斗山集团污染洛东江事件，这充分说明城镇化率达到 50% 将是城市生态环境事件的转折点。[①]

　　客观地讲，城市生态环境事件是城镇化或城市发展起来以后出现的问题。在世界范围内，各国城市生态环境事件高发、频发有其内在的规律性，这一规律性正体现了城镇化或城市发展的规律。城镇化是现代化的必由之路，也是激活一个国家的内需潜力和持续发展的动能所在。从各国的普遍经验来看，城镇化水平与人的发展水平密切相关。例如，根据联合国开发计划署发布的"人类发展报告"，1990 年中国还处于低人类发展水平组，1996 年便进入了中等人类发展水平组，2011 年又步入高人类发展水平组。中国的人类发展指数从 1990 年的 0.499 增长到 2019 年的 0.761，是自 1990 年联合国开发计划署在全球首次测算人类发展指数以来，唯一从低人类发展水平组跨越到高人类发展水平组的国家。[②] 与此相对应的是，中国城市人口占总人口比重截至 2017 年为 58.52%，快速发展城镇化的"门槛"已经到来，城镇化速度也由高速转为中高速。[③] 人类发展指数（HDI——Human Development Index）是由联合国开发计划署（UNDP）在《1990 年人文发展报告》中提出，用以衡量联合国各成员国经济社会发展水平的指标。人类发展指数由三个指标构成，分别为：预期寿命、成人识字率、人均 GDP 的对数。这三个指标主要反映人的整体情况下寿命水平、知识水平、生活水平如何。在未来推进我国城镇化水平过程中，应着眼于如果更好地提高我国人类发展指数，走内涵式城镇化发展道路。

　　各国发展经验证明，城镇化已经成为现代经济增长的重要推动力。我们知道，城镇化会带来人口集聚效应。大量人口出现在城市，会带来显著的规模经济效应。这就使企业和公共投资的平均成本和随之而来的边际成本大幅度下降，从而为投资带来更大的市场利润空间。在大量人口集中的城市，市场需求不但会迅速增长，而且会呈现多元化的特点。城镇化会推

---

① 汤伟：《中国特色社会主义生态文明道路研究》，天津人民出版社，2015，第 13 页。
② 中华人民共和国国务院新闻办公室：《中国政府白皮书汇编（2021 年）》上，人民出版社，2022，第 309 页。
③ 周加来等：《以人为本的中国新型城镇化道路研究》，人民出版社，2020，第 3 页。

动经济增长，提高经济效率，还有一个重要原因是城镇化会极大地促进专业化分工。

伴随着经济全球化、社会信息化的发展，许多新型业态，特别是研究开发、现代服务业，如金融业、保险业、信息和计算机服务业等，既要依托于城市发展，又进一步推动了城市发展。随着城镇化的发展，经济繁荣和高额利润吸引了更多的资本、技术和知识流入城市。这些要素的整合将会进一步诱发新的技术创新和流动，并促进新兴产业的形成。因此，城镇化为现代经济注入了发展活力。

城镇化也有助于提高公共服务的质量，从而促进人民教育水平和健康水平的整体提高。大量人口在城市集中，一方面形成了对公共基础设施以及教育、医疗卫生等公共服务的大量需求，另一方面则极大地降低了公共基础设施以及教育、医疗卫生等公共服务的平均成本。这也说明了为什么相比农村，城市在公共服务质量上的优势更为明显。这种优势不仅是因为城市的公共服务成本低，还因为城市也集中了提供这些服务的优质而丰富的人力资源。

城镇化还会极大地促进政府治理能力和治理体系的改善。当大量的人口离开农村聚集到城市之后，会从多个方面影响原有城市的治理。相比原来人口分散的农村，城镇化极大地拉近了政府与民众的距离，政府及其官员关于城市治理的一举一动都变得更容易观察和监督。从民意传播学视角来看，人口的集聚推动了社会生活中的组织化水平，民意表达变得更加专业化和专职化，公众意见的传播成本也大大降低，意见表达也多采取集体行动。这与农村人口众多、聚集程度低、采取集体行动的交易成本比较高，有着很大的不同。因此，城镇化过程中的市民在争取自身权益的过程中，就有着要大得多的政策影响力，这是原来在农村所不可能具有的。

改革开放以来，我国城镇化取得了举世瞩目的成就。"我国城镇化水平显著提高，城市人口快速增多，城市综合实力持续增强，城市面貌焕然一新。统计显示，2017 年末，我国城镇常住人口已经达到 8.1 亿人，比 1978 年末增加 6.4 亿人，年均增加 1644 万人；常住人口城镇化率达到 58.52%，比 1978 年末提高 40.6 个百分点，年均提高 1.04 个百分点。"① 在城镇化过

---

① 《改革开放以来我国城镇化水平显著提高》，中华人民共和国中央人民政府网站，http://www.gov.cn/shuju/2018-09/10/content_5320844.htm，最后访问日期：2018 年 11 月 2 日。

程中，一方面，有效地吸纳了农村剩余劳动力，实现了转移就业，加速了社会人员的流动，降低了城市和农村的发展差距；另一方面，极大地提高了城乡生产要素的配置效率，全面提升了城乡居民的生活水平。在我国城镇化加速发展的过程中，不可避免地出现了一些必须高度重视和着力解决的突出问题。例如，虽然可以较快实现城镇化，但是市民化过程比较缓慢；土地城镇化要快于人口城镇化，建设用地粗放低效；城镇空间结构布局已经严重滞后，与资源环境承载能力的匹配度严重不够；城市管理服务水平不高，"城市病"问题突出等。

就世界范围来讲，城镇化是人类社会发展的必经阶段，有着非常明显的进步意义。在城镇化的发展过程中，除了必然会出现管理方面的问题外，还会引发人与自然的矛盾、经济发展与环境保护的矛盾，后面这些矛盾还会由于城市管理滞后而被放大。回顾一下前面发达国家城镇化与环境事故的材料，我们会发现，伦敦烟雾事件、公共卫生环境恶化、泰晤士河河道污染、霍乱肆虐、鲁尔工业园区雾霾、莱茵河道污染、洛杉矶化学烟雾事件、水俣病、哮喘病、蔚山污染事件、斗山集团污染洛东江等，其实都与城市治理能力、产业发展能力、公共服务质量、社会生活组织水平、紧急公共事件处理能力等有着必然联系。

生态环境事件不仅会造成社会经济损失、威胁民众身体健康，还会对公共安全和社会稳定造成重大隐患。另外，生态环境事件还会引发环境群体性事件。只要群众普遍不支持，强烈反对将会成为常态。这种激烈而脆弱的社会心理环境一旦形成，就会威胁社会稳定，对国家未来发展构成空前的挑战。今天，中国的城镇化率已经超过50%，与此同时也确实出现了一系列生态环境事件。2012年6月召开的联合国可持续发展大会关注两大主题：绿色经济在可持续发展和消除贫困方面的作用、可持续发展的体制框架；聚焦七大议题：就业、能源、城市、粮食、水、海洋和灾害。可见，今天城镇化过程中的生态环境事件标志着城市发展到了一个发展瓶颈阶段，标志着城市与就业、能源、粮食、水、海洋、灾害等问题纠缠在一起，成为一个城市经济必然也是绿色经济的可持续发展问题，这也意味着人类需要制定实现自身可持续发展的体制框架。因此，旧的文明必然消失，但不会凭空消失，它将伴随着人类进入生态文明时代。

五 全球生态文明建设的重要贡献者和引领者

"从'又快又好发展'到科学发展观再到新发展理念，中国特色社会主义超越了掠夺自然和浪费资源的发展思路，树立了绿水青山就是金山银山的发展理念，形成了绿色发展方式和生活方式，使中国成为全球生态文明建设的重要贡献者和引领者。"① 这说明，生态文明建设是全球治理的重要内容。随着各国相互依存度的不断加深以及日益突出的全球性问题，全球治理被提上日程。在党的十九大报告中，中国强调"将继续发挥负责任的大国的作用，积极参与全球治理体系改革和建设"②。中国提出要成为全球生态文明建设的重要贡献者和引领者，这充分说明中国在生态文明建设上的巨大决心和深谋远虑。2018 年 5 月 18~19 日，全国生态环境保护大会在北京召开。正是在这次会议上，正式提出了习近平生态文明思想。应该说，中国在全球治理方面走在世界前列的重要体现之一就是中国在积极推进全球生态文明建设。我们不仅要建设一个清洁美丽的中国，更要积极参与建设一个清洁美丽的世界。

兵法云："置之死地而后生。"这话说得绝对了些。但世上有些事确实是"倒逼"出来的。譬如，浙江人多地少，自然资源匮乏，逼着众多浙商走南闯北开辟新天地，逼着众多企业做好"无中生有"促发展的文章。二十多年改革开放的历程，不仅"倒逼"出浙江的实力和活力，而且造就了一批创业型人才，这是浙江推进新发展的最大"资源"。

现在，国家实施宏观调控政策和现实经济活动中资源要素瓶颈制约形成了新的"倒逼"机制，实际上这也是调整经济结构、转变增长方式的一个契机。我省一些地方以脱胎换骨的勇气，从被"倒逼"转向主动选择，逼出了"腾笼换鸟"、提升内涵的新思路，逼出了"借地

---

① 中共中央对外联络部研究室：《中国特色社会主义理论与实践的世界意义》，求是网，http://www.qstheory.cn/dukan/qs/2018-03/31/c_1122595169.htm，最后访问日期：2018 年 11 月 12 日。

② 习近平：《决胜全面建成小康社会 夺取新时代中国特色社会主义伟大胜利——在中国共产党第十九次全国代表大会上的报告》，人民出版社，2017，第 60 页。

升天"、集约利用的新办法，逼出了节能环保、循环经济的新转折，从而用"倒逼"之"苦"换来发展之"甜"，争取实现"凤凰涅槃、浴火重生"的新飞跃。这说明，面对"倒逼"的客观现实，唯有变压力为动力，深刻认识，尽早觉悟，抓紧行动，才能从"倒逼"走向主动，形成可持续的发展机制，真正把科学发展观落到实处。①

这是一篇习近平发表于 2005 年 4 月 15 日的短文《从"倒逼"走向主动》。该文章阐释了一个朴素的道理。由于浙江本来人多地少、自然资源匮乏，所以"倒逼"出浙江人的实力和活力，"倒逼"出来一大批创业型人才，"倒逼"出了浙江推进新发展的丰富"资源"。进一步说，浙江适时调整经济结构、转变增长方式，从而"倒逼"出了浙江节能环保、循环经济的新转折，倒逼出了人与自然和谐共生的理念和绿色发展模式。其实，中国今天发展模式的升级换代，也是由于受到原有发展问题的"倒逼"。就整个发展而言，原有的粗放型发展模式的问题最后成为我国调整经济结构、转变增长方式，从而实现绿色发展、推动生态文明建设的一个有利契机和难得机遇。

习近平指出："如果能够把这些生态环境优势转化为生态农业、生态工业、生态旅游等生态经济的优势，那么绿水青山也就变成了金山银山。绿水青山可带来金山银山，但金山银山却买不到绿水青山。绿水青山与金山银山既会产生矛盾，又可辩证统一"②。把绿水青山变成金山银山，是贯彻落实好科学发展观的需要，其目的在于把中国社会建设成为人与自然和谐相处的资源节约型、环境友好型社会。在这里，不仅仅是方法和思路的问题，也体现了中国经济实实在在走向了主动，形成了可持续的发展机制，真正把科学发展观的内涵提升到了新的高度。

如果客观地总结改革开放 40 余年来中国的发展经验，我们就能够比较好地理解一个国家只有自己真正推进生态文明建设进而实现了绿色经济的转型发展，不断突破原来西方发达国家"先污染、后治理"的发展老路，才有资格说自己是全球生态文明建设的重要贡献者和引领者。

---

① 习近平：《之江新语》，浙江人民出版社，2007，第 133 页。
② 习近平：《之江新语》，浙江人民出版社，2007，第 153 页。

中国古代生态文明思想可以概括为三个方面：天人合一的生态世界观、厚德载物的生态伦理观、顺应时中的生态实践观。一是天人合一的生态世界观。儒家主张"天人合一"，其本质是"主客合一"，肯定人与自然界的统一。在儒家看来，天地之生与人类之生是相互促进相互协同的天人合德、共生共荣。圣人所要做的一切就是要与天地、日月、四时"合"，与天地万物和谐一致。道家提出"道法自然"，在道家看来，宇宙万物都来源于道，又复归于道，"道"先于天地存在，并以它自身的本性为原则创生万物，所谓"道生一，一生二，二生三，三生万物"，"人法地，地法天，天法道，道法自然"。人要以尊重自然规律为最高准则以崇尚自然效法天地作为人生行为的基本皈依。

二是厚德载物的生态伦理观。儒家生态道德观的根本就是仁爱。君子对于万物，爱惜却不仁爱；对于民众，仁爱却不亲近。由亲近亲人而仁爱民众，由仁爱民众而爱惜万物。这种仁爱的终极体现就是使所仁爱之人物能够充分展现其应有的生命本性及历程。道家则进一步要求人类跳出自我中心主义的圈子站在更高层次上理解、对待自然生态环境中诸存在物，认为那种出于人的主观偏好来理解和对待自然事物的方式是对自然的损害。佛家认为万物是佛性的统一，众生平等，万物皆有生存的权利。

三是顺应时中的生态实践观。儒家在生态实践上遵循的基本行为方式就是：顺应时中，强调人类的实践活动必须与自然环境、季节气候、土壤资源的有序性和承载力相一致、相协调、相平衡。儒家认为，只有顺应时中的生产实践，才是既发展人类又发展生态的行为。否则，人类的生产实践活动不仅不能成功，还将导致自然生态的破坏，其结果必然是深沉的灾难。道家讲爱护动植物，不是盲目的爱护，而是要依照"道"的原则。人要依靠动植物作为生活资料的来源，要开发利用自然资源，这是天经地义的，但是必须按照自然之"道"行事，合理地开发和利用。《太上感应篇》说："是道则进，非道则退。"就是要按照自然之道合理地开发利用自然之物。①

---

① 陶良虎：《中国古代生态文明思想及其当代价值》，《管理观察》2013 年第 36 期。

今天，中国生态文明建设卓有成效，根本原因在于我们有了习近平生态文明思想的科学指导。习近平生态文明思想根植于中国特色社会主义生态文明建设实践，也体现了对中国传统生态文明思想的继承与创新。反过来说，习近平生态文明思想赋予了中国传统生态文化以新的时代内涵。应该说，习近平是将生态文明建设上升为实现中华民族伟大复兴中国梦的战略高度，进而是在可持续发展理念已经成为全球共识、循环经济理论不断成熟、绿色思潮不断兴起、环境伦理学不断丰富的大背景下，完成了对中国传统生态文明思想的时代化、现代化、大众化。

2013年9月7日，习近平在哈萨克斯坦纳扎尔巴耶夫大学谈到环境保护问题时再次强调了绿水青山就是金山银山的观点。习近平说："我们既要绿水青山，也要金山银山。宁要绿水青山，不要金山银山，而且绿水青山就是金山银山。"①这充分展示了习近平是从经济发展与环境保护的辩证关系出发来谋划中国生态文明建设，助推中国的整体和全面发展的。毫无疑问，中国古代之所以能够有丰富的生态文明思想与我们自古是一个农业大国和人口大国息息相关。换言之，中国古代的生态文明思想同古代的农业文明发展方式和古代的治国理政实践有着必然的联系。有学者研究指出："由于古代中国以农立国，所以封建统治阶级重视自然环境的保护是完全可以理解的。山林河川如果破坏了，民众就会流离失所，统治者也就统治不下去了。"② 因此，习近平生态文明思想有其形成的历史基础、文化根源、治理逻辑和生产要求。其源于实践、植根实践，又指导实践、引领实践。习近平在国际场合畅谈生态文明治理，体现了他面对中国及全球绿色发展的诸多问题与困境时，已经从"矛盾"中看到了"统一"之法，在"两难"中发现了"双赢"之路，在"对立"中抓住了"转化"之机。

在现实中，习近平生态文明思想同样从生态的世界观、伦理观、实践观三个层面明确回答和解决了"为什么建设生态文明""建设什么样的生态文明""怎样建设生态文明"等重大理论和实践问题。相对于古代传统生态文明建设思想，习近平生态文明思想着眼于整个中国生态文明体系的构建，着眼于社会、自然、经济、文化等各方面的全面发展。党的十八大以来，

① 《习近平关于社会主义生态文明建设论述摘编》，中央文献出版社，2017，第21页。
② 陈雄：《环境可持续发展历史研究》，光明日报出版社，2015，第31页。

中国共产党人在社会主义生态文明建设成就和经验的基础上，集中全党和全国的生态智慧提出和形成了社会主义生态文明观。"在新时代，社会主义生态文明观聚焦人民群众感受最直接、要求最迫切的突出生态环境问题，将生态兴则文明兴、人与自然和谐共生、绿水青山就是金山银山、良好生态环境是最普惠的民生福祉、山水林田湖草是生命共同体、用最严格制度最严密法治保护生态环境、建设美丽中国全民行动、共谋全球生态文明建设等确立为我国生态文明建设必须坚持的原则。"① 这些原则也构成了新时代习近平生态文明思想的重要理念。

同过去一样，作为习近平新时代中国特色社会主义思想的重要组成部分的习近平生态文明思想，也是基于改善人民的生活质量、提升国家治理能力、化解人与自然之间物质交换的紧张关系的。与过去不同的是，新时代条件下习近平生态文明思想的形成，还要解决新的问题，即怎样在全球治理时代发挥好习近平生态文明思想的强大理论吸引力、思想感召力和实践生命力，构建起习近平生态文明思想的全球传播体系。这一传播体系的成功与否，既要考虑是否可以得到本国人民的认同，更要考虑是否得到全球越来越多的国家和人民的认同。在习近平看来，生态文明建设体系也就是一个国家社会经济发展模式和治国理政的新思想、新战略、新理念。因此，构建习近平生态文明思想的全球传播体系关系到是否可以推动国际秩序和全球治理体系朝着更加公正合理的方向发展。

近年来，中国已经成为碳排放大国，这不免引起外界对中国环境问题的担忧。令人欣慰的是，2015 年十八届五中全会期间，中共中央总书记习近平提出五大发展理念，其中就包含绿色发展。2017 年 5 月，习近平在主持中央政治局第四十一次集体学习时指出，要推动形成绿色发展方式和生活方式，努力实现经济社会发展和生态环境保护协同共进，为人民群众创造良好生产生活环境。习近平在十九大报告中全面阐述了加快生态文明体制改革、建设美丽中国的战略部署。生态文明被提升为中华民族永续发展的千年大计。

作为世界第二大经济体，中国越来越重视绿色发展并采取有效措

---

① 张云飞、任铃：《新中国生态文明建设的历程和经验研究》，人民出版社，2020，第 40 页。

施防治污染。中国是全球可再生能源的重要倡导者，通过水力、风力等方式年平均发电量位居世界前列。目前，中国已超过美国成为世界最大可再生能源国。作为绿色发展的重要措施之一，低碳发展计划已在中国多个省市开始试点，包括广东省深圳市和珠海横琴新区、湖北省武汉市花山生态新城、福建省三明生态新城等。清洁发展机制是《联合国气候变化框架公约》（《京都议定书》）中建立起的国际合作机制。在这一机制框架下，甘肃省也兴建了相关水电站项目。中国政府在上述项目上投入了巨资，从中也可以看出中国政府对于绿色发展的重视程度。

或许有人会问，中国在发展理念上为何突然发生如此大的转变？曾几何时，环境污染并没有被视为制约经济增长的重要因素。那时中国对于世界经济的重要性也尚未显现。但是上述情况在 2000 年联合国千年首脑会议后发生了很大改观。在那次峰会后，中国积极践行联合国千年发展目标，提出环境保护及可持续发展理念，并将其作为矢志不渝的奋斗目标之一。

作为世界第二大经济体，中国实施可持续发展战略是很有必要的，这样它的广大人民才能长期受益。绿色发展无疑是个很好的选择，因为它不仅可以促进经济增长，而且可以降低能源获取及相关设备维护成本。

中国在可再生能源利用方面的先进经验，也在影响着包括非洲国家在内的广大发展中国家。尽管经济总量还远不能和中国相提并论，但加纳、南非、摩洛哥、肯尼亚等国也在积极引入可再生能源方面的技术。这对非洲未来十年经济发展将产生积极影响。目前，摩洛哥拥有非洲大陆最大的一座风力发电站，另有两座风力发电站也在建设中。此外，肯尼亚图尔卡纳湖风电项目也已开工。竣工后该项目不但有望创造更多就业岗位，而且将降低该国的温室气体排放。

绿色发展不但是中国发展方式上的一个重大转变，也是中华民族在复兴之路上的一个重要里程碑。坚持绿色发展，实现青山绿水的美丽中国不但是"十三五"规划的重要内容，也是在美国退出《巴黎协定》后中国对世界做出的一项庄严承诺。①

中国特色社会主义进入新时代，我国社会主要矛盾已经转化为人民日益增长的美好生活需要和不平衡不充分的发展之间的矛盾。主要矛盾的转化体现了广大人民群众对物质文化的需求达到了更高的层次，对美好生活的需要必然包括了环境保护、生态安全等方面的要求。

近年来，虽然我国生态文明建设的任务依然艰巨，但生态环境质量持续好转，出现了稳中向好趋势。当前，生态文明建设已进入可以提供更多优质生态产品、不断满足人民日益增长的优美生态环境需要的攻坚期。进入新时代，生态环境问题既是重大的民生问题，也是对整个国家综合治理能力的考验。

习近平强调："要深化生态文明体制改革，尽快把生态文明制度的'四梁八柱'建立起来，把生态文明建设纳入制度化、法治化轨道。要结合推进供给侧结构性改革，加快推动绿色、循环、低碳发展，形成节约资源、保护环境的生产生活方式。要加大环境督查工作力度，严肃查处违纪违法行为，着力解决生态环境方面的突出问题，让人民群众不断感受到生态环境的改善。各级党委、政府及各有关方面要把生态文明建设作为一项重要任务，扎实工作、合力攻坚，坚持不懈、务求实效，切实把党中央关于生态文明建设的决策部署落到实处，为建设美丽中国、维护全球生态安全作出更大贡献。"② 这是对生态文明建设历史地位、战略地位、生态安全、全球发展的新判断。

党的十八届五中全会为"十三五"时期经济社会发展确立了"创新、协调、绿色、开放、共享"③ 五大发展理念。其中，"绿色"是极为关键的发展目标。生态环境的问题是"发展起来以后的问题"，也是实现全面发展的关键制约因素。

近年来，中国已经开始实施一大批举世瞩目的重大项目，极大地推动

---

① 〔津巴布韦〕克里奥·阿什利：《中国坚持绿色发展是对世界的庄严承诺》，国际在线网，http://news.cri.cn/20171025/a5e1c014-4ab1-1eed-fd23-e918e87c6ffa.html，最后访问日期：2018 年 11 月 15 日。

② 《习近平谈治国理政》第二卷，外文出版社，2017，第 393 页。

③ 《十八大以来重要文献选编》下，中央文献出版社，2018，第 156 页。

了生态文明建设，如"三北"防护林带建设和全国大规模植树造林，洞庭湖区 234 家造纸企业被关停，湘江流域水污染治理，长株潭城市群与武汉城市圈两型社会建设，重庆和成都两市设立统筹城乡综合配套改革试验区，鄱阳湖生态经济区建设，部分省区实施生态省建设规划与循环经济和低碳经济园区建设，高速铁路网建设，特别是北京奥运会和上海世博会场馆等重大项目，都具有重要的示范意义。

一些西方学者曾经预言：在全球形式的未来世界中，文明将从西方转向东方。早在 1972 年 5 月和 1973 年 5 月，著名的英国史学家汤因比和日本著名社会活动家池田大作进行的《展望二十一世纪》的两次对话中，汤因比就说过中国文化将是 21 世纪人类走向全球一体化、文化多元化的凝聚器和融合器。在这里，文化不是狭义的，而是广义的、立体的、全面的。在本质上，文化是政治、经济、社会、生态文明建设活动的凝聚力与融合力。

2013 年 3 月，习近平在莫斯科国际关系学院的演讲上，清晰而明确地向世界传递了同心打造人类命运共同体理念："各国相互联系、相互依存的程度空前加深，人类生活在同一个地球村里，生活在历史和现实交汇的同一个时空里，越来越成为你中有我、我中有你的命运共同体。"①在中国人的理念中，一花独放不是春，百花齐放春满园。中国的发展与强大，对其他国家来说不是威胁，而是机遇。中国经济发展进入新常态，将继续给世界各国提供更多市场、投资、合作机遇。中国大力实施绿色发展、循环发展、低碳发展，不仅会减轻这个资源日益匮缺的拥挤星球的压力，而且会为这个星球寻找经济发展新动能提供中国案例、中国方案、中国智慧。

随着生态文明建设的不断推进，党的十九大报告在生态文明建设和生态环境保护方面形成了一系列新理念、新思想、新战略。

在新理念方面，体现为把坚持人与自然和谐共生作为新时代坚持和发展中国特色社会主义基本方略的十四点内容之一，提出了生态文明建设是中华民族永续发展的千年大计，强调了人与自然是生命共同体，树立"绿水青山就是金山银山"的强烈意识，推动形成绿色发展方式和生活方式等重要论断。

在新思想方面，体现为明确我国社会主要矛盾已经转化为人民日益增

---

① 《习近平谈治国理政》，外文出版社，2014，第 272 页。

长的美好生活需要和不平衡不充分发展之间的矛盾，提出了我们要建设的现代化是人与自然和谐共生的现代化，坚持既要创造更多的物质财富和精神财富以满足人民日益增长的美好生活需要，也要提供更多优质生态产品以满足人民日益增长的优美生态环境需要。

在新战略方面，体现为提出到 2020 年，坚决打好污染防治攻坚战；到 2035 年，生态环境根本好转，美丽中国目标基本实现；到 21 世纪中叶，把我国建设成富强民主文明和谐美丽的社会主义现代化强国，物质文明、政治文明、精神文明、社会文明、生态文明将全面提升，推进绿色发展、着力解决突出环境问题、加大生态系统保护力度、改革生态环境监管体制。

从根本上说，在推进我国生态文明建设和维护全球生态安全方面，我们都有着中国特色社会主义的制度优势。这一制度优势集中体现为强大的组织力、积极的影响力、广泛的引领力，以及把中国生态文明建设的事情办好才能成为全球生态文明建设的重要贡献者和引领者。

本章执笔人：毛升

图书在版编目（CIP）数据

新时代中国生态文明建设研究 / 孙银东，毛升著
. -- 北京：社会科学文献出版社，2023.12（2024.12 重印）
ISBN 978-7-5228-3050-6

Ⅰ.①新…　Ⅱ.①孙…　②毛…　Ⅲ.①生态环境建设
-研究-中国　Ⅳ.①X321.2

中国国家版本馆 CIP 数据核字（2023）第 245784 号

新时代中国生态文明建设研究

著　　者 / 孙银东　毛　升

出 版 人 / 冀祥德
组稿编辑 / 曹义恒
责任编辑 / 刘俊艳　吕霞云
责任印制 / 王京美

出　　版 / 社会科学文献出版社·马克思主义分社（010）59367126
　　　　　地址：北京市北三环中路甲 29 号院华龙大厦　邮编：100029
　　　　　网址：www.ssap.com.cn
发　　行 / 社会科学文献出版社（010）59367028
印　　装 / 唐山玺诚印务有限公司

规　　格 / 开　本：787mm×1092mm　1/16
　　　　　印　张：15　字　数：243 千字
版　　次 / 2023 年 12 月第 1 版　2024 年 12 月第 2 次印刷
书　　号 / ISBN 978-7-5228-3050-6
定　　价 / 98.00 元

读者服务电话：4008918866